U0720621

国家生物安全出版工程

国家生物安全出版工程

——总主编 李生斌 沈百荣——

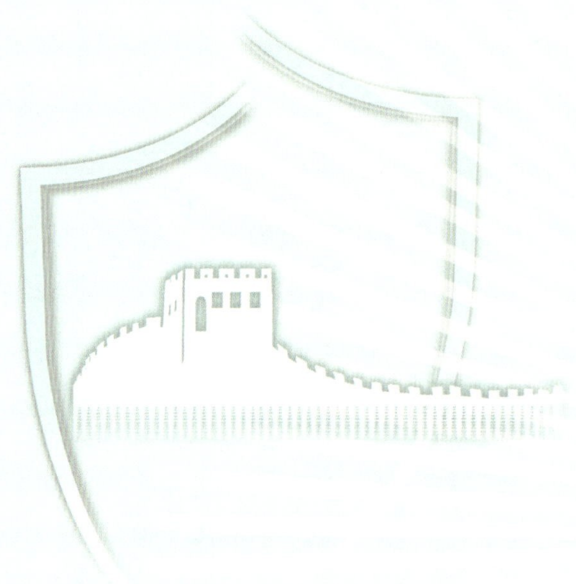

国家生物安全出版工程

——总主编 李生斌 沈百荣——

生物安全威胁防控实践与进展

主　编 邓建强
副主编 黄代新 李　涛

图书在版编目(CIP)数据

生物安全威胁防控实践与进展 / 邓建强主编. — 西安 :西安交通大学出版社, 2023.12

国家生物安全出版工程

ISBN 978-7-5693-3604-7

Ⅰ.①生… Ⅱ.①邓… Ⅲ.①生物工程—安全科学 Ⅳ.①Q81

中国国家版本馆 CIP 数据核字(2023)第 242000 号

SHENGWU ANQUAN WEIXIE FANGKONG SHIJIAN YU JINZHAN

书　　名　生物安全威胁防控实践与进展
主　　编　邓建强
责任编辑　张沛烨
责任印制　张春荣　刘　攀
责任校对　秦金霞

出版发行　西安交通大学出版社
（西安市兴庆南路 1 号　邮政编码 710048）
网　　址　http://www.xjtupress.com
电　　话　(029)82668357　82667874(市场营销中心)
(029)82668315(总编办)
传　　真　(029)82668280
印　　刷　西安五星印刷有限公司

开　　本　787mm×1092mm　1/16　**印张**　19.25　**字数**　400 千字
版次印次　2023 年 12 月第 1 版　2023 年 12 月第 1 次印刷
书　　号　ISBN 978-7-5693-3604-7
定　　价　228.00 元

如发现印装质量问题,请与本社市场营销中心联系。
订购热线:(029)82665248　(029)82667874
投稿热线:(029)82668805

国家生物安全出版工程

编委会委员

（以姓氏笔画为序）

参编单位

（以音序排列）

安徽大学
安徽科技学院
百码科技(深圳)有限公司
北京大学
北京航空航天大学
北京警察学院
北京市公安局
滨州医学院
长安先导集团
重庆市公安局
重庆医科大学
大连理工大学
复旦大学
广东省毒品实验技术中心
广州市第八人民医院
广州市公安局
广州医科大学
贵州医科大学
国家生物安全证据基地
国家卫生健康委法医学重点实验室
海南大学
海南医学院
海南政法职业学院
杭州锘崴信息科技有限公司
河北大学
河北医科大学
华大基因
华壹健康技术有限公司
华壹健康医学检验实验室有限公司
华中科技大学
济宁医学院
暨南大学
嘉兴南湖学院
江苏大学
精密微纳制造技术全国重点实验室
空天微纳系统教育部重点实验室
昆明医科大学
南京医科大学
南通大学
宁波市公安局
清华大学
山东第一医科大学
山东农业大学
山西医科大学
陕西省司法鉴定学会
陕西省医学会
陕西省医学会生物安全分会
上海交通大学

上海市公安局
深圳大学
深圳华大基因科技有限公司
深圳市公安局
司法鉴定科学研究院
四川大学
四川大学华西医院
四川省公安厅
苏州大学
西安城市发展(集团)有限公司
西安交通大学
西安交通大学学报(医学版)第九届编辑委员会
西安人才集团
西安市第三医院
西安市公安局
西安碳桢科技有限公司
西北工业大学
香港城市大学
新乡医学院
烟台大学
烟台市公安局
烟台市公共卫生临床中心
烟台业达医院
扬州大学
云南大学
云南省公安厅
浙江大学
浙江警察学院
中国电子技术标准化研究院
中国法医学会
中国疾病预防控制中心
中国科学院
中国科学院大学
中国人民公安大学
中国人民解放军军事科学院
中国人民解放军军事医学科学院
中国人民解放军空军军医大学
中国刑事警察学院
中国研究型医院学会
中国医科大学
中国医学科学院
中国政法大学
中华人民共和国公安部
中华人民共和国最高人民法院
中华人民共和国最高人民检察院
中南大学
中山大学
珠海市人民医院

《生物安全威胁防控实践与进展》

编委会

主　编

邓建强

副主编

黄代新　李　涛

编　委

（按姓氏笔画排序）

王　博　海南政法职业学院

文　迪　河北医科大学

邓建强　海南医学院

吕志跃　中山大学

李　涛　西安交通大学

吴元明　中国人民解放军空军军医大学

郑吉龙　中国刑事警察学院

洪仕君　昆明医科大学

夏　冰　贵州医科大学

郭亚东　中南大学

唐任宽　重庆医科大学

黄代新　华中科技大学

曹　玥　南京医科大学

梁伟波　四川大学

蔡　杰　海南政法职业学院

国家生物安全出版工程

丛书总策划

刘夏丽

丛书总编辑

刘夏丽　李　晶　赵文娟

丛书编辑

刘夏丽　李　晶　赵文娟

秦金霞　张沛烨　郭泉泉

肖　眉　张永利　张家源

序 一

生物安全关注并解决全球、国家和地方规模的相关难题。这种跨学科的生物安全政策和科学方法，建立在人类、动物、植物和环境健康之间相互联系之上，以有效预防和减轻生物安全风险影响；同时提供一个综合视角和科学框架，来解决许多超越健康、农业和环境传统界限的生物安全风险。

面对全球生物安全风险的不断演变，我国政府高度重视生物安全体系建设，将生物安全纳入国家安全战略，积极推进多学科交叉整合和相关法律法规的制定与完善。生物安全内容涵盖了人类学、动物学、微生物学、植物学、基因组学、信息学、法医学、刑事科学、环境科学、人工智能、微纳传感、生物计算以及社会学、经济学等学科领域，主要用于调查和解决与生物安全风险相关活动、生物技术、药物滥用，以及生物威胁等问题，在确保全球公共卫生和安全方面发挥着至关重要的作用。因此，由国家出版基金资助，国家卫生健康委员会法医学重点实验室和国家生物安全证据基地牵头，联合西安交通大学、四川大学、中国科学院等 90 余所知名大学、科研机构的 200 余位专家共同编写了“国家生物安全出版工程”丛书。丛书共分10卷,包括《生物安全证据技术》《生物安全信息学》《生物安全多元数据与智能预警》《动物、植物与生物安全》《人类遗传资源保护与应用》《生物入侵与生态安全》《生物安全相关死亡的处理与应对》《生物安全威胁防控实践与进展》《实验室生物安全及规范管理》《法医微生物与生物安全》。

丛书统筹考虑国家生物安全涉及的各个要素间的关系,以生物安全证据为核心,探索生物安全智能分析、控制与预警应用,涉及相关技术、工具、算法等领域,包括生物溯源、生物分子分型、生物安全证据技术、生物威胁、死亡机制、遗传资源等方面。本项目首次较为系统地对生物安全证据方法、技术、标准以及教育科研等方面的研究进行了梳理,跟踪国内外生物安全证据与鉴定技术、科研、实验、标准的最新动向,为国家生物安全证据相关管理政策、技术标准的制定和立法评估等提供了技术支撑,也将成为在生物安全证据、司法鉴定、法医微生物等领域的新指南;有助于解决生物安全领域的争议或者纠纷事件,提供生物证据和预警依据,提升国家生物安全的防控能力,筑牢国家生物安全的防火墙。同时,书中关于建立微生物基因组分型的方法和技术,也将为确保全球公共卫生和生物安全方面发挥至关重要的作用。

丛书的编撰和出版,对于加快国家生物安全技术创新、保障生物科技健康发展、提升国家生物防御能力、防范生物安全事件、掌握未来生物技术、竞争制高点和有效维护国家安全具有重大意义。丛书审视当前国家生物安全的新特点,汇集整理了当今相关领域重要的研究数据,为后续研究提供了权威、可靠、较为全面的数据,为国家生物安全战略布局和进一步研究提供了重要参考。

在丛书编撰过程中,编写人员充分发挥了自己的专业优势,紧密结合国内外生物安全的最新动态,借鉴国际生物安全治理的经验,探讨了我国生物安全面临的风险与挑战,提出了切实可行的政策建议和管理措施。丛书不仅反映了我国生物安全领域的最新研究成果,也凝聚了所有编写人员的心血和智慧。

“国家生物安全出版工程”丛书的出版,不仅对提高全社会的生物安全意识、加强生物安全风险管理、促进生物技术健康发展具有重要意义,而且对推动我国生物安全领域的学术交流和人才培养、提升国家生物安全科技创新能力也将发挥积极作用。

我们期待这套丛书的出版能够为政府部门、科研机构、教育机构、法律司法机关以及广大读者提供一部了解生物安全、关注生物安全、参与生物安全的权威读本，为推动我国生物安全事业的发展、构建人类命运共同体贡献一份力量。

是为序。

樊代明

2023 年 12 月 30 日

樊代明，中国工程院院士，美国医学科学院外籍院士，法国医学科学院外籍院士。

序 二

FOREWORD

生物安全是当今世界面临的重大挑战之一。它是健康－农业－环境的系统协同和演变的基础。应对生物安全的挑战，涉及人类、动物、植物、微生物、生态、科学、社会、立法、治理和专门人才等多个层面。为了应对这一挑战，我们亟须深入研究和了解生物安全及其相互作用因素之间的关联性、独立性、复杂性，并推动科学、技术和社会的协同发展，共同治理未来全球范围面临的生物安全风险。

“国家生物安全出版工程”丛书是一套包含10卷书的权威著作，涉及《中华人民共和国生物安全法》核心以及相关学术界的最新理论研究，旨在为读者提供全面的生物安全知识和研究成果。丛书涵盖了生物安全领域的多个层次，从遗传和细胞层面到社会和生态层面，从科学技术交叉融合到社会发展需要，凝聚了众多专家、学者的智慧贡献，致力于创新研究、跨学科和跨国合作及知识的交流和传播。

在新突发感染性疾病以及未知疾病等生物安全背景下，分子遗传和细胞层面的研究对于我们理解病原体的特性、传播途径和防控策略至关重要。“国家生物安全出版工程”丛书中的《生物安全证据技术研究》《生物安全信息学》和《生物安全多元数据与智能预警》分卷为读者提供了数据、信息和智能等最新技术在生物安全应对中的应用，帮助我们更好地预测、识别和应对生物安全威胁。在社会层面，生物安全问题不仅仅是对科学技术的挑战，更关系到社会发展，《动物、植物与生物安全》《人类遗传资源保护与应用》《生物入侵与生态安全》分卷探讨了生物安全与社会经济发展、生态平衡和人类福祉的关系，为我们建立可持续发展的生物安全框架提供理论指导和实践经验。《实验室生物安全及规范管理》《生物安全相关死亡的处理与应对》《生物安全威胁防控实践与进展》《法医微生物与生物安全》分卷则从具体的应用实践角度讨论生物安全在不同领域和社会生活中的具体问题及其应对措施。

科学技术交叉融合是推动生物安全领域创新的重要动力。“国家生物安全出版工程”丛书的编撰涉及生物学、信息学、医学、法学等多个学科的交叉，旨在促进不同领域之间的合作与交流，推动科学技术在生物安全领域的应用与发展。生物安全问题既是挑战，也是机遇。解决生物安全问题需要培养专业人才，提升国家的科技创新能力，推动新质生产力形成生物安全国家战略科技力量。

“国家生物安全出版工程”丛书为生物安全相关领域的人才培养提供了重要的参考和教材蓝本，可帮助读者了解生物安全领域的前沿知识和技能，培养创新思维和综合能力，为国家的生物安全事业贡献人才和智慧。在国家层面，生物安全已经成为国家战略的重要组成部分。保障国家安全和人民生命健康是国家的首要任务，而生物安全作为其中的重要方面，需要得到高度重视和有效管理。“国家生物安全出版工程”丛书将为政策制定者和决策者提供科学依据和政策建议，推动国家生物安全能力的提升和规范化建设。

生物安全学科作为新时代的重要学科方向，发展迅猛、日新月异。本套丛书是国内这一领域的一次开创性努力。由于我们在这一新领域的知识和视野有限，编写方面的疏漏和不当之处在所难免，恳请广大读者提出宝贵意见和建议，以期将来再版时修正。期待“国家生物安全出版工程”丛书的问世能促进生物安全知识的传播与交流，激发科技创新和社会发展的活力，推动国家生物安全事业迈上新的台阶。希望读者能够从中受到启发和获益，为构建安全、可持续的生物安全环境而共同努力！

李生斌 沈百荣

2023 年 12 月

李生斌，国家卫生健康委法医学重点实验室主任，国家生物安全证据基地主任，欧洲科学与艺术学院院士。

沈百荣，四川大学华西医院疾病系统遗传研究院院长。

序言

FOREWORD

近年来，全球范围内多起生物安全事件的发生，造成了人类社会来自生物安全领域威胁的来源不断扩大、类型不断增加、领域日益广泛、治理更加困难、生物安全危害演变机制更加复杂的局势，生物安全在很大程度上体现出非传统安全的非传统特点。2020 年伊始，新型冠状病毒在全球范围内广泛传播，在对人类敲响警钟的同时，更是将生物安全问题推向前台，引发社会关注。

人类科技水平的不断进步和提高具有双面性，如果应用得当，可以使人类对天然生物危害因子的操控能力空前提高，让人类生活极大受益。如果应用不当或者缺乏掌控能力，必将对人类及人类社会发展造成灾难性后果。随着生物技术不断发展推动人类社会进程，新一轮生物科技变革及其与人类社会互动衍生的生物安全问题已经逐渐触及人类安全观念和现代文明的内源性危机或挑战，及时识别和固定生物安全威胁证据，建立司法鉴定法律证据体系在防范中尤为重要。因此，深刻认识生物安全对人类社会的危害，普及生物安全威胁相关知识，提高人类社会应对潜在的生物安全威胁的能力，以史为鉴，面向未来，时不我待。

本书基于以上认识，以案例为导入，全面介绍生物安全威胁和防控的实践与进展，以期为人类应对生物安全威胁提供思路，特别是探讨从司法鉴定和生物证据的创新角度鉴识和防范生物安全威胁，兼具专业性和科普性，为相关专业人士及生物安全普通关注者提供了了解生物安全威胁防控相关知识的途径。

从　斌

中国工程院院士

2023 年 9 月

前言

PREFACE

2021年,《中华人民共和国生物安全法》开始实施,这是从我国乃至全球经济、社会发展的未来出发,应对目前全球化这一不可逆的历史潮流下遇到的紧迫而至关重要的新问题、新挑战的中国方案,该法律能否得到包括普通老百姓在内的社会各界的充分理解和认识,相关知识的普及就显得尤为重要,因为只有充分认识和理解了,才能在生活和工作中自觉遵守和应用该法律,使其发挥应有的重要作用。特别是发布及正式实施当时正面临席卷全球的"新型冠状病毒"肆虐全球并给全世界人民的生命健康带来严重威胁的特殊时刻,该法律的普及要求显得更加紧迫。

根据《中华人民共和国生物安全法》,本法所称生物安全是指国家有效防范和应对危险生物因子及相关因素威胁,生物技术能够稳定健康发展,人民生命健康和生态系统相对处于没有危险和不受威胁的状态,生物领域具备维护国家安全和持续发展的能力。适用本法的事项包括:防控重大新发突发传染病、动植物疫情;生物技术研究、开发与应用;病原微生物实验室生物安全管理;人类遗传资源与生物资源安全管理;防范外来物种入侵与保护生物多样性;应对微生物耐药;防范生物恐怖袭击与防御生物武器威胁;其他与生物安全相关的活动。

显然,以上法律规定的专业性比较强,对于从事相关工作的专业人士来说易于了解,但对于绝大部分的普通老百姓来说,要充分理解这些内容是具有相当困难的;同时,由于该法律涉及的专业面广泛,即使对于某个方面的专家学者来说,也可能仅熟悉其中某一个或几个方面的内容,全面理解可能依然存在困难。因此,有必要通过绝大多数人可以看得懂的,兼顾专业性和通俗性的方式,帮助全社会认识、理解这部法律,本分册正是基于此目的进行编撰。

本书以发生在国内外的重要案例的列举为切入点,按照认识理解和学习的思维规律,逐步展开相关知识的介绍,由浅入深,由点到面,由历史到未来,由通俗到专业,由全球到我国,为读者全面梳理相关知识,帮助读者自觉学法、用法。本书兼具知识性与趣味性,适合所有对生物安全相关知识有兴趣的读者阅读,不受读者自身专业背景的影响,值得读者阅读。但鉴于生物安全法在我国的颁布是首次,相关方面的研究尚少,以及编者知识水平的限制,本书存在的不足,请读者不吝批评指正,让我们共同努力,为促进和保障我国生物安全贡献自己的力量。

邓建强

2023 年 10 月

目录

CONTENTS

第1章 生物安全威胁防控概论

生物因子及相关因素带来的安全威胁一直是人类面临的巨大挑战。伴随着人类社会的不断发展,这些安全威胁呈现出从简单到复杂、从偶发到频发、防范难度逐渐加大的趋势。过去几年,非典型性肺炎、禽流感、非洲猪瘟、问题疫苗、基因编辑婴儿等重大社会事件频发,新型冠状病毒在全球范围内肆虐,更加凸显生物安全的重要性。

1.1 生物安全的概念

目前,学术界对"生物安全(biosafety)"概念的定义纷纭多样,比较有代表性的观点包括:"生物安全是指全球化时代国家有效应对生物及生物技术的影响和威胁,维护和保障自身安全与利益的状态和能力";"生物安全是指防治由生物技术与微生物危险物质及相关活动引起的生物威胁";或者"狭义上的生物安全是指人类的生命和健康、生物的正常生存以及生态系统的正常结构和功能不受现代生物技术研发应用活动侵害和损害的状态"和"广义上的生物安全是指生态系统的正常状态、生物的正常生存繁衍以及人类的生命健康不受致病有害生物、外来入侵生物以及现代生物技术及其应用侵害的状态"。此外,还有学者提出"生物欠防备"概念,是指在现实生物安全威胁面前,准备不充分和应对不力的状况。可以看出,这类定义对生物危险的来源、安全的主体和客体、安全体系、安全水平有精细甚至较大的区别[1]。

我国自2021年开始施行的《中华人民共和国生物安全法》(简称《生物安全法》)对"生物安全"的定义为:国家有效防范和应对危险生物因子及相关因素威胁,生物技术能够稳定健康发展,人民生命健康和生态系统相对处于没有危险和不受威胁的状态,生物领域具备维护国家安全和持续发展的能力。

该法还对适用范围进行了规定，包括：①防控重大新发突发传染病、动植物疫情。②生物技术研究、开发与应用。③病原微生物实验室生物安全管理。④人类遗传资源与生物资源安全管理。⑤防范外来物种入侵与保护生物多样性。⑥应对微生物耐药。⑦防范生物恐怖袭击与防御生物武器威胁。⑧其他与生物安全相关的活动。

1.2 生物安全威胁的分类

生物安全威胁形态可以按照不同的方式进行分类，其中一般意义上的分类被普遍应用[2-3]。

1.2.1 一般意义的分类

一般意义上的生物安全威胁形态包括：重大传染病疫情、传统生物武器威胁、生物恐怖主义活动、生物入侵、微生物耐药、转基因风险、实验室生物安全事件、生物技术谬用与滥用、遗传资源流失和剽窃。在应用这些概念的时候，业界大多停留在直觉和经验的层次上，对概念的内容进行分析和比较尚不充分。

1.2.1.1 重大传染病疫情

重大传染病疫情的客体是病原微生物，危险等级较高，发生频度强烈。过去 20 年中，全球传染病不断增加，如严重急性呼吸综合征（severe acute respiratory syndrome, SARS）、甲型 H1N1 流感（H1N1 influenza A）、甲型 H5N1 流感（H5N1 influenza A）、H7N9 型禽流感（H7N9 avian influenza）、发热伴血小板减少综合征（fever with thrombocytopenia syndrome）、中东呼吸综合征（middle east respiratory syndrome, MERS）、登革热（dengue）、埃博拉（ebola）、寨卡（zika）、新型冠状病毒感染（corona virus disease 2019, COVID－19）等。2002—2003 年，席卷世界 30 多个国家和地区的 SARS 疫情，全球累计临床报告病例 8400 多例。西非至今尚未从 2014—2016 年暴发的埃博拉疫情中恢复过来，其影响范围甚至涵盖了欧洲和美国。2012 年，首次在沙特发现中东呼吸综合征冠状病毒（MERS－CoV），并迅速蔓延至全球数十个国家，感染大约 1800 人，死亡率近 1/3。新型的恶性流感株随时都可能产生，并造成灾难性的传染病。例如从 2019 年开始在全球大流行的新型冠状病毒感染，对全球经济、社会造成了深刻影响。世界卫生组织网站数据显示，截至欧洲中部时间 2023 年 9 月 24 日，全球确诊病例超过 7.7 亿例，死亡病例超过 600 万人。

1.2.1.2 传统生物武器威胁

传统生物武器威胁的客体是病原微生物或其产生的毒素，其危险等级与重大传染病疫情近似，处于同一量级，但其发生条件包含了人为因素——国家行为体。当前，没有任何国家公开宣称拥有生物武器。受限于20世纪70年代的生物科技和运载工具的发展水平，美国尼克松政府认为，与作为战略威慑工具的大规模杀伤性核武器、化学武器相比，传统生物武器的军事效果并不值得信赖，无论是作为威慑或报复，其效果都值得怀疑，由此推动了《禁止发展、生产、储存细菌（生物）及毒素武器和销毁此种武器公约》（即《禁止生物武器公约》）的签字生效。截至2024年1月，共有包括中、美、英、俄等185个缔约国，另有4个国家为签约国，只有10个国家没有签署或批准公约，表明了国际社会对禁止使用生物武器的鲜明态度。

1.2.1.3 生物恐怖主义活动

生物恐怖主义的客体还是病原微生物或其产生的毒素，其发生条件包含了人为因素，但其危险等级与非国家行为体的能力直接相关联。生物恐怖主义威胁真实存在，从20世纪90年代后期开始，恐怖组织便将生物恐怖主义计划纳入其训练和密谋当中；日本邪教奥姆真理教曾经使用肉毒毒素和炭疽等病毒进行大规模试验，离致命的生物恐怖袭击就差一步；比利时和摩洛哥也找到了恐怖分子试图研究并使用生物武器的直接证据。在未来，生物恐怖主义活动可能加剧，导致生物安全形势发生激烈变化。对此，微软公司创始人比尔·盖茨曾在2017年2月慕尼黑安全会议上表示，下一场全球暴发的流行病可能由计算机屏幕前的恐怖分子策动。

1.2.1.4 生物入侵、微生物耐药威胁和转基因风险

微生物耐药的客体是病原微生物，外来生物入侵客体包括各类动植物、微生物等，两者的破坏力正与日俱增，其所带来的危险是紧迫的、现实的。因为现有的抗生素及抗感染药物不能有效杀死耐药性病原体，全球每年大约有70万人死于耐药性细菌感染。根据2016年联合国环境规划署发布的《前沿报告》，因药物和特定化学品排放到环境中而导致的抗生素耐药性日益增加，是当前令人担忧的健康威胁之一。而生物入侵一般具有暴发性、毁灭性、突发性的入侵与掠夺特性，一旦成功入侵特定的生态地域，会在相当长的时间内极难控制其疯狂蔓延，对农林业生产、国际贸易、生态系统甚至人畜健康造成严重危害。转基因生物安全研究具有复杂性和长期性，国际上关于遗传修饰生物体的直接环境释放（简称“转基因生物”）安全性存在一定争议。

1.2.1.5 实验室生物安全

随着实验技术的不断发展，人们在取得重大科研成果，为人类的生产生活带来极大便利的同时，实验室内的物理、化学和生物等因素也可能会对人类的健康产生威胁。实验室生物安全是指从事生物医学实验的人员，在实验室按照实验室的规范要求，正确进行个人防护和使用仪器设备，按照安全操作规程进行操作，以避免危险生物因子造成实

验室人员暴露、向实验室外扩散,危害环境和人类健康。世界各国在不同程度上均出现过生物安全问题,其中实验室病原微生物造成的突发性公共卫生事件已成为国际社会生物安全的关注点。随着公共卫生体系的不断发展以及对重大疫情的控制力度不断加强,实验室生物安全的重要性将更加突出。近年来,实验室获得性感染事故频发,病原微生物泄漏情况屡见不鲜,实验室生物安全风险不容低估。美国甘尼特报业旗下的今日美国网,从2014年开始调查全美50个州超过200个高防护生物实验室,揭露了近年来数百起意外事故。此外,美国国防部犹他州达格威试验场某实验室发生了活炭疽杆菌样本泄漏事件。法国巴斯德研究所承认非法从韩国巴斯德研究所进口中东呼吸综合征(MERS)病毒样本,并在没有适当文件批准的前提下,通过洲际飞机运输。为此,为了维护国家安全,保障研究者和公众的生命安全,保护生态环境,加强实验室生物安全的建设和管理已迫在眉睫。

1.2.1.6 生物技术谬用与滥用

生物技术谬用与滥用的客体是生物技术本身,凸显了技术的两用性。其危害水平具有多样性,例如不负责任或不受监管的基因操纵实验,在引入新的创新元素的同时,无意或有意将人造生物、各类遗传修饰生物体向环境释放,或许会给人类社会造成惨重后果,甚至改变人类社会进程。美国国防部委托美国科学院编写的研究报告《合成生物学时代的生物防御》强调,“通过生物学进步可导致几乎无限可能的恶意活动”。美国知名合成生物学家乔治·丘奇(George Church)教授曾表示,“开展合成生物学研究的任何人都应受到监视,任何没有执照的人都应该受到怀疑”。

1.2.1.7 遗传资源流失和剽窃

遗传资源的客体是国家生存和发展的战略性资源——生物种子资源,特别是人类遗传资源。国际上围绕人类遗传资源的获取和使用,还存在各类“明取暗夺”现象。据俄罗斯多家媒体报道,美国曾系统搜集苏联传染病、菌株库信息以及俄罗斯公民生物样本,特别是美空军还试图搜集俄罗斯公民的滑膜组织和核糖核酸(RNA)样本。根据法国《世界报》报道,对2014—2016年非洲埃博拉疫情期间患者检测血液样品的流向情况调查表明,西方国家在这一领域存在大量的“血液外交”、生物剽窃现象。虽然联合国《名古屋遗传资源议定书》定义了“与生物资源交换相关的获取和惠益分享义务”,但要落实打击生物剽窃的要求,还需要相关国家推进立法工作。

1.2.2 生物安全的其他分类

若根据生物危害的直接影响划分,可将其分为两种类型:一是构成直接危害的重大传染病疫情、传统生物武器威胁、生物恐怖主义活动、生物入侵、微生物耐药、实验室生物安全事件、生物技术谬用与滥用和转基因生物，它们将直接影响物种规模大小、生态系统演替或个体的生死存亡；二是实验室遗传修饰类的转基因操作以及遗传资源流失和剽窃，它们本身并不直接构成生物危害因子，但涉及国家经济利益和长远人口安全。

若按照生物危害发生的外部条件划分，亦可分为两类：一是非人为（直接）因素，包括自然发生的重大传染病疫情、生物入侵、微生物耐药；二是人为因素，包括人工重大传染病疫情、传统生物武器威胁、生物恐怖主义活动、人类社会抗生素滥用导致的微生物耐药、实验室生物安全事件、生物技术谬用与滥用、遗传资源流失和剽窃、遗传修饰操作（转基因）等。若从生物危害发生频度来看，一般的新发突发传染病、人类社会抗生素滥用导致的微生物耐药、生物入侵、遗传修饰操作（转基因）实验室事件、生物技术谬用与滥用、遗传资源流失和剽窃等生物安全风险已经近似常态化存在；而重大传染病疫情、生物武器威胁、生物恐怖主义活动的发生频度相对较低（表1.1）。此外，也可以从受影响群体的范围、防控策略等其他角度来划分。

表1.1 一般生物安全危害形态的比较

生物安全类型	生物危害因子		外部发生条件		直接重大影响		是否常态化	全球防控策略
	自然发生	人工合成	非人为因素	人为因素	人类健康	经济、政治影响		
传染病疫情	★	★	★	★	★	★	否	积极
传统生物武器		★		★	★	★	否	积极
生物恐怖	★	★		★	★		否	积极
生物入侵	★		★	★	★	★	是	消极
微生物耐药		★		★	★		是	积极
实验室生物安全	★	★		★	★		是	积极
生物技术谬用与滥用		★		★	★	★	是	积极
遗传资源流失和剽窃				★		★	是	混合
遗传修饰生物体（转基因）直接环境释放		★		★		★	是	混合

1.2.3 生物安全威胁的特点

比较各生物安全威胁类型，可发现有以下特点。

第一，科技进步显著提高了人类对天然生物危害因子的操控能力，在诱发新的生物安全危害形态的同时，造成难以追溯生物安全客体来源的后果。例如，从生物机制上看，自然重大传染病、生物入侵与传统生物武器、生物恐怖、生物转基因相比，两者并无科学原理上的本质不同，均是基于自然界生物相互作用，但前两者是自然发生，而传统生物武器、生物恐怖则是对原理的恶意运用,转基因生物则介于两者之间,非明显恶意。从生物安全防控角度看,只要跨过特定的技术门槛,生物危害因子就会具有来源模糊、社会性传播等特征。

第二,生物安全主体多元性。在生物领域,许多具有潜在生物安全风险的新兴技术,不是通过专门的国家控制计划开发的,而是在竞争激烈的商业环境中开发的,因此涉及众多市场主体和社会主体。商业化的转基因生物涉及更多行为主体,确定这些利益攸关并以有针对性的方式与他们接触,要求政府机构拥有大量资源和一系列行业的具体知识。

第三,生物安全威胁演变机制具有复杂性。新发传染病可转化为全球传染病大流行;生物武器威胁、生物恐怖主义活动的发生更近似涌现行为。遗传资源流失和剽窃并不必然导致直接的生物健康危害,需要通过其他因素进一步转化,才能形成生物安全危害,如研制新型生物制剂或者谋取重大经济利益。重组生物有机体等所需的工具在全球易于获取,加上技术迭代扩散和去中心化加快,很难将恶意进行的工作(如生物武器研发)与有益的科技研发工作区分开来,很难通过核查发现其非法活动痕迹。美国高级情报研究计划局原主任贾森·马西尼在接受《原子科学家公报》访谈时指出,生物科技因具有生物自我复制、技术广为扩散、难于区分研究是否违规三大特点而难以防御。

生物科技与生物安全作为新科技革命的一部分,自然成为国际政治经济秩序调整期的重要变量。近年来,生物安全领域出现了一些新的生物安全危害形态,不在既有的生物安全危害形态框架之内。例如,以基因驱动技术为代表的物种操控导致的种族群体性生存风险、新一代更加精准化的生物武器、网络生物安全、生物经济安全等。这些事实表明,人类社会的发展和科技进步,正逐步推动生物安全内在风险的突显与激化,进一步揭示出科技对自然、社会、人类的双刃剑效应。而且可以进一步预测,随着人类社会的发展和生物科技的演进,这种矛盾激化还可能进一步发展,出现更多的生物安全类型。

1.3 生物安全证据与司法鉴定的意义

随着生命科学的爆炸式发展,更多的生物学相关技术被应用到刑事司法领域,这也使得在刑事案件中生物证据的应用更加普遍。目前,对于生物证据的研究主要集中在法医学领域的人体证据方面,对植物证据、微生物证据等关注较少,很多重要的生物证据由于侦查人员的认知水平有限而没有被收集或被破坏。然而,一些疑难案件的侦破往往是建立在生物证据取得重大突破的基础之上。随着各国对生物安全重要性认识的不断加强,涉及生物安全的问题,必须通过生物安全证据的方式得以确认,这恰恰属于司法鉴定(forensic identification)的范畴。

1.3.1　生物证据的基本含义

生物证据(biological evidence)一般是指可以用于证明案件事实的,来自生物体或载有生物学特征的材料。法医学(forensic medicine)是最早研究和使用生物学证据的学科,也是目前司法实践中广泛使用法定生物学证据的学科。生物证据常被认为是物证中的一种,从古到今一直被大量使用。随着科学技术的发展,使得人们可以从更多角度认知生物证据。血液、精斑、毛发是公众最熟悉的生物检材,而 DNA 分析技术在 1988 年首次用于一起强奸杀人的刑事案件后,在 30 多年的时间里已经被广泛应用。虹膜识别技术、声纹识别技术、生物电技术、生物芯片技术等生物学新技术不断应用到刑事案件的办理中,并发挥着越来越重要的作用[4-5]。

生物学学科体系庞大,与生物学相关的交叉学科、边缘学科如雨后春笋般不断产生,涉及的生物种类繁多,因而与之相对应的生物证据也形态各异、特点不一,其特有的生物学特征也使得生物证据区别于一般的物证。而活性生物证据,本身除了带有 DNA 等重要的遗传物质,其新陈代谢也存在一定规律,需要特定的时间、空间条件,携带的信息量巨大。同时,我们也应当注意到生物证据特有的层次性,多种生物证据同时共存于一处很常见,同种生物证据在不同时空条件下也会出现不同的状态,相关人员在处理时要有逻辑观念,分清先后顺序和主次重点。例如,李昌钰博士介绍,在犯罪现场发现咬痕时,必须尽快保存。勘查人员需要以照相的方式将咬痕固定后咨询相关专家。另外,在咬痕上可能会发现微量唾液,应当采用专门的方法用棉签予以收集和保存。

作为物证中的一种,生物证据的特征性优点,主要体现在以下几方面:①来源广泛。人类生活在地球的生物圈中,无时无刻不在与各种生物进行有意识或无意识的接触,进而留下各种生物证据。比如植物的花粉和微生物的个体分布在人类生活的每一个角落,而每一个地方的泥土中含有的花粉类型和微生物群落都各不相同。只是由于人们的认知限制,致使目前对生物证据的了解主要集中在与人相关的种类上。②关联性强。DNA 等是指向性极强的生物证据,DNA 分型技术是目前生物证据同一鉴定中使用最多、最可靠的技术,可以将犯罪现场和某个特定的嫌疑人联系在一起。大部分的生物证据都有自身的新陈代谢周期,在特定的时空条件表现出一定生物特征,在犯罪现场出现具有很强的相关性,可以帮助侦查人员判定案件性质、明确侦查方向、排除合理怀疑。③客观存在性。由于生物证据在犯罪现场的客观存在,直接或间接的将有关的案发现场、嫌疑人、被害人关联起来,可以提高法官审查嫌疑人供述、被害人陈述、证人证言的有效性。

当然,生物证据也存在一些不足,体现在以下几方面:①大部分生物证据容易腐败、污染,影响其作为证据的效力。②生物证据的发现、提取、保存、鉴定等有时会存在困难,需要足够的生物学专业知识储备,属于严格的科学证据范畴,因此各国对从业人员的门槛要求很高,如美国法医昆虫学从业人员要求具备昆虫学博士学位,法医齿科学从业人员要求具备牙科硕士或博士学位，法医人类学从业人员要求具备理学或文学硕士学位（但很多从业者实际上为博士学位）。③部分生物证据尚处于理论研究阶段，新的生物证据被不断应用于司法实践活动，但其证据力及证明力尚需取得法庭普遍认可。

1.3.2 生物证据的分类

生物证据不同于传统认知的物证，其出现常表现为多种生物证据并存，时空关联性较强，而现场勘查人员基于自身的认知能力，对现场存在的生物证据的选择、提取也有不同侧重，所以应了解生物证据的分类方法，以及实践当中生物证据的收集、保全及应用。依据不同的标准，对生物证据的分类方法也有所不同。

1.3.2.1 基于生物工程学标准的分类

生物工程是指利用生物学（特别是其中的微生物学、遗传学、细胞生物学、生物化学和分子生物学等）的理论和技术为基础，结合化工工程、机械工程、机电工程等工程学技术，按照人类目的改造、加工生物体，获得目的产物的工程技术，可分为细胞工程、基因工程、蛋白质工程（酶工程）等。依据生物工程学标准，可将生物证据分为细胞工程学生物证据、基因工程学生物证据、蛋白质工程学生物证据等。

1. 细胞工程学生物证据

细胞工程是指利用工程学的思想，结合细胞生物学、发育生物学、分子生物学、遗传学等学科的理论和技术，在细胞水平进行细胞融合、核质移植、染色体或基因移植以及组织和细胞培养等操作方法，达到快速繁殖和定向培养的生物工程技术，试管婴儿、克隆羊等是该技术领域代表作。在1988年的美国国家科学会主办的学术会议上，首次将体外细胞培养技术应用于司法鉴定，这也标志着细胞工程学生物证据开始作为刑事证据使用。细胞工程学生物证据一般包括植物细胞工程学证据、动物细胞工程学证据、微生物细胞工程学证据，其中动物细胞工程学证据使用较多，集中在法医毒理方面、环境污染案件、职业病认定等过程中，也都需要对毒物的毒性进行认定。投毒案件的生物学本质是毒物对细胞的作用，测定毒物在细胞内的浓度及代谢周期、致死剂量等重要数据对案件的定性起到重要作用。一般认为，待测毒物在500μg/mL时，没有抑制细胞的正常分化就被认为没有毒性。另外，通过体外细胞培养技术可以对多种毒物同时筛选，方便确认毒源。而植物细胞工程学证据主要应用在对于现场发现的活体细胞的细胞学特征，分析出案情相关线索。目前的技术可以对植物细胞进行脱分化后再分化，进而培养出一颗完整的植株。通过对犯罪嫌疑人身上带有的珍稀植物的碎叶、花粉等植物细胞进行分析，可以帮助确定其是否到过该地。在珍贵树种盗窃案件中，该技术对树种的价值认定也非常有用，如对红木和血树的认定。

2. 基因工程学生物证据

基因工程是将基因的DNA片段进行裁剪、拼接、插入等操作后，导入受体细胞内表达,以获得新的遗传性状的工程技术。基因工程学生物证据主要是使用 DNA 进行个体识别和对特殊物种携带的固有基因进行识别,但在生物恐怖袭击案件中也被用来分析病菌的种类和来源。

3. 蛋白质工程学生物证据

蛋白质工程是指以蛋白质分子的结构规律及其生物功能的关系作为基础,通过基因修饰或基因合成等技术改变其结构,获得目的功能的工程技术。酶是具有生物催化作用的一类蛋白质,酶工程是蛋白质工程的一个重要领域。蛋白质工程学生物证据是目前生物证据中种类最丰富的,其应用非常广泛。蛋白质种类繁多,结构不同,功能各异,是一类非常有价值的生物证据。例如,通过对蛇毒蛋白、蜂毒蛋白、蓖麻蛋白等具有毒性的蛋白质进行分析,可以对一些中毒案件进行定性。血液中存在过氧化氢酶和血卟啉,与四甲基联苯胺反应,可以使血手印变成蓝绿色而显现。乙醇脱氢酶和乙醛脱氢酶是人体进行酒精代谢的关键酶,通过对酒后驾驶人员体内的两种酶的研究,可以得出更加精确的血液中乙醇浓度,对定罪量刑非常关键。在死亡时间推断方面,本法可对死亡后人眼玻璃体中酶类含量变化、肝脏磷酸果糖激酶含量变化进行测定,从而判断具体的死亡时间。在血手印显现方面,通过考马斯亮蓝、银离子等与血液中的蛋白质发生反应可使血手印显现。植物纤维和动物纤维主要成分是蛋白质,可以通过蛋白质的形态和理化性质进行种属鉴定。

1.3.2.2 基于细胞结构标准的分类

依据细胞结构标准,生物证据可分为动物证据、植物证据和微生物证据。有无细胞壁是区分动植物细胞的关键。在实践过程中,目前法庭中使用最多的生物学证据是动物学证据中的人体证据,植物学证据很少使用,微生物学证据更是由于形态微小、专业知识要求高在法庭中罕有使用。动物证据常见的有人体证据、人类以外的动物证据等,目前常见的动物证据包括以下几方面。

1. 血液证据

血液中含有血浆、血细胞、遗传物质、激素、酶和抗体等物质,是很多生物体进行新陈代谢,运输营养物质和代谢物质的重要载体。血液证据是在犯罪现场经常出现的生物证据。目前对现场存在的血的种类及有效成分分析技术已经达到非常精确的水平。有经验的侦查人员可以根据血迹的形状和分布,推断案发的经过及犯罪嫌疑人的作案动机、逃跑方向等。目前,在法庭科学方面,通过生物学、物理学和计算机科学等学科技术对现场的血迹情况进行数学建模,可以对犯罪现场模拟重建,研究犯罪细节。詹姆斯等人编写的《血迹形态分析原理——理论与实践》中,对血迹的大小、形状等物理性状和血迹形成机制等进行了详细的研究分析。在我国,中国人民公安大学的罗亚平编写了《血迹形态分析》一书,详细地从血迹的形成、形态、出血点分析及血迹测量等方面进行了阐述,是国内血迹研究领域的重要参考书。

2. 指纹证据

指纹一般指人类手指的指腹按印后形成的印纹，其在唐代就已经用于身份认定，到今天仍然在大规模使用。目前，指纹自动识别比对系统已经在我国区县侦查部门普及。有学者认为，指纹和掌纹的乳突线排列规律是人类基因外在的表现形式。人在胚胎发育阶段，汗腺的生成与分布受胚胎基因表达影响，汗腺分布规律决定了汗孔的分布规律，汗孔的分布规律决定体表纹线的流向、长短等几何布局。

3. 毛发证据

毛发作为犯罪现场常见的生物证据，在床上、枕头上、地板上都可能出现。来自人体不同部位的毛发，具有不同的特征。现场要注意收集带有毛囊的毛发，其毛囊部位可能含有足够分析的核 DNA。一般通过毛发的颜色、形状、长度和总体上毛发轴的粗度等特征进行研究，但毛发只能进行粗略的鉴定，如进行种族、性别和年龄的估计。

4. 昆虫证据

近年来，昆虫证据在刑事案件中的作用逐渐被认可。在尸体已经发生高度腐败时，现场勘查人员往往首先关注尸体周围的昆虫。不同种类的昆虫生活习性不同，生长发育状态不同，出现在现场的时间和空间也存在着规律，可以帮助推断死亡原因、地点、关系人等。法医可以根据尸体上蝇类幼虫（即蛆）的长度和种类推断死亡时间。犯罪现场常见的昆虫证据主要有以下几类：食腐性昆虫、杂食性昆虫、水生昆虫和爬行纲昆虫等。现场昆虫的体内可能会有犯罪嫌疑人、被害人的 DNA 残留。昆虫由于本身的运动特点，也会在现场留下带有特征的证据，需要引起重视。

5. 植物证据

植物证据是指源自植物体各个部位及植物体进行新陈代谢、与环境作用等方面的证据。植物广泛存在于自然界，是人们衣食住行用等生活必需品的来源，与人们生活密切相关。犯罪嫌疑人或者被害人在日常活动过程中，也毫不例外地与植物相联系。在他们身上经常会发现有价值的植物证据。如 1992 年 5 月，在美国亚利桑那州发现一具女尸，经技术手段警方锁定犯罪嫌疑人，但嫌疑人矢口否认到过案发现场。后警察在嫌疑人驾驶的车厢中找到两颗帕洛佛迪树的豆荚形果实，警方邀请专家对现场的 42 颗帕洛佛迪树进行了 DNA 多态性检测，发现每棵树的 DNA 都不相同，车厢中的果实 DNA 与现场一颗被剐蹭的帕洛佛迪树的 DNA 具有同一性。同时，结合车辆上发现的碰撞痕迹及其他证据，警方认定嫌疑人到过案发现场。这是美国首例将植物 DNA 运用到犯罪事实认定的案件。日本京都府警察本部植物分类学顾问广江美之助将植物的叶表皮细胞特征称为“植纹”，进行分类后用于侦查工作。目前，禾本科植物残片的鉴定在日本已经用于刑侦工作。在我国，秦慧贞、赵武生等人对江苏地区常见的近人植物进行多年的研究后发现,通过对植物的叶结构形态特征、叶表皮微形态特征、花粉粒、花瓣等表面纹饰的亚显微特征分析研究,可以做到对常见的近人植物进行鉴定识别。陈承现等对山西境内数百种植物的根、茎、叶进行同工酶电泳分析并建立了数据库,方便以后进行微量植物残片鉴定。对于大麻、古柯、罂粟三种毒品性植物,则应先用专业的知识将其与相似的植物分开,同时通过 DNA 分析,确认其来源和种植区域。对植物的分泌物(如植物漆、橡胶树汁)、树木的年轮、植物的纤维成分等的分析,已经用于案件的侦查中,如不同国家的钞票使用的植物纤维成分各不相同,假钞案件中对假钞中纤维成分的分析可以推断案发地和使用的技术特征。张幼芳通过藻类检测,锁定三名故意伤害犯罪嫌疑人。

6. 微生物证据

来自微生物的病原体菌株、菌落、宿主以及微生物的代谢产物和产品等,如炭疽杆菌干粉。在生物恐怖活动或者生物战争中,病原微生物可能会伴随着宿主的遗传而进行传宗接代,长期存在。需要注意的是,朊病毒因其不具有细胞结构和 DNA、RNA,不能归于传统的微生物学分类,而是一类构象改变的有感染性的蛋白质,可以感染正常的蛋白质并表现出遗传性,它的出现直接冲击了生物学的"中心法则"。生物犯罪目前主要使用的是细菌、真菌、病毒、立克次体等致病性微生物,其在提取、保全、鉴定过程中都具有传染性,必须在专门的实验室进行分型检验,确定其来源,以便确认是否为生物犯罪。

1.3.2.3 基于空间物理标准的分类

生物证据除了常见的立体复合分布特点,其在空间尺度的分布差异度也很大。目前对生物证据研究微观尺度已经达到分子水平、量子水平,基于空间尺度标准,生物证据常分为分子证据、细胞证据、组织证据、个体证据、群体证据。分子证据是指在分子水平研究的生物证据,包括前面提到的基因工程和蛋白质工程。细胞证据是指在细胞层面研究的生物证据,集中在细胞工程领域,如胚胎工程等。组织生物证据是指植物组织、动物组织、微生物组织等组织层次的生物证据,如植物的根、茎、叶等,动物体的器官等。个体证据是指独立的生物个体本身携带的生物证据,常用于个体身份的核实和确认,是生物识别的基础。群体证据是指特定种群共同携带的带有该群体,区别于其他群体的生物证据,如特定地区家族群体带有区别于其他地区同种族的基因,从而进行族群识别。

1.3.2.4 基于遗传物质研究标准的分类

基于遗传物质研究标准的分类划分可谓对生物证据的进一步细分,遗传生物证据可进一步分为 DNA 证据、RNA 证据,是法医物证学研究的主要内容。

核酸(nucleic acid)是生物体内重要的生物大分子,包括 DNA 和 RNA。核酸存在于所有的细胞中,基于"中心法则",绝大部分生物细胞都是 DNA 通过复制而将遗传信息进行传递。RNA 与遗传信息在子代的表达有关,参与蛋白质的合成。

与一般的生物证据不同,DNA 和 RNA 是遗传物质,能够稳定传递,且具有高度的个体特异性和稳定性，其存在于生物个体的每一个细胞中，具有极强的个体识别能力。用于 DNA 的遗传标记研究经历了第一代的限制性（内切酶）片段长度多态性（restriction fragment length polymorphism, RFLP）技术，第二代的短串联重复序列（short tandem repeats, STR）技术，到目前的第三代单核苷酸多态性（single nucleotide polymorphisms, SNP）技术，已经非常成熟的用于个体识别和亲权关系确认方面。此外，线粒体 DNA（mitochondrion DNA, mtDNA）测序和 Y 染色体单倍型检验等技术也相继建立，更好地服务于刑事侦查工作。目前，DNA 证据在强奸案件、伤害案件等接触型暴力犯罪的定罪中通常是必不可少的。现场留下的微量 DNA 证据可能是破解一些疑难案件的关键，这更需要我们的现场勘查人员具备基本的生物证据学知识。包含细胞核 DNA 的人类生物学证据尤其具有价值，因为它们有可能在刑事司法活动中，将特定的个人和此类证据联系起来，如在强奸案侦查中用来确定嫌犯、排除无辜、串并案件、提供线索等。

生物恐怖袭击这类案件中可能会用该技术对病毒序列进行分析，以便确定案件的性质并对病毒来源进行溯源追踪。值得注意的是，非人类 DNA，如动物 DNA 和植物 DNA 也会作为证据出现在法庭上，如对名贵动植物的亲权鉴定、肉类检验检疫、毒品来源追踪等。

对 DNA 证据的研究目前比较充分，有关研究表明，DNA 除用于个体识别和亲权鉴定外，还可以根据 DNA 降解情况进行死亡时间推断。骨髓核 DNA、肝脏 DNA、脑细胞 DNA 等死后残存量皆与人的死亡时间呈现线性关联，犯罪现场提取的 DNA 容易受到紫外线辐射、电离辐射、化学因素、微生物因素等影响而出现降解，造成 DNA 分型检测失败。此外，生物检材的 DNA 损伤修复技术也备受关注，美国通用公司曾用含有甲酰胺嘧啶－DNA 糖基化酶（Fpg）、核酸内切酶Ⅳ（AP）等成分的修复液成功地对受损 DNA 进行修复。同时，一些新的 DNA 修复方法也在不断涌现，如模拟细菌 DNA 损伤修复机制的技术。

1.3.3 生物证据的提取与保全

法医学作为目前较为成熟且历史悠久的生物证据研究学科，已经在实践工作中建立起大量规范、标准的生物学证据提取、保存方法和程序体系，并成为司法证据保存的基本原则与方法。

1.3.3.1 生物证据的提取

如前文所述，生物证据一般包括各种体液、组织、分泌物或排泄物及其斑痕，如血迹、唾液、精斑、阴道分泌物、尿痕、涕液、乳汁（斑）、汗斑、痰液（斑）、羊水、粪便、恶露、呕吐物；各种人体组织器官及其碎块，如毛发、牙齿、指甲、骨骼、人体软组织等；来自非人类的动物的组织器官、血液、毛发、粪便等；来自植物的各部位的组织和碎片等；来自微生物的病原体菌株、菌落以及微生物的代谢产物和产品，如炭疽杆菌干粉等；来自生物体具有挥发性质的气体；来自生物体活动留下的痕迹；来自含有生物成分的材料；来自生物体的外部或者内部的可识别特征等。由于生物证据种类繁多，其提取、保全的方法亦呈多样化样态。

1. 生物证据提取前的准备

生物证据分类的专业性、状态的复杂性、保管的特殊性、证据的容易灭失性等，要求提取前必须做好充分、严格的准备。犯罪现场的复杂性远远超出常人认知，其中可能会有各种危险，现场勘查人员和技术人员只有在先保护好自己的情况下才能更好地保护证据。生物性危害源经常出现在案发现场，如由艾滋病和其他病毒引起的疾病，在当今社会非常普遍。这些通过血液和空气传播的病原体，很容易通过轻微的身体接触，如触摸病原体，或在能够发生空气传播病原体的狭窄空间内呼吸等，传染给犯罪现场勘查人员。为避免此类问题，往往要求案发现场的所有从事犯罪现场勘查或者现场物证检验工作的机构，都应当制定具体的操作程序，相关人员则应遵守这些程序，从而正确地处理和销毁带有生物性危害的物质。

美国学者查尔斯·R. 斯旺森等人编著的《刑事犯罪侦查》（第 8 版）提到犯罪现场安全存在很多威胁侦查人员健康和生命的危险因素，例如，在室外现场，勘查人员或技术人员或许会被隐翅虫等昆虫攻击感染皮炎，被扁虱叮咬传染莱姆关节炎，遭到野兽的刺、咬，或者因有毒的常春藤、橡木、漆树引起严重的皮肤过敏反应。此外，在毒品案件办理过程中，侦查人员更容易从针头、刀片、血液、体液等接触到带有传染性的病原体，如艾滋病病毒、乙肝病毒、结核杆菌、梅毒螺旋体等。2011 年 9 月 11 日后，以邮寄形式出现的炭疽病毒粉末为标志的生物恐怖主义重新抬头，这使得犯罪现场的生物危害提升到一个新的高度。

很多国家对现场勘查人员的防护有着严格的规定，需要根据现场情况采取不同的防护等级，强调使用专门的护具和装备保护身体。例如，对盗窃现场勘查时，勘查人员要从头到脚防护起来避免污染现场，需要使用特种光源时，必须对眼部进行防护。对强奸、故意伤害、抢劫现场进行勘查时，除上述要求外，使用的手套、鞋套还必须防腐、防化学试剂的渗透。勘查凶杀、爆炸案件等重大案件现场时，要求戴两层抗化学腐蚀、渗透的手套，这样既保护勘查人员的安全又方便开展其他工作。现场勘查人员要严格按照操作规程，不得做任何与工作无关的事宜，在处理不同检查时，必须更换手套，避免交叉污染[6]。

生物证据提取前，要做好相应准备，一方面保护了现场侦查人员的人身安全，另一方面也可避免将侦查人员自身的生物检材留在现场或者污染生物证据。随着高灵敏测试技术和方法的研制开发，证据被犯罪现场勘查人员污染的可能性大大增加。因此，通过严格遵循这些操作程序，带上合理、合格的防护设备，将会大大降低生物证据被污染的可能。因此，工作人员在提取证据前，应当注意以下几点：①现场发现的所有生物体液及斑痕,一律视为具有传染性,需要采取防护措施。②在现场发现的锋锐物品,必须戴好护具进行小心提取,放在能够防护的专门器具内封闭保存。③要经常用肥皂洗手,养成良好的个人卫生习惯。④了解自己皮肤的完整状况。工作时要认真包扎所有的伤口,采取防护措施避免被现场的环境污染。⑤必须使用一次性橡胶手套来处理可能存在生物污染的检材。⑥在存在大面积生物污染的情况下,整体防护是必不可少的。⑦在可能传播疾病的地方,避免手与面部接触,如吃东西、吸烟、喝水等。⑧如果身体接触生物污染源,马上用专用的消毒液消洗,然后去医院进行身体检查。⑨被污染的表面或物体应当用1:9的双氧水进行清洗,或者使用医院常用消毒喷雾凝胶处理。⑩时刻警惕锋利的物体,尤其是带有血液的锋锐物品,必须在有足够的防护条件下进行提取。

2. 生物证据提取的一般规则

生物证据有别于其他证据,除了大部分具有生物活性,一定时间后会自行降解外,还会有多种生物证据复合在一起的情形。大部分案件进入现场勘查的机会往往只有一次,一些生物证据被毁损后无法弥补。故现场勘查人员必须具备生物学或者法医学专业知识,知晓生物证据的来源和可能存在位置,并根据现场情况及生物证据的特性,确定生物证据采集的先后顺序及采集重点[7]。

生物证据提取的一般原则应从以下几个方面加以考量:①生物证据提取应由具有专业知识且经过相关培训的具有现场勘查资格的人员进行。②生物证据应尽可能直接提取,对于方便携带的物品可以进行整体提取;对于体积较大等提取不方便的物品,优先提取附着生物检材部位。③根据生物检材的数量、状态和性质,采取擦拭、剪切、刮削、吸附、锯凿、挖取、负压吸附等方法提取。犯罪现场挥发性气体的采集,必须使用带有开关阀的手压缩气袋,或者采用环境检测使用的小型气体收集器。④不同部位的生物检材应按顺序分别提取,独立包装,使用专用的样品袋并编号记录,及时送检,避免各类生物检材相互交叉污染,并做好个人防护。侦查人员提取生物学检材时,需要严格遵守操作规定,每次只能提取一份检材,不能把多份检材混在一起包装,封装材料必须为一次性。⑤提取生物证据使用的试剂和容器等应经过提前灭菌处理,无核酸等物质残留。封装生物检材使用的证据袋要保持洁净、消除污染。现场取样人员必须穿戴好防护用具,穿着洁净的工作服,戴好防护口罩、帽子、手套,帽子要盖住头发,手套盖住袖口。提取不同检材时注意更换手套,防止自身的汗液、毛发污染检材,用消毒灭菌的器皿存放生物检材。提取生物证据使用的试剂应标明有效期,在有效期范围内使用。⑥生物检材登记:案件的名称和简要案情;提取的时间和地点;提取方法和保存方式;生物检材的名称、状态、数量、外观;提取人及单位名称;保管人及保管地点;特殊的注意事项。⑦提取生物检材时,注意用相同的方法提取对照(空白)样本。提取载有生物学特征的视频、电子数据,应提取原始材料,并复制备份。复制的材料确保来源合法有效,注意使用哈希函数值校验等方式，保证数据不被恶意修改。⑧提取的液态生物证据应当尽快送检，其余部分制成纱布斑迹；提取的各种液态的生物证据不能日晒或加热烘干，需要放在阴凉通风处缓慢干燥成纱布斑迹。动物组织保存不当容易腐败，常见保存方式一种是干燥后冷冻保存，另一种是自然风干后用消毒酒精浸泡。⑨提取和运送生物检材时，应避免互相摩擦、碰撞等，易碎生物检材防止挤压和震动，易散失物的生物检材密封包装。

另外，随着刑事侦查中不断引入新的技术，人的血液、毛发、唾液等人体证据被用来定罪或者排除嫌疑越来越多，但人体证据的提取易侵犯嫌疑人的基本人权。因此，必须有严格程序对人体证据提取进行规范，才能有效制止不合法侵犯公民权利的行为，需要在打击犯罪和保障公民隐私权利之间找到一个平衡点。

对于人体证据的提取，除了遵循生物证据一般提取时的合法、及时、专业外，还应当注意遵循以下提取原则。

（1）合比例原则。必须根据具体的案情需要，确定需要采集的人体证据种类和与之相称的方法。提取的人体证据以满足案情侦查需要为目的，超出范围要进行制止。另外，人体证据获取与人的隐私权、健康权息息相关，故在有其他证据足以证明案情的情况下，不进行人体证据的提取；如果确有需要进行人体证据的提取，在有多种提取方案的情况下，优先选择对人体影响最小且具有足够证明力的方案；在同一方案中有多种提取程序的，优先选择对人体影响最小且具有足够证明力的程序。进行人体证据提取时，必须根据实际情况，在打击犯罪和保障人权之间找到一个合理的切入点，如德国规定血样的采取必须由职业医生来进行。

（2）法律保留原则。该原则指的是允许立法机关对公民基本权利进行限制，但必须由有立法权的机关通过立法或者修法的形式来进行。具有侦查权的机关对公民进行人体证据提取时，必须严格按照法律授权范围执行，超出法律授权范围，进行人体证据提取的执法行为不被承认。

3. 常见生物证据的提取方法

由于各种生物证据形态各异，性质有别，因此在具体提取方法方面有一定区别。

（1）血液证据的提取。只有现场勘查人员广泛而又彻底地对血迹形态进行记录之后，才能够提取和保全犯罪现场的血液证据。血液的溅落形态和排列位置可以帮助推断案发时事件的一些信息。通常情况下，应当首先收集那些最容易灭失的血迹，这些血迹可能位于现场车流量较大的区域、门口、走廊、路边，或者出现在室外犯罪现场。对于那些存在于可移动物体上的血迹，可以暂时将该物体转移到安全的地方进行保护，直至可以对该血迹或者物体进行收集时为止。犯罪现场发现的血液证据呈液态时，应当等其自然风干后再提取。如果带有血迹的物体可以移动，则应当收集整个物体。对带有血迹的物品，应当单独进行封装，防止交叉污染。在运输血液证据物品之前，应当在犯罪现场对其进行密封包装。血迹证据发现后需要尽快冷藏处理，不能暴露在高温、潮湿的环境中，避免发生变质。对于面积较小的液态血迹，可以用已经提前消毒过的棉签进行提取，待阴干后用生物证据专用的证据收集盒保存。可以在血迹证据自然干燥的过程中，用洁净的专用证据卡以不接触的方式对其保护。液态血迹面积较大时，除上述程序外还可以使用一次性移液管或者注射器提取部分液体检材，放在有紫色瓶塞的真空试管里（指的是带有 EDTA 的抗凝试管）。对试管进行标示并贴上标签后，将之放入有保护层的塑料袋中，并对塑料袋进行密封和标识。如果大量潮湿的血迹位于可移动的物体上，如衣物或者床单上时，应避免血液痕迹形态发生改变或者转移。尸体血液不易保存，容易被微生物污染。未腐败尸体可提取心腔血，涂于干净的纱布或者采样卡上，自然风干后制成血痕。带有干燥血迹的物体较小且可移动，应将整个物体包装放入非真空包装内。

对于血迹附着在较大的物体上，不可能原封不动的进行收集，应当遵循以下收集步骤：①提取血迹。根据美国 DNA 分析委员会工作指南的规定，干燥的血迹可以使用消毒棉签或者细线进行提取。使用生理盐水或者蒸馏水润湿棉签后，仔细地擦拭血迹。将所有的血迹提取到棉签上面，再将棉签插入到专用证据盒中。如果血迹已经收集完毕，应当等待棉签自然干燥。然后密封证据盒、标注信息。带有血痕的凶器应整件提取，如凶器较大可用蒸馏水润湿消毒过的滤纸制备转移血痕。②剪取血迹。如果血迹位于活动的表面上，则应当沿着血迹的周围将带有血迹的表面剪下，剪下的面积应当包括所有血迹。如果表面物质易碎或者易于破裂，就应当小心地保护剪下的部分，防止检材破碎。用纱布或者消毒样本物质制成包装物进行包装。③刮取血迹。用已经消毒的或者干净的锋利工具，将血迹刮到消毒过的专用包装纸上，然后包装封存。也可以用静电吸附、凝胶吸附、指纹胶带粘取等方式取样，但应当避免带有金属离子等 DNA 抑制剂成分。

对于酒后驾驶、杀人、强奸等案件，犯罪嫌疑人、受害人等案件有关人员的对照血样可采静脉血 1 ~3mL，用 EDTA 试管保存，还需要取少量血液涂于血痕采样卡上，置阴凉处晾干，放于透气的纸袋中；对于只需要少量血液样本进行 DNA 检验和血型分析的可以从耳垂、指尖采集。对于酒后驾驶人员进行活体采集血液时，需要注意不能用乙醇溶液对采血部位进行消毒，采血管中添加剂使用也应注意，最大限度避免操作过程对血液中乙醇含量的影响。值得注意的是，犯罪现场的蚊子、苍蝇等昆虫也需要注意采集，它们有可能吸吮过人血，应该将其整体提取后干燥保存。

（2）精斑证据的提取。在性侵犯案件中，精斑证据是至关重要的证据，对其发现、提取、保全要严格按照法定程序进行。犯罪现场发现的精斑绝大多数为干燥的斑痕，极少数是液体状。干燥的精斑提取保全与血痕类似。对于性侵犯活体被害人在精斑提取前，需要询问性侵犯时双方的衣着、被性侵犯的部位、被侵犯时的动作行为及顺序，进而确定收集精斑的重点区域。对被害者的当时所穿着的衣物、现场床上用品、卫生纸等小件物品上的可疑精斑要整件提取。被害人的肛门、会阴、大腿内侧、指甲缝、乳房、口部等部位存在可疑精斑时，用润湿的洁净纱布或棉签提取。室内的地板上或者室外的植物、泥土上都可能有精斑的存在。对于被害人未及时报案的，除了应提取受害人的阴道擦拭物，对被害人案后更换的内裤检测也可能发现精斑。对于被性侵犯的尸体常规提取内裤和阴道内容物，必要时可以通过解剖在输卵管壶腹部提取精斑。另外，要注意的是，犯罪嫌疑人的手部、口部、腿部、阴部、内裤也可能会有精斑，或者被侵害者的毛发、脱落细胞、血液等生物学证据。现场发现的避孕套必须阴干后，放入专用的纸袋中。轮奸或者强奸案件中，可能会出现混合精斑的现象，需要引起高度重视。精斑采集后需尽快将其送到实验室冷藏。

(3)唾液证据的提取。液态的唾液检材应当用消毒的棉签擦拭予以提取，唾液斑和咬痕可用湿润的棉签擦拭后提取，并放入专用样品袋。对可能留有犯罪嫌疑人唾液的水杯等器物，应整件提取或用湿润棉签擦拭提取，但最好使用细线润湿后提取。可能含有犯罪嫌疑人唾液的邮票、信封等小件物品，应整件提取。

(4)毛发证据的提取。毛发是在犯罪现场容易见到的生物检材，通过对毛发分析可以对毛发的种类来源和个体来源进行判断，推断出毛发主人的性别、血型等信息。现场带有毛囊的毛发最有价值，毛囊中存在核 DNA，可以进行个体识别。现场勘查过程中避免盲目使用真空吸附方法来收集毛发，对于现场发现的毛发应分别提取，独立包装，记录提取的部位，禁止多根毛发混装。但对于相同地方的毛发可以包在一个袋子里面，一般对不同部位提取毛发在 50 根左右，以备足够的样品进行分析。对照的毛发最好和检材的毛发提取同一位置，提取数量在 10 根以上。对强奸案件受害人身上提取毛发的同时，应该提取被害人的血样作为比对样本。潮湿的毛发应当自然阴干后，装入透气的纸质专用生物证据袋中于室温保存。

(5)骨骼证据、组织证据的提取。对于现场发现的骨骼证据，优先提取带有组织的骨骼，其次是肋骨、长骨、指甲等。对于带有骨髓腔的长骨整体提取，肋骨提取 5cm 左右，有组织的骨骼整体较好。离体的组织尽量整块提取，肌肉、器官等组织提取 2g 以上，放于 75% 的乙醇溶液中保存。流产、刮宫产生的组织也应当提取 2g 以上，放于 75% 的乙醇溶液中保存。

(6)植物证据的提取。对于大麻、罂粟等国家禁止种植的植物，除了拍照摄像外，还应对植物的叶片、花朵、果实、汁液等进行采样，送到植物学实验室进行检验。一般现场常见的是植物的碎叶，应脱水后送实验室进行植物体 DNA 检测，确认植物的品种和来源。胃内没有完全消化的植物残渣在处理后也可以进行 DNA 检验。

(7)微生物证据的提取。对于生物恐怖袭击事件中的微生物证据提取必须由专业的防化人员完成。带有生化防护装备的专业人员对可能感染的微生物病原体血液、组织或怀疑带有病原体的物品取样，放入消毒专用密封设备中，采取适当保存措施，保证病原体的活性，防止保存不当造成的证据灭失。同时必须防止生物战剂的扩散和污染。需特别强调的是，对于疑似生物暴恐袭击案件，由于案情重大，牵涉利益复杂，现场的微生物证据必须由具有专业资格的生物实验室进行微生物溯源分析，帮助判定是自然界的传染性疾病暴发，还是真正的生物暴恐案件。

(8)昆虫证据的提取。现场勘查人员必须具备一定的昆虫学知识才可以开展本项工作。根据犯罪现场是否存在尸体和存在的昆虫种类确定采集顺序。一旦开始采集可能会惊动部分昆虫，造成部分逃逸。现场采集昆虫前，应准备好昆虫捕捉网、粘蝇纸等装备，优先对飞行的昆虫和可以快速逃逸的昆虫进行采集。对于未发育完全的昆虫和虫卵，可通过实验室饲养对其生长过程记录。对捕捉到的昆虫应详细记录发现的位置、种类和数量，一般同类昆虫留样 10 只以上为好。捕捉到的成虫要用乙酸乙酯药杀后，用大头钉钉起，干燥保存或用 75% 酒精保存，注意干燥保存时，防止蚂蚁等破坏样本。

(9)气体证据的提取。犯罪现场留有的犯罪嫌疑人的体味或者有毒气体，需要通过带有开关阀的手压缩气袋采集或者使用环境监测使用的小型气体收集器收集。对取到的气体最好进行冷冻、冷藏保存，其次是真空保存和常温干燥保存。

1.3.3.2 生物证据的保全

生物证据的提取只是证据保管链条的开始，生物证据的有效保存，确保证据链条的完整也是非常重要的工作。生物证据的保存要根据具体生物检材的具体生物学特性进行保存。结合相关知识，对生物证据的保存应从以下几个方面加以关注：①提取到的生物检材要进行消毒后方可保存。②生物证据中血痕、精斑、汗迹等斑痕应该经过干燥处理后，放入专用的纸质物证袋中保存，注意防霉、防潮、防腐、防微生物污染；毛发、斑痕等干燥后标识清楚，随后放在室温或 -20℃ 低温干燥条件下保存。③中毒案件的生物检材保存不能加防腐剂；需要液态保存的血液应加入抗凝剂，明确标识，于 -20℃ 低温干燥条件下保存。一些水生生物和带有组织液的残体等需要放入专用的浸泡液中保存，但切记不能使用福尔马林溶液，这样会影响 DNA 检验；一些液体生物证据要放入不透气的金属或者玻璃容器中保存。④一般的生物检材在标识清楚后，应保存在专用的生物样品保温冰箱中，温度一般为 -20 ~ 4℃。⑤生物检材中具有生物活性的检材和中毒案件的生物检材，必须使用专用的冰壶或者干冰型冰袋低温保存。⑥生物检材的保存由专人进行，具备条件的情况下，绝大部分生物检材都要求密封保存。⑦生物检材应当在案件审判结束后，继续在侦查单位保存两年以上。⑧生物检材保存的标识牌必须注明采集时间、案情、采集的生物证据种类、数量、地点、状态、采集人、采集方法、保管人、保管方法、鉴定人及该生物检材的保管特殊注意事项。⑨生物检材保管在冰箱等专用仓库时，必须保持外包装独立，密封良好，确保不会发生渗漏、污染等情况。⑩对带有针头、刀片或者艾滋病、乙肝患者的血液样品，在保存时一定要用双层袋子包装，同时在外包装明显部位表明“注意——内有刀片、针头等锐物”，或“小心可能有艾滋病（或乙肝）病毒”。⑪在现场勘查时任何溅有血迹的报告、标签等物品都应当销毁，并把有关信息复制到干净的备份上。⑫对无法带走的具有生物学特征的材料，应尽量录音、录像保存，并刻录成光盘存档，标明时间、地点、案情、证据的类型、采集人和保管人等信息。⑬冷冻的生物检材应当避免反复冻融。⑭对疑似有传染性疾病、放射性的危险性检材，应当按照相关规定放在专业资格的实验室进行保存，防止泄漏污染发生次生灾害。⑮生物证据保管的仓库和实验室必须拥有足够大的仓储空间和专业设备，实行授权准入制，非授权人员不得进入，不得接触样品，以及无死角、不间断视频监控覆盖。同时对进出的人员和样品实时进行登记，最好有电子台账，方便进行检索。⑯生物证据保管的仓库和实验室必须具有防火、防盗、防灾、防断电等条件。

1.3.4 生物安全威胁的司法鉴定（法医相关）

证据（evidence）是指依照诉讼规则认定案件事实的依据。证据对于当事人进行诉讼活动，维护自己的合法权益，对法院查明案件事实，依法正确裁判都具有十分重要的意义。证据问题是诉讼的核心问题，在任何一起案件的审判过程中，都需要通过证据和证据形成的证据链再现还原事件的本来面目，依据充足的证据而做出的裁判才有可能是公正的裁判。

《中华人民共和国刑事诉讼法》（简称《刑事诉讼法》）第五十条规定：“可以用于证明案件事实的材料，都是证据。证据包括：（一）物证；（二）书证；（三）证人证言；（四）被害人陈述；（五）犯罪嫌疑人、被告人供述和辩解；（六）鉴定意见；（七）勘验、检查、辨认、侦查实验等笔录；（八）视听资料、电子数据。证据必须经过查证属实，才能作为定案的根据。”

物证是用于犯罪或与犯罪相关联的、能够证明犯罪行为和有关犯罪情节的物品或痕迹，而各种生物证据作为物证，其不具有任何主观的东西，而只以其客观存在来证明案件的事实。故生物物证在司法鉴定中有重要的意义，严格的审查要求及鉴定要求。

1.3.4.1 生物证据的审查

1. 生物证据的单独审查

对每个生物证据进行单独审查，分析其来源、性质与案件事实的关联性，确认该生物证据的证明价值。对于虚假的和无证明力的生物证据加以排除，具体可按时间顺序和主次顺序来单独审查。

对于单项生物证据，要注意对其保管链条的完整性审查。生物证据的证据保管链条环节，由所有经手该展示的生物证据的人组成，从犯罪现场发现、提取、保存、运输、鉴定及法庭上出示整个过程。在生物证据的证据链条保管过程中所有发生交接的过程都要有文字记录，同时任何环节生物证据的外观、理化性质等，能观测到的变化必须详细记录，以便确认是生物证据本身正常的变化，或者污染、腐败导致的异常。美国司法实践中，为了减少对证据链条的监管环节，要求负责证据收集的警察直接将证据送往实验室，并取回上述证据交给法庭。

对于个体生物证据的审查内容，主要包括对生物证据资格及证明力的审查两个方面，对于生物证据资格的审查主要从以下两个方面加以关注。首先，是生物证据的合法性。生物学证据中有一些会涉及财产所有权、隐私权等权利。根据法律规定，生物证据必须是法定人员依照合法的程序和方法收集或者提供，符合现有法定证据形式，来源合法并且经过查证属实方可称为合法。当然，不同国家和地区对生物证据的强制采集制度有一定程度的差异。其次，是生物证据的相关性。生物学证据的相关性是由生物证据本身的特点决定的。生物证据的存在遍布生物圈，与人类活动密切相关。只是受限于我们的认知水平，很多很有价值的生物证据未能发挥有效的指引和证明的作用。对生物学证据证明力的审查同样应注意两个方面的问题，一是生物学证据的真实性。生物证据是客观存在的生物体或者载有生物学特征的材料，不会因人的主观意志而改变。二是生物证据的充分性。它主要在于生物证据的来源的可靠性和对生物证据进行分析、解读的技术方法及过程的充分性。

由于生物证据自身的特殊性，实践当中对个体生物证据的审查方法主要通过鉴定与特征识别进行。

(1)生物证据的鉴定。《刑事诉讼法》中的鉴定通常指受法定机关的委托，由专业技术人员运用相关的专业知识对案情中涉及的特殊问题需要进行鉴别、分析、判断的活动。鉴定可以帮助侦查机关解决某类专门性的问题，弥补侦查人员专业知识不足，并以其科学、专业、客观的分析，判明证据真伪，得出有效结论。生物证据的鉴定即由专门技术人员对生物证据资料进行分析、鉴别、判断的活动。其对于发现生物证据的证据价值具有积极意义，但专职机关在向鉴定机构送检鉴定时，应注意如下事项：①生物证据的鉴定应该在法定的鉴定机构进行鉴定，相关鉴定人员必须具有相应鉴定资格；②送检的生物检材还要附有相关的案情说明、检验目的、注意事项、函接公文及送检人。③邮寄的生物检材除了要注明上述的时间、案情、采集的生物证据种类、数量、地点、状态、采集人、采集方法，还要注明送样人姓名、单位、地址及联系电话。④生物检材中具有生物活性的检材和中毒案件的生物检材必须使用专用的冰壶或者干冰型冰袋低温保存冷藏条件快速送检。⑤毛发和斑痕类生物检材一般常温、干燥送检。⑥一般的生物检材需要冷藏条件下进行送检。⑦需要送检的样品都要有完善的外包装，防止碰撞挤压。对有生物性危害和放射性危害的生物检材应当在外包装明确注明。⑧检材的送样要求由两人执行，并保证送样过程包装封条完整,当面进行移交登记。⑨如果需要复检时,应提供相应的初检报告。

就鉴定进程而言,生物证据的鉴定可分为种属鉴定和同一鉴定两个环节。

第一,生物证据的种属鉴定。生物证据的种属鉴定就是使用生物分类学的知识对具有相同的普遍生物特征的生物证据进行分类,具有的共同生物特征越少,种属鉴定就越困难。生物证据的种属鉴定就是把未知生物证据的生物学特征与已知的样本的类似特征进行比较而确认相似度来实现的。人们一般把具有某些相同生物学特征的材料归为一类,具有该类特征的被认为属于同类,即种属鉴定认为同一类,如血型、毛发、运动特点等可进行生物证据的种属鉴定。目前法庭科学常用的种属鉴定技术有免疫学技术和分子生物学技术。生物学目前采用界、门、纲、目、科、属、种的分类方法对生物个体进行种属鉴定,如目前原核微生物的分类依据和方法有:形态学分类依据(群体形态特征、个体形态特征、细胞特殊结构、染色反应)、生理生化特征分类依据(营养来源、对营养的需求、代谢途径及代谢产物、生理特征)、细胞化学的分类特征(细胞壁化学成分分析、醌类成分分析、磷酸类脂分析、分枝菌酸分析、全细胞脂肪酸分析、蛋白质图谱的比较)、生态学特征分析(共生、寄生及致病性、对噬菌体的敏感性、在自然界的分布)、抗原特征分析、遗传学分类依据(DNA 碱基组成比例的测定、DNA 分子杂交、系统发育分析、数值分类法)。

在法庭科学中,生物证据种属鉴定主要解决生物证据为何物、何种类、何来源的问题,一般根据生物证据的物理性质、化学性质、生物学性质、外观特征、新陈代谢特点等进行鉴定,可以帮助案件定性,缩小侦查范围,排除嫌疑,影响其他证据。生物证据中的微生物证据等部分证据因其数量繁多、新陈代谢周期短、传宗接代速度快等特点,一般只进行种属鉴定就足够了。

第二,生物证据的同一鉴定。生物证据的同一鉴定是指经过种属鉴定后确认为同类证据后,进一步确认是否为同一证据而进行科学检验的理论和方法。其常见类型包括以下几种:①根据被同一鉴定的生物学痕迹特征反映信息进行的同一鉴定,主要是各类生物痕迹(如指印、牙印、声纹、脚印、鞋印等)与留下该痕迹特征生物个体的同一。②根据被同一鉴定的生物检材反映的信息进行的同一鉴定,通常是以现场提取的血迹、唾液、精斑等生物检材与嫌疑人的信息进行比对,这类同一鉴定以遗传学鉴定为主,主要是由于 DNA 分型技术的发展,以极少量的 DNA 便可进行准确的个体识别。法庭科学中常见的此类同一鉴定既有 DNA 鉴定、精斑识别、颅骨个体识别、牙齿个体识别、亲权关系鉴定等,也有利用离体的碎叶、孢粉等。③根据被同一鉴定的生物体运动特征,反映信息进行的同一鉴定。该类同一鉴定目前在法庭上比较少见,如根据步态特征、击键特征进行同一鉴定,理论技术方面已经成熟,但尚未大面积推广使用。生物证据的同一鉴定不是绝对的同一,而是相对的同一,具有高度的相似性。同一鉴定中对于客体的特征稳定性、特定性、涉及原理要进行全方面审查。

(2)生物证据的识别。生物特征是指在生物物种范围内每一个个体所唯一具有的、可以进行测量识别的、能够区分单个个体的生理特性或行为方式。生物特征通常分为生理特征(如指纹、虹膜、面部特征、DNA)和行为特征(如声音、步态、击键习惯)。生物证据识别即是利用生物体的相关生物特征,以信息技术为基础,通过光学技术、传感器技术、超声波技术和计算机技术对生物个体进行识别和认证。鉴定与识别的技术基础具有一定的一致性,其不同点在于生物证据的识别不需要专门的启动程序和专家证人。目前,基于科学研究及实践使用所限,生物证据的识别主要集中于行为人的个体识别和身份认定,其具有普遍性、唯一性、永久性、可采集性的特征,但同时具有一定识别精度、安全性及可接受性。

刑事案件侦查是生物特征识别的重要领域,对犯罪嫌疑人身份的确认是刑事诉讼的关键。当前常用的生物证据识别技术如下。

1)肤纹识别。肤纹包括指纹、掌纹、足纹等,是动物裸露皮肤纹理的特殊排列组合,个体间具有唯一性。在美国法庭科学界,习惯将指纹、掌纹、足纹等起到摩擦作用的乳突线,称为摩擦嵴。对这些印痕的分析,统称为"摩擦嵴分析",是目前各国法庭广泛采用的表明某个相关证据单一来源的一种方法。肤纹识别中涉及的原理和技术基本与指纹相似。

指纹应用的历史最为悠久,通过对指纹特征点中的谷、脊、分叉点、端点等独有的排列来进行个体识别。目前指纹识别(fingerprint recognition)是通过对个体指纹的全部特征和局部特征进行采集、分析后,与数据库中存储的指纹信息进行比对,自动、准确识别出个体的身份。指纹具有稳定性、唯一性的特征,其稳定性是指人成长过程中,指纹的纹路排列方式不会改变,只是纹路会放大、加粗;唯一性是指指纹的形成受遗传因素影响,同血缘关系的人,指纹种类的相似程度最高可达70%,但同卵双胞胎的指纹可存在差异性。一枚完整的指纹可具有100个以上的特征点,足够区分两枚相似的指纹。指纹识别技术的优点是:具有足够多的特征点进行识别,确保结果的可靠性和唯一性。同时指纹识别设备价格低廉,采集速度适中。缺点在于:极个别的个体指纹是光滑的,不具备可识别的特征。同时指纹可能会被复制。

2)人脸识别。美国"9.11"事件后,世界各地都在加强国土防御能力和公共安全保卫能力建设,如何对个体进行快速的识别和认证是当务之急,这也极大地促进了生物特征识别领域的暴发性发展。人脸识别(face recognition)主要是通过采集面部的一张或多张图像,利用生物统计学原理,通过专门对图像中人面部稳定性特征进行识别,建立人脸特征模板,与数据库中标准的人像数据进行比较,确定相似程度。其优点在于非接触、实时、动态及较高的准确度,缺点是对于因疾病、整容等面部特征改变较大的情况很难识别。现在人脸识别趋势是向三维人脸识别方向发展,通过采集到的若干张不同角度的照片,利用几何学、解剖学等学科知识,还原立体面部图像,避免光线、角度、背景、化妆等因素对二维平面图像识别的影响。目前我国部分省份公共安全部门已经大规模使用面部识别技术,例如在 2008 年的北京奥运会安保活动中,面部识别技术被用于对进出场馆人员进行身份确认。

3)温谱识别。人类作为恒温动物的一种,皮肤可以起到一定的散热作用。通过红外成像设备观察发现,人体不同部位散发的热量存在差异,而记录有相关热成像数据的图片就称为温谱图。不同人的面部温谱图发热情况不同,具有足够的特征识别点,可以进行个体识别,其在光线不良的情况下更能发挥作用。目前可以用在吸毒和流行病造成的发热症状检测。

4)静脉识别。这是近些年新出现的一种快速生物识别技术,它是利用血液中的血红素具有吸收红外线的特点,使用带有红外摄像功能的相机拍摄静脉血管的分布图,然后进行计算机处理,提取特征值,进行比对的一种技术。相比于指纹识别技术,静脉识别技术具有不受皮肤污渍、表皮磨损和外界环境影响,为非接触性采集,识别精度高、速度快的特点,而被公认为很有前途的识别技术。但需要注意的是,该技术要求必须是活体才可以识别。另外,由于静脉血管分布于体内,即使经过手术也很难改变,所以可以有效杜绝复制和盗用。目前静脉识别技术分为指静脉识别和掌静脉识别,两者都具有很高的精确度。相较而言,指静脉识别的速度要快于掌静脉识别,但掌静脉识别则包含了更多的特征值。

5)气味识别。基因控制的人白细胞抗原被认为控制着人的气味图像。每个人的免疫系统各异,产生的体味也不尽相同,研究表明,这些气味具有明显的个体差异,可以进行个体识别。由于警犬的嗅觉可以到达分子级别,经过训练的警犬可以根据气味追踪嫌疑人。利用电子鼻和气相色谱、质谱分析技术,可以确认气味中的有效成分,但受技术限制,电子鼻方面进展较慢,目前仅可快速对常见的有害性气体进行分析,还不能对人体气味进行鉴别。

6)耳郭识别。人的耳郭识别技术也是近年新发展的一种生物识别技术,与面部识别技术类似,通过采集若干张耳郭的图像,与数据库中人耳图像进行特征值比对,从而确定相似程度。根据输入图像的不同,分为耳纹识别、二维图像的人耳识别和三维图像的人耳识别。人的外耳形态特征稳定,具有明显的个体差异性,是很好的个体识别标志。耳纹一般是犯罪嫌疑人在玻璃等材料上留下的耳郭挤压痕迹,通过耳纹分析,可以提取到由关键点和角度构成的特征向量,寻找线索。耳郭识别的优缺点和面部识别相同,有条件的情况下两者连用,识别个体的效果更佳。

7)声纹识别。声纹指通过电声学仪器显示的携带言语信息的声波频谱。跟其他生物特征一样,它可以被用于个体识别,以响度、频率、音色、声级等为特征识别点。声纹识别的优点是声音来源简单,识别度高,此外,它还具有其他生物识别技术所不具有的特点——远程性，即被识别者不需要在现场也可以被识别，对于跨区域的、有生物识别需求的人来讲，具有极大的便利性，但其具有易受到背景噪音影响的缺点。目前，我国的检察部门已经使用声纹识别技术对贿赂案件中的犯罪嫌疑人身份进行确认，2015 年 7 月，泉州市安溪县公安局建立了全国首个声纹数据库，用于"猎狐情报管控系统"。

8）步态识别。步态是指动物通过肢体周期性运动的一种状态，一般情况都是指人类走路时，肢体周期性运动的状态。步态分析技术的研究已经有 300 多年的历史，19 世纪 90 年代，德国科学家就发表了在负载和空载的条件下的人体步态的生物力学论文。20 世纪 90 年代，美国国防部高级项目研究署资助的"远距离人的身份识别"项目，促进了步态识别的发展。每个人的步态都存在着一定的差异，可以进行个体识别。步态识别是生物识别领域比较热门的领域，它根据人走路的姿势和相对时序、跨越幅度、摆动角度等差异来进行分析研究，常用的参数有时空相关参数（步长、步速、周期时间）和运动相关参数（髋、膝、踝）等，具备识别距离远、不易伪装、特征稳定、非接触等优点，但后期数据处理水平要求较高。

9）细菌识别。细菌识别技术是利用人手部皮肤分布的大量细菌，沿手指或手掌的乳突线排列方向的生长、繁殖情况，进行个体识别的一种技术。研究发现人手部大概携带了 150 多种细菌，任意两个人手上拥有同种微生物的概率在 13% 左右，因此每个人手部的细菌分布是独一无二的，留下的细菌痕迹也是独一无二的。人在现场与物体接触时，除了会留下指纹、指纹中汗腺分泌的 DNA 外，还有手部表皮上的细菌。一般情况下，留在案发现场的人手部表皮上的细菌，在两周内不会因光照、温度、湿度等环境因素而改变。在难以获得人类 DNA 的情况下，通过细菌识别也是一种好的方式。另外，细菌的 DNA 序列较短，方便快速进行细菌种类确定。但目前制约因素是很多细菌现在还不能被培养。

10）虹膜识别、视网膜识别。虹膜识别（iris recognition）是利用眼部虹膜区域的环状物、斑点、射线、凹点、条纹等特征进行个体识别的一种技术。有关研究称，虹膜纹理的独立特征点数高达 200 个以上，没有两个虹膜是完全一样的，包括同卵双胞胎，因而该方法具有极高的识别能力，被称为最安全、最精确的个体识别方法。虹膜采集具有非接触性自动采集、识别速度快、识别精度高等优点，但对于盲人和有眼病的患者不适宜，同时使用成本较高。视网膜是一种固定的生物特征，存在于眼球底部，很难进行复制欺骗。视网膜识别是利用光学设备发出低密度红外线照射视网膜，扫描视网膜上的独特特征，进而进行比对的一种识别技术。但视网膜采集需要主动配合，同时该技术使用成本较高，应用不是很广。

11）签名识别、击键识别。签名识别是基于个体签名习惯差异而进行识别的一种技术，包括在线签名识别和离线签名识别。在线签名识别技术目前在银行、保险等的交易中使用较多，其主要是利用感应器记录使用人签名时书写顺序、运笔特点等运动特征参数,防止冒用的现象。离线签名识别是对签名的文字进行笔迹和运笔姿势等分析,认定何人所写。由于签名识别存在被模仿的可能,所以在法庭上,签名识别认可度不高。击键识别是基于个体使用计算机进行操作时敲击键盘习惯而进行识别的一种技术,基于击键的力度、击键的持续时间、击键出错的频率等进行个体区分。美国国家科学基金和国家标准与技术研究院研究认为,击键方式具有一系列可以识别的动态特征,在一定情况下能用来区分不同的使用者。

2. 生物证据的比较审查

对一个案件中的两个或多个包括生物证据在内的证据进行比较和对照,找到能够相互印证或相互矛盾之处,结合案情判断其是否合理。生物证据比较审查既可以是同类生物证据之间的比较,也可以是不同类生物证据之间关联性的分析比较,当然实践当中也可能存在生物证据与非生物证据之间的比较,通过对比发现其合理性和客观性。2009 年,英国特赛德地区的一个公寓内发现一具多处受伤的尸体,由于该房屋封闭性良好,没有昆虫证据。现场勘查后发现,在尸体及尸体体液浸润的地方出现真菌生长。记录现场的温湿度和真菌生长区域后,警方将真菌提取到人造环境中继续培养。尸体上的真菌样本分离后晾干留待观察,但随后 5 天内真菌停止生长,后将其放入牛血的培养基中出现新的真菌。通过比较新培养出的真菌尺寸和尸体上的真菌及再培养的真菌数据,专家确认被害人死亡至少有 5 天时间。这与后来的犯罪嫌疑人的供述时间一致。

3. 生物证据的综合审查

结合案情,对包括生物证据在内的所有证据进行审查,并综合研判,发现证据间的矛盾性和协调性,对不同证据之间证明力进行比较。例如一个杀人案件现场同时发现鞋印证据、指纹证据和 DNA 证据,通过分析鞋印证据指向嫌疑人 A,指纹证据指向嫌疑人 B,DNA 证据指向嫌疑人 C,按照证据的证明力排序:DNA 证据证明力 > 指纹证据证明力 > 鞋印证据证明力。但这只能说明 C 的嫌疑远远高于其余两人,要结合其他证据才能判断 C 是否杀人犯。生物证据的审查既需要对生物证据有专业深入的了解,又要有丰富刑事案件侦查实践经验方可把关。对生物证据进行审查需要建立生物证据、犯罪现场、被害人、嫌疑人四方的关系和合理联系,同时要注意其他证据与生物证据之间的印证或矛盾,能够合理地进行解释。

1.3.4.2 生物证据的应用

1. 准确把握生物证据的证明力

由于生物证据种类繁多,不同生物证据,其证明力存在差异,对于生物证据的应用,首先应准确把握其各自的证明力。对生物学证据的证明力的判断,应注意两个方面的问题,一方面是生物学证据的真实性。生物学证据是客观存在的生物体或者载有生物学特征的材料,它的本质是材料,属于物质范畴,故其不会因人的主观意志而改变。随着人们认知水平的提高，对生物证据的认知层次也会更加广泛和深入。生物证据由于需要专门的人员通过专业知识，对生物学据上所附带的信息进行解读，进而表现为鉴定意见。以科学技术为基础的鉴定结论应处于证据证明力的首要地位。鉴定意见需要法官等对鉴定人本身的资质、鉴定程序规范性、鉴定方法的充分性等进行严格把关，确保生物证据转化的鉴定意见具有足够的可靠性。生物证据在搜集和保全时必须严格按照法定程序，确保证据链条的完整性。同时在带有指向性的生物证据搜集和保全过程中，侦查人员必须高度警惕现场的生物证据存在被替换、毁灭、污染等可能，避免被具有相关专业知识的人员进行反侦察活动所干扰。另一方面是生物证据的充分性。生物证据的充分性，主要在于生物证据来源的可靠性和对生物证据进行分析解读的技术方法及过程的充分性。由于生物体大部分都是由细胞组成，进行着新陈代谢和遗传信息的传递，其活动存在着一定的周期性。它们适应环境而生存，同时也影响了环境。生物证据来源的可靠性意味着除了相关性和合法性，还必须具有足够的证明能力。对生物证据进行分析解读的技术方法及过程的充分性是指相应的技术方法应当建立在扎实的科学基础之上，有足够的数据和理论支撑，具有重复性和可检验性，过程必须紧密衔接，确保不发生错误。

生物证据由于自身容易腐败等原因一般不直接在法庭上出示，同时由于其蕴含的信息量大、专业性要求高，需要专家证人对其进行解读，更多的时候生物证据是以鉴定意见或专家证言的形式出现在法庭上。生物证据多数需要转化为鉴定意见的形式作为法定证据来还原案件事实。公安部相关部门认为鉴定是指，具有鉴定资质的相关机构和个人依法运用相关科学知识，通过检验分析方式解决案件中的专门性问题，并给出专业意见的科学实证活动。

生物证据转化为鉴定意见的形式后，具有以下特点。①中立性。生物证据本身所反映出的信息只是案件事实的情况，通过专家解读变为鉴定意见后仍保持中立性，只能说明某种事实的倾向，不能带有情绪化的判断。鉴定人是法官的助手，不介入当事人之间的纷争，不做违背职业道德的错误鉴定。②科学性。生物证据的解读需要专家应用本领域的科学理论和技术经过鉴定后得出见解，具有科技含量高、可信度强的特点。如 2009 年 8 月，在英国剑桥市，一个富有的独居老妇被发现死于家中，警方对现场勘查后提取到 6 枚模糊的指纹，不能进行有效比对。警方专家使用培养基复制现场的模糊指纹，然后放入一些可以发出荧光的转基因细菌进行培养，经过 20 小时左右，就可以看到清晰的带有绿色荧光的完整指纹。警方将指纹分析后比中一名有犯罪前科的嫌疑人，进而成功将其抓获归案。该案的指纹鉴定，并非普通意义上的指纹鉴定，实乃利用微生物的科学原理进行的科学鉴定，具有一定的科学依据。因此，生物证据属于严格意义上的科学证据，故其转化为鉴定意见后带有同样的高度可信的科学性。③意见性。生物证据转化为鉴定意见后，相关专家对生物证据进行分析解读，得出判断性意见，区别一般证人证言的效力,具有较强的专业性,但也只是一种个人观点。当然,生物证据的同一鉴定意见不代表完全的相同,只是说明样本和送检材料之间具有较高的相似度,足以让人们认定二者在特定可识别特征方面是同一的。生物证据的可靠性源自统计学意义,不代表绝对意义上的可靠性,只是其错误率很低,如 DNA 识别技术中的错误率为十亿分之一,可以忽略不计。

从上可以看出,生物证据作为科学证据的一大类,随着生命科技的发展,将有更多种类的生物证据不断涌现,它们也会越来越多地出现在法庭之上。

2. 综合运用包括生物证据在内的所有适格证据证明案件事实

生物证据中,除了带有 DNA 的生物证据可以直接将某个个体与现场遗留生物证据联系起来之外,绝大部分都是指向性不强的间接证据。相较于证人证言等可能作伪的直接证据来说,生物证据具有较高的稳定性,是客观存在的科学证据,它可能会直接证明案件中的部分事实,但大多数需要通过生物学专业知识进行初步分析后,结合计算机科学、物理学、化学、数学等多学科的技术和理论,进行一次或多次推论才能证明案件主要事实[8]。生物证据可与证人证言、被害人陈述、嫌疑人供述等证据中的案件事实进行比较,确认是否矛盾,或能否相互印证,或补充直接证据中部分事实,故在现今大部分伤害类案件中,其既不可或缺,也不是唯一证据,往往需要与其他证据结合起来证明待证事实。如李蕾等报道,2009 年在英国维尔特郡发生一起强奸案,被害人报警称在一棵树下被强奸,而嫌疑人称在 200 米外的公园中双方自愿发生了性行为。侦查人员从被害人和嫌疑人的衣物和鞋子上提取了共 20 种植物的孢粉,发现只有 4 种孢粉来自公园,其余的都来自树下的地面。结合其他孢粉分型知识,可以看出公园和树下地面的孢粉型存在着差异。通过对收集到的 38000 个孢粉进行分析,确认被害人和嫌疑人衣物上的真菌是来自树下。在面对来自孢粉学的检测结论时,嫌疑人最后对犯罪事实供认不讳。

现实生活中,有组织的暴力犯罪常表现为嫌疑人具备一定的反侦察手段和部分法学知识,案发后销毁证据,审讯时保持沉默或者声东击西,此时的直接证据收集不易,间接证据对案件事实凸显重要。足量的生物学证据等间接证据若能形成完整证据链条,同样能够认定案件事实,还原真相。实践当中,完全运用生物证据定案,应该注意以下问题:①必须有足够的生物证据证明所有需要认定的案件事实;②必须查证属实全部的生物证据;③必须合理排除生物证据之间矛盾;④生物证据之间能够链接成证据链条,形成完整的体系;⑤根据生物证据体系得出的结论具有排他性。

生物证据从古到今一直被使用,但随着科学技术的进步,我们对其认识的深度和广度不断拓展。生物证据存在的广泛性,具有与案件要素较强的关联性,本身生物特征明显的可识别性,以及存在的客观性,建立于现代科技基础上的充分性等特点。加之处在生命科学和证据科学高速发展的时代,使得我们相信,在未来的案件定罪量刑中,生物证据占有的地位越来越重要。视听资料、电子数据被纳入新的证据类型后，我们可以以一个更专业的视角来认知相关证据。同样，我们可以看到生物证据的提取、保存、送检、审查等程序明显区别于一般的物证，有必要作为新的证据类型提出。

（邓建强　李涛）

参考文献

[1] 赵诗佳. 英美国家生物安全治理比较研究[D]. 北京：外交学院，2023.

[2] 道恩·P·伍利，凯伦·B·拜尔斯. 生物安全：原理与实践[M]. 5 版. 武桂珍，译. 北京：清华大学出版社，2023.

[3] 王文静. 全球生物安全治理中的结构与机制变迁[D]. 北京：外交学院，2023.

[4] 潘高峰. 生物证据研究[D]. 重庆：西南政法大学，2015.

[5] KANTHASWAMY S. Wildlife forensic genetics - biological evidence, DNA markers, analytical approaches, and challenges[J]. Anim Genet, 2024, 55(2): 177-192.

[6] YOUSSEF D M, WIELAND B, KNIGHT G M, et al. The effectiveness of biosecurity interventions in reducing the transmission of bacteria from livestock to humans at the farm level: A systematic literature review[J]. Zoonoses Public Health, 2021, 68(6): 549-562.

[7] 万立华. 法医现场学[M]. 北京：人民卫生出版社，2012.

[8] JAVAN G T, SINGH K, FINLEY S J, et al. Complexity of human death: its physiological, transcriptomic, and microbiological implications[J]. Front Microbiol, 2024, 12(14): 1345633.

第 2 章 传染病、动植物疫情与生物安全威胁

近 20 年来，全球性传染病层出不穷，2002—2003 年，席卷世界 30 多个国家和地区的 SARS 疫情，全球累计临床报告病例达 8400 多例。西非至今尚未从 2014—2016 年暴发的埃博拉疫情中恢复过来，其影响范围甚至覆盖了欧洲和美国[1]。2012 年，中东呼吸综合征冠状病毒（MERS - CoV）首次被发现，并迅速在全球数十个国家蔓延，感染大约 1800 人，死亡率近 1/3。2020 年，新型冠状病毒肆虐全球，全球近 0.3% 的人群感染。新型的恶性流感株随时都可能产生，并造成灾难性的传染病。被世界卫生组织（World Health Organization，WHO）列入 2018 年度疾病优先级蓝图列表的未知“X 疾病”，可从多种源头形成，未来有可能因宿主、环境等改变而大流行。传染病给世界范围内经济发展、社会稳定、生命安全，甚至国家安全都造成了极大威胁。

2.1 传染病引发的生物安全威胁案例

2.1.1 鼠疫曾夺去三分之一欧洲人的性命

一谈到传染病，人们首先想到的就是“黑死病”，即鼠疫（plague）。鼠疫属于国际检疫传染病和我国法定的甲类管理传染病。

第一次有据可查的全球鼠疫大暴发是在拜占庭皇帝查士丁尼一世统治期间，一直从 541 年持续到 750 年。鼠疫从地中海贸易通道传入君士坦丁堡，在拜占庭蔓延后，又扩展到邻国。这场疾病共造成约 1000 万人丧生，仅君士坦丁堡就有 40% 的居民死去，从平民百姓和帝王将相都未能幸免。此后，鼠疫又多次卷土重来。公元 1090 年，商人将鼠疫传到乌克兰的基辅,数月就死了7000多人。1096—1270年,鼠疫夺走了埃及100多万人的生命。

历史上最严重的"黑死病"发生在1346—1353年,病源来自中亚,并随着蒙古军队和贸易商队进入欧洲,造成至少6000万人丧生,一些地区的致死率达到当地居民总数的三分之一或一半。通过研究死者遗体发现,这种疾病是由鼠疫杆菌(*yersinia pestis*)引起的,其中腺鼠疫的死亡率高达95%。一场黑死病在全欧洲范围内蔓延,夺去了三分之一欧洲人的性命。浩劫之后,犹如惊弓之鸟的欧洲人到处查找原因,洗澡这一行为也不幸被列入其中。那时的医生们认为:水会削弱器官的功能,洗热水澡时毛孔完全张开,有毒空气就会进入身体;洗澡越多,越容易染病,只有不洗澡才能保持健康。如果身上有一层厚厚的污垢,更是能抵抗疾病侵袭! 于是,在对黑死病的恐惧和教会的宣扬之下,欧洲人终于进入了一个全民不洗澡的"臭气熏天时代"。

除了贸易、战争、贫穷等社会因素之外,干旱、洪水和其他自然灾害的干扰,也是导致鼠疫传播的重要原因。食物短缺造成人体免疫力低下,也使携带有菌跳蚤的啮齿动物发生迁移。

1855年,我国云南省发生了一次鼠疫,持续了数十年时间。19世纪末到20世纪初,鼠疫开始在俄国(包括苏联时期)、美国、印度、南非、中国、日本、厄瓜多尔、委内瑞拉及其他国家流行,共夺去了大约1200万人的生命。

2015年,科学家在一块2000万年前的琥珀上发现了鼠疫杆菌的遗迹,也就是说,鼠疫的传播媒介已经存在了2000万年。

2.1.2 霍乱7次大流行遍布全球

霍乱(cholera)由霍乱弧菌(*vibrio cholerae*)引起。弧菌在咸水和淡水的浮游生物中大量繁殖,其染病机制是粪口传播,未经消毒处理的污水和饮用水混在一起,可引发霍乱。霍乱弧菌能产生外毒素,使人体的电解质和水分从肠内排出,引起腹泻和脱水。这种因缺水引起血容量骤减的病症,能置人于死地。

早在公元前4世纪希波克拉底("医学之父")时代,人类就认识了霍乱。1816年,全球第一次霍乱疫情的发源地是恒河谷,天气炎热、水质肮脏以及聚集在河边的大量人口,加剧了霍乱疫情的蔓延。

霍乱的病原体于1883年由罗伯特·科赫(Robert Koch,德国医生和细菌学家)首先分离出来。这位微生物先驱在霍乱暴发期间,从埃及和印度病患的粪便和死者尸体的肠道内培养、分离了导致霍乱的细菌。他分离出的细菌外观上很像逗号,因此霍乱弧菌也被称为"科赫逗号"。

人类历史上共暴发过7次霍乱,都发生在近200年内。第一次霍乱大流行可能是由于反常天气引起霍乱弧菌突变造成的。1815年4月,印度尼西亚境内的坦博拉火山喷发,夺去了上万人的生命。这次喷发造成的一个后果就是,1815 年成了“没有夏天的一年”。1816 年,3 月的欧洲还是冬天,4 月、5 月连降雨水和冰雹,6 月、7 月美国出现了霜降,德国连降暴雨,瑞士则天天下雪。发生突变的霍乱弧菌,很可能跟极其反常恶劣的环境一起,共同促成了 1817 年霍乱的大暴发。这次疫情从恒河一直蔓延到伏尔加河三角洲的阿斯特拉罕,持续了 8 年时间。1829 年,恒河岸边又暴发了第二次霍乱,这次霍乱暴发持续到 1851 年才结束。殖民贸易、完善的交通设施以及军队的流动,促使疫情得以扩张到全球范围。在这次霍乱大流行中,有约 46.6 万人染病,其中,约 19.7 万名患者死亡。第三次霍乱流行从 1852 年持续到 1860 年。1854 年,伦敦有 616 人死于霍乱,原因可能与伦敦的排水系统和供水设施有关,尤其是 1815 年政府允许将排水管道引入泰晤士河后,人们除了饮用泰晤士河水,还用它洗漱、做饭,同时又将生活废水、废料排入河中,造成了河水的严重污染。迄今为止最后一次霍乱大流行始于 1961 年,是由一种名为爱尔托弧菌的顽固霍乱弧菌所引起。到 1970 年,爱尔托弧菌已席卷了 39 个国家。

此外,直到现在仍有一些国家暴发霍乱,如 2017—2018 年在非洲多国暴发了较为严重的霍乱疫情。

2.2 传染病、动植物疫情相关生物安全基础知识

近年来,随着人民物质生活水平的提高、生活环境的改善、医疗卫生健康事业的日益发展,人群的疾病谱也发生了较大的改变。目前,传染性疾病的流行一定程度上呈现“新旧交替”的形势,传染病防控是一个重要的公共卫生问题。了解传染病的特点及其传播方式,更容易及时阻断传染病的发生与发展。

2.2.1 传染病、动植物疫情的概念及特征

传染病(communicable diseases)是由各种病原微生物感染人体后产生的有传染性、在一定条件下可造成流行的疾病,可能在人与人、动物与动物或人与动物之间相互传播[2]。病原体中大部分是微生物,少部分为寄生虫。其中,由寄生虫寄生感染引起的疾病又称寄生虫病。传染病的特点是有病原体、传染性和流行性,人群感染后常有免疫性,有些传染病还表现为季节性或地方性的特点。

2.2.1.1 传染病疫情

1. 病原体

每种传染病都是由其特异的病原体(pathogen)引起,病原体可以是病原微生物(朊粒、病毒、衣原体、立克次体、支原体、细菌、真菌、螺旋体等)、寄生虫(原虫、蠕虫、医学昆虫等)。

2. 传染性

传染性(infectivity)是传染病与其他类别疾病的主要区别,传染病意味着病原体能够通过各种途径传染给他人。病原体从宿主排出体外,通过一定方式,到达新的易感染者体内,呈现出传染性,其传染强度与病原体种类、数量、毒力、易感人群的免疫状态等因素有关。

3. 流行病学特征

本病的流行病学特征表现为流行性、地方性、季节性[3]。

(1)流行性。按传染病流行过程的强度和广度分为:散发、暴发、流行和大流行。①散发(sporadic occurrence)是指传染病在人群中散在发生,常年发病情况处在一般发病率水平。②暴发(outbreak)是指某一局部地区或单位在短期内突然出现众多的同一种疾病的患者,大多是同一传染源或者同一传播途径。③流行(epidemic)是指某一地区或某一单位,在某一时期内,某种传染病的发病率超过了历年同期的发病水平,或为散在发病率的数倍。④大流行(pandemic)指某种传染病在一个短时期内迅速传播、蔓延,超过了一般的流行强度,波及全国,甚至越过国界或洲界,也叫世界性流行。

(2)地方性。地方性是指某些传染病或寄生虫病,其中间宿主受地理条件、气温条件变化的影响,常局限于一定的地理范围内发生,如虫媒传染病、自然疫源性疾病等。

(3)季节性。季节性指传染病的发病率在年度内有季节性升高,一般与温度、湿度的改变有关。

4. 感染后免疫

感染后免疫(postinfection immunity)是指传染病痊愈后,人体对同一种传染病病原体产生了不感受性。不同的传染病病后免疫状态有所不同,有的传染病感染者患病一次后可终身免疫,有的还可再次被感染。感染可分为以下几种情况:①再感染。同一传染病在痊愈后,经过一定时间后,再次被同一种病原体感染。②重复感染:某种疾病在发病中被同一种病原体再度侵袭而受染,以血吸虫病、丝虫病、疟疾最为常见。③复发:发病过程已转入恢复期或接近痊愈,该病原体再度出现并繁殖,原感染症状再度出现,如伤寒。④再燃:临床症状已缓解,但体温尚未正常而又复上升,症状略见加重者。

2.2.1.2 动物疫情相关概念

1. 动物疫病

动物疫病指动物传染病、寄生虫病。《中华人民共和国动物防疫法》(简称《动物防疫法》)根据动物疫病对养殖业生产和人体健康的危害程度,将动物疫病分为以下三类。

(1)一类疫病:指口蹄疫、非洲猪瘟、高致病性禽流感等,对人、动物构成特别严重危害,可能造成重大经济损失和社会影响,需要采取紧急、严厉的强制预防、控制等措施的。

(2)二类疫病:指狂犬病、布鲁氏菌病、草鱼出血病等,对人、动物构成严重危害,可能造成较大经济损失和社会影响,需要采取严格预防、控制等措施的。

(3)三类疫病:指大肠杆菌病、禽结核病、鳖腮腺炎病等,常见多发,对人、动物构成危害，可能造成一定程度的经济损失和社会影响，需要及时预防、控制的。

2. 动物检疫

动物检疫是指为了预防、控制动物疫病，防止动物疫病的传播、扩散和流行，保护养殖业生产和人体健康，由法定的机构、人员，依照法定的检疫项目、标准和方法，对动物及其产品进行检查、定性和处理的一项带有强制性的技术行政措施。动物检疫的性质决定了其不同于一般的诊断，并具有以下特点：①强制性；②须由法定的机构和人员实施；③须按照法定的检疫项目和检疫对象进行检查；④须按照法定的检疫标准和方法进行操作；⑤须按照法定的处理方式处理检疫结果；⑥须出具法定的检疫证、章及标志。

3. 重大动物疫情

重大动物疫情指高致病性禽流感等发病率或者死亡率高的动物疫病突然发生，迅速传播，给养殖业生产安全造成严重威胁、危害，以及可能对公众身体健康与生命安全造成危害的情形，包括特别重大动物疫情。根据突发重大动物疫情的性质、危害程度、涉及范围，将突发重大动物疫情划分为特别重大（Ⅰ级）、重大（Ⅱ级）、较大（Ⅲ级）和一般（Ⅳ级）四级。

2.2.1.3 植物疫情相关概念

1. 有害生物

有害生物指任何对植物或植物产品有害的植物、动物或病原体的种、株（品）系或生物型，主要包括害虫、病原真菌、病原细菌、病毒类、杂草、线虫，以及一些软体动物，如非洲大蜗牛等。有害生物可分为管制性有害生物和非管制性有害生物。非管制性有害生物指本国或本地区广泛分布，没有被官方控制的有害生物。管制性有害生物指本国或本地区没有的，或者有但没有广泛分布，即没有达到生物学极限，或者正在被官方进行管制的，具有潜在经济重要性的有害生物。管制性有害生物体又可分为检疫性管制有害生物和非检疫性管制有害生物。检疫性管制有害生物指对受其威胁的地区具有潜在经济重要性，但尚未在该地区发生，或虽已发生，但分布不广泛并进行官方防治的有害生物。

2. 植物检疫

应通过法律、行政和技术上合理的一切官方活动，防止检疫性管制有害生物的传入和扩散，或减少非检疫性管制有害生物对经济的影响，以保障农林业生产和生态的安全，即“御敌于境外”，从而促进国际贸易的健康发展。

3. 植物疫情

在我国植物检疫工作中，习惯将植物有害生物的发生、发展变化及检疫截获情况统称为植物“疫情”。需注意的是，在国际植物检疫领域没有使用“疫情”这个词，而使用的是“有害生物”。

2.2.2 传染病的传染环节和传染途径

涉及传染病、动植物疫情的环节和方式,有相同之处。本部分以目前研究较多的传染病为例,介绍传染病的传染环节和传染途径。

2.2.2.1 传染病的传染环节

传染病的传播和流行必须具备3个环节,即传染源(能排出病原体的人或动物)、传播途径(病原体传染他人的途径)及易感人群(对该种传染病无免疫力者)。病原体从已感染者排出,经过一定的传播途径,传入易感者而形成新的传染的全部过程。传染病得以在某一人群中发生和传播,必须具备传染源、传播途径和易感人群三个基本环节。若能完全切断其中的一个环节,即可防止该种传染病的发生和流行。各种传染病的薄弱环节各不相同,在预防中可以充分利用。

1. 传染源

在体内有病原体生长繁殖,并可将病原体排出的人和动物,即患传染病或携带病原体的人和动物。患传染病的患者是重要的传染源,其体内携带大量病原体。病程的各个时期,患者的传染源作用不同,这主要与病种、排出病原体的数量、患者与周围人群接触的程度及频率有关。如多数传染病患者在有临床症状时能排出大量病原体,危及周围人群,是重要的传染源。但有些患者,如百日咳患者,在卡他期排出病原体较多,具有很强的传染性,而在痉咳期排出病原体的数量明显减少,传染性也逐渐减弱。又如乙型肝炎患者在潜伏期末才具有传染性。

一般说来,患者在恢复期不再是传染源,但某些传染病(如伤寒、白喉)的恢复期患者仍可在一定时间内排出病原体,继续起传染源的作用。

病原携带者指自己无任何临床症状,但能排出病原体的人或动物。携带者有病后携带者和所谓健康携带者两种。前者指临床症状消失、机体功能恢复,但继续排出病原体的个体。这种携带状态一般持续时间较短,少数个体携带时间较长,个别的可延续多年(如慢性伤寒带菌者)。所谓健康携带者,为无疾病既往史,但用检验方法可查明其排出物带病原体。

患病动物也是人类传染病的传染源。人被患病动物(如狂犬病、鼠咬热病兽)咬伤,或接触病禽、病兽的排泄物、分泌物而被感染。

人和动物可患同一种病,但病理改变、临床表现和作为传染源的意义不相同。如患狂犬病的狗可出现攻击人和其他动物的行为成为该病的传染源之一,而人患此病后临床表现为恐水,不再成为该病的传染源。

2. 传播途径

传播途径指病原体自传染源排出后,在传染给另一易感者之前在外界环境中所行经的途径。一种传染病的传播途径可以是单一的,也可以是多个的。传播途径可分为水平传播和垂直传播两类。

由于生物性的致病源于人体外可存活的时间不一,存在人体内的位置、活动方式也不同,影响了一个感染者如何传染的过程。为了生存和繁衍,病原微生物必须具备可传染的性质,每一种传染性病原通常都有特定的传播方式,例如通过呼吸的路径,某些细菌或病毒可以引起宿主呼吸道表面黏膜层的形态变化,刺激神经反射而引起咳嗽或喷嚏等症状,借此重回空气等待感染下一个宿主。但也有部分微生物则是引起消化系统异常,如腹泻、呕吐,并随着排出物散布在各处。通过这些方式,复制的病原随患者的活动范围可大量散播。

3. 易感人群

易感人群是指对某种传染病病原体缺乏免疫力而容易感染该病的人群。新生人口增加、易感者的集中或进入疫区等,易引起传染病流行。患病后获得免疫、人群隐性感染、人工免疫等均可使人群易感性降低,使传染病不易流行或者终止其流行。

传染病的预防应管理传染源、切断传播途径和保护易感人群,从构成传染病流行过程的三个基本环节采取综合措施。

2.2.2.2 传染病的传播方式

1. 呼吸道传播(空气传播)

有些病原体体积较小(直径为 5μm 左右),可在空气中自由散布,并长时间浮游于空气中,做长距离的移动,主要借由呼吸系统感染,有时亦与飞沫传播混称。

飞沫传播是许多感染原的主要传播途径,借由患者咳嗽、打喷嚏、说话时,喷出温暖而潮湿的液滴,病原附着其上,随空气扰动飘散,短时间、短距离地在风中漂浮,由下一位宿主因呼吸、张口或偶然碰触到眼睛表面时黏附,造成新的宿主受到感染。例如,细菌性脑膜炎、水痘、普通感冒、流行性感冒、腮腺炎、结核、麻疹、德国麻疹、百日咳等。由于飞沫质量小,难以承载较重的病原,因此寄生虫感染几乎不由此途径传染其他个体。

2. 消化道传播(粪口传播)

消化道传播常见于发展中国家,因卫生系统尚未健全、健康教育不完善,未处理的废水或受病原污染物直接排放于环境中,可能污染饮水、食物或经过碰触口、鼻黏膜的器具,以及如厕后清洁不完全,借由饮食过程可导致感染,主要病原体可为病毒、细菌、寄生虫,如霍乱、A 型肝炎、轮状病毒、弓形虫等,在发达国家也可能发生。有时,个体可能因接触患者的排泄物等而被感染。

3. 接触传播(接触传播)

经由直接碰触而传染的方式称为接触传播,除了直接触摸、亲吻患者,也可以通过共用牙刷、毛巾、刮胡刀、餐具、衣物等物品,或因患者接触后在环境中留下病原体而引起传播。通过此种途径传播的传染病,如麻疹、白喉、流行性感冒等,较常发生在学校等人员密集、物品可能不慎被共用的场所。此外,通过不洁的性接触,可以传播人类免疫缺陷病毒(HIV)、乙型肝炎病毒(HBV)、丙型肝炎病毒(HCV)、梅毒螺旋体等。

性传播疾病包含任何借由性行为传染的疾病,因此属于接触传播的一种。性传播疾病的主要感染原通常为细菌或病毒,由直接接触生殖器的黏膜组织、精液、阴道分泌物,甚至直肠所携带的病原体,传递至性伴侣导致感染。

4. 垂直传播

垂直传染专指胎儿由母体得到的疾病。拉丁文以“in utero”表示“在子宫”的一种传染形式,通常通过此种传染方式感染胎儿的疾病病原体,多以病毒和活动力高的小型寄生虫为主,可以经由血液输送,或是具备穿过组织或细胞的能力,因此可以透过胎盘在母子体内传染,例如艾滋病和乙型肝炎。细菌、真菌等微生物虽较罕见于垂直感染,但是梅毒螺旋体可在分娩过程,由于胎儿的黏膜部位或眼睛接触到母体阴道感染的黏膜组织而染病;有少数情况则是在哺乳时,通过乳汁分泌感染新生儿。

5. 血液传播

血液传播是指通过血液、伤口的感染方式,将疾病传递至另一个个体身上的过程。常见于医疗使用的注射器材、输血技术存在疏忽等。因此,医疗过程中严格按照规范进行操作显得尤为重要。在义务献血时,针对捐赠者进行相关检验,以降低此类感染的风险。但是在一些特殊群体,如毒品滥用者存在共用针头的情况,可造成难以预防的感染。

6. 人畜共患传染病

人畜共患传染病指任何可以经由动物传染给人类或由人类传染给动物的传染病,可通过人畜之间直接传播,或是借由病媒传播(例如蚊类),将病原体传入另外一个生物体。

2.2.3 传染病的分类

传染病的分类尚未统一,可以按病原体分类,即病毒、细菌、真菌或者寄生虫等;也可以按传播途径分类。

2.2.3.1 按传播途径分类

呼吸道传染病:如流行性感冒、肺结核、腮腺炎、麻疹、百日咳、重症急性呼吸综合征等(主要通过空气传播)。

消化道传染病:如蛔虫病、细菌性痢疾、甲型肝炎等(主要通过水、饮食传播)。

血液传染病:乙型肝炎、疟疾、流行性乙型脑炎、丝虫病等(通过生物媒介等传播)。

体表传染病:血吸虫病、沙眼、狂犬病、破伤风等(通过接触传播)。

性传染病:淋病、梅毒、艾滋病等。

2.2.3.2 我国法律规定的分类标准

《中华人民共和国传染病防治法》(简称《传染病防治法》)根据传染病的危害程度和

应采取的监督、监测、管理措施，参照国际上统一分类标准，结合我国实际情况，将全国发病率较高、流行面较大、危害严重的 39 种急性和慢性传染病列为法定管理的传染病，并根据其传播方式、速度及其对人类危害程度的不同，分为甲、乙、丙三类，实行分类管理。

甲类传染病：也称为强制管理传染病，包括鼠疫和霍乱。对此类传染病发生后报告疫情的时限，对患者、病原携带者的隔离、治疗方式，以及对疫点、疫区的处理等，均强制执行。

乙类传染病：也称为严格管理传染病，包括传染性重症急性呼吸综合征、艾滋病、病毒性肝炎、脊髓灰质炎、人感染高致病性禽流感、麻疹、流行性出血热、狂犬病、流行性乙型脑炎、登革热、炭疽、细菌性和阿米巴性痢疾、肺结核、伤寒和副伤寒、流行性脑脊髓膜炎、百日咳、白喉、新生儿破伤风、猩红热、布鲁氏菌病、淋病、梅毒、钩端螺旋体病、血吸虫病、疟疾、人感染 H7N9 禽流感。对此类传染病，要严格按照有关规定和防治方案进行预防和控制。其中，传染性重症急性呼吸综合征、炭疽中的肺炭疽、人感染高致病性禽流感、新型冠状病毒感染的肺炎虽被纳入乙类，但可直接采取甲类传染病的预防、控制措施。

丙类传染病：也称为监测管理传染病，包括流行性感冒、流行性腮腺炎、风疹、急性出血性结膜炎、麻风病、流行性和地方性斑疹伤寒、黑热病、棘球蚴病、丝虫病，除霍乱、细菌性和阿米巴性痢疾、伤寒和副伤寒以外的感染性腹泻病、手足口病等。2008 年 5 月 2 日，卫生部已将手足口病列入《传染病防治法》规定的丙类传染病进行管理。对丙类传染病，要按国务院卫生行政部门规定的监测、管理方法进行管理。

《传染病防治法》还规定，国务院和国务院卫生行政部门可以根据情况，分别依权限决定传染病病种的增加或者减少。

2.3 传染病、动植物疫情相关生物安全威胁的应对策略

我国在传染病方面立法比较全面，根据《中华人民共和国传染病防治法》(2013 年 6 月29 日第十二届全国人民代表大会常务委员会第三次会议修正)的规定，预防、控制和消除传染病的发生与流行是各级医务人员的神圣职责。因此，临床医师在搞好临床诊断与治疗工作的同时，也应努力做好传染病的预防工作。传染病预防措施可分为：①疫情未出现时的预防措施；②疫情出现后的防疫措施；③治疗性预防措施。在动植物疫情方面，国务院先后出台了《重大动物疫情应急条例》《国家突发重大动物疫情应急预案》等，促进防疫体系的逐步完善。本节主要以传染病为例进行阐述。

2.3.1 预防措施

控制传染病最高效的方式在于防控，由于在传染病的三个基本条件中(传染源、传播途径和易感人群)，缺乏任何一个都无法造成传染病的流行，因此传染病的预防也主要集

中在这三个方面。

2.3.1.1 控制传染源

控制传染源是预防传染病的最有效方式。对于人类作为传染源的传染病,需要及时将患者或病原携带者妥善安排在指定的隔离位置,暂时与人群隔离,积极治疗,并对具有传染性的分泌物、排泄物和生活用具等进行必要的消毒处理,防止病原体向外扩散。然而,如果是未知传染源,特别是动物传染源,需要流行病学的因果推断和实验室检测结果得到充分的证据,有时候并不容易得到确认,尤其是突发急性传染病发生时,想要短时间内锁定传染源更加困难。一旦确定传染源后,需要及时采取高效的措施控制传染源,以确保传染源不会继续将病原体向易感人群播散。

2.3.1.2 切断传播途径

对于通过消化道、血液和体液传播的传染病,虫媒传染病和寄生虫病等,切断传播途径是最为直接的预防方式。主要是以消毒或扑杀的方式阻断传播媒介,如对于污染了病原体的食物或饮水,要进行丢弃或消毒处理;对于污染了病原体的房间或用具,要进行充分消毒;对于一次性医疗用品,在使用后及时进行消毒或焚烧等无害化处理;在虫媒传染病传播季节,采取防蚊、防虫措施等。同时,对于高危人群的健康教育干预手段也是极为必要的,如对会发生高危性行为的人群,进行安全套使用的宣传教育等。切断甲型H7N9流感病毒传播途径的最有效方式,仍然是注意基本卫生,应勤洗手、戴口罩等。

2.3.1.3 保护易感人群

在传染病流行时,应当注意保护易感者,不让易感者与传染源接触,进行预防接种,提高对传染病的抵抗能力。保护易感人群是传染病预防重要组成部分,而且是较为容易实现的预防方法。对于已经有预防性疫苗的传染病,给易感人群接种疫苗是最为保险的方法,如婴儿在出生后进行的计划免疫,对传染科医护人员、从事传染性疾病研究的科研人员和从事禽类养殖工作的人员接种疫苗等。

在疫情未出现以前,首要任务是做好经常性预防工作,主要内容如下。

(1)对可能存在病原体的外环境采取的措施:改善饮用水条件,实行饮水消毒;结合城乡建设,搞好粪便无害化、污水排放和垃圾处理工作;建立健全医院及致病性微生物实验室的规章制度,防止致病性微生物扩散和院内感染;进行消毒、杀虫、灭鼠等工作。

(2)预防接种:又称人工免疫,是将生物制品接种到人体内,使机体产生对传染病的特异性免疫力,以提高人群免疫水平,预防传染病的发生与流行。

(3)勤洗手:洗手是预防传染病的主要方法之一,在以下情况时应洗手。①在接触眼、口及鼻前。②当手被呼吸道分泌物污染时,如打喷嚏或咳嗽后。③触摸过公共对象,例如电梯扶手、升降机按钮或门把手后。④处理食物及进食前,如厕后等。

正确的洗手步骤:①开水后,洗涤双手。②加入皂液,用手擦出泡沫。③用最少20秒时间洗擦手指、指甲四周、手掌和手背,洗擦时无须冲水。④洗擦后,用清水将双手彻底冲洗干净。⑤用干净毛巾或抹手纸彻底抹干双手,或用干手机吹干。⑥双手洗干净后,可以先用抹手纸包裹着水龙头,才关上水源,不要再直接触摸水龙头。

(4)积极参加体育运动:跑步、打篮球、游泳等,锻炼身体,增强抗病能力。

2.3.2 防疫措施

2.3.2.1 传染病

防疫措施是指传染病疫情出现后采取的防止扩散、尽快平息疫情的措施。从患者角度来讲,关键在早发现、早诊断、早报告、早隔离。

1. 早发现、早诊断

健全初级保健工作,提高医务人员的业务水平和责任感,普及群众的卫生常识是早期发现患者的关键。诊断可包括三个方面:临床、实验室检查及流行病学资料。临床上发现特征性的症状及体征可早期诊断,如麻疹的科氏斑、白喉的伪膜等。但有时应有实验室检验结果辅助诊断,方能较为客观、正确地做出诊断,如伪膜涂片查出白喉杆菌可作为确诊依据。在传染病诊断中,流行病学资料往往有助于早期诊断,如患者接触史、既往病史和预防接种史等。此外,年龄、职业和季节特征往往对早期诊断也有重要参考价值。

2. 传染病报告

疫情报告是疫情管理的基础,也是国家的法定制度。因此,迅速、全面、准确地做好传染病报告是每个临床医师的重要法定职责。责任报告单位和责任疫情报告人发现甲类传染病和乙类传染病中的肺炭疽、传染性重症急性呼吸综合征、脊髓灰质炎、人感染高致病性禽流感的患者或疑似患者时,或发现其他传染病和不明原因疾病暴发时,应于2小时内将传染病报告卡通过网络报告;未实行网络直报的责任报告单位,应于2小时内以最快的通讯方式(电话、传真)向当地县级疾病预防控制机构报告,并于2小时内寄送出传染病报告卡。对其他乙类、丙类传染病患者、疑似患者和规定报告的传染病病原携带者在诊断后,实行网络直报的责任报告单位,应于24小时内进行网络报告;未实行网络直报的责任报告单位,应于24小时内寄送出传染病报告卡。县级疾病预防控制机构收到无网络直报条件责任报告单位报送的传染病报告卡后,应于2小时内通过网络直报。其他符合突发公共卫生事件报告标准的传染病暴发疫情,按《突发公共卫生事件信息报告管理规范》要求报告。

2.3.2.2 动物疫情

动物疫情防控的预防措施主要有加强动物饲养和管理、适时给动物进行免疫接种、加强动物检疫防止疫病传播、药物预防以及消毒、杀虫、灭鼠等。动物疫病的扑灭措施包括及时疫情报告,对发生疫病的动物进行临床诊断,将患病动物及疑似传染动物隔离、治疗;对假定健康动物紧急接种和药物防治等。发生严重动物传染病时,由国家将动物发病地点及其周围一定范围内的地区封锁、管控,禁止随意出入;病畜尸体及时做无害化处理等。动物检疫是整个动物防疫工作的重要内容,可分为产地检疫和屠宰检疫两大环节。其中产地检疫是动物检疫的基础环节,是控制动物疫病传播,最大限度减少动物疫病危害的关键措施。

2.3.2.3 植物疫情

目前,防止植物及其产品在流通过程中传播有害生物的主要措施是植物检疫。我国植物检疫机构分为口岸植物检疫(出入境检疫)和内地植物检疫(国内检疫)两个部分。

出入境检疫(外检)是由国家出入境检验检疫局统一管理,在各口岸设立检验检疫机构执行,负责防止国外的检疫性有害生物传入,也避免国内的检疫性有害生物传出。口岸植物检疫工作为阻止有害生物传入或传出,采取的检疫措施包括:疫情监测、行政许可、口岸检疫、检疫监管和检疫处理等。

国内检疫(内检)是由农业农村部和林业部与各省(直辖市、自治区)农林行政主管部门两级管理,部署本省、地(市)、县(市、区)农业、林业植物检疫机构执行,负责将国内发生在植物或植物产品上的检疫性有害生物控制在一定范围之内,防止继续扩散蔓延。国内植物检疫采取的措施可归纳为四类:疫情监测调查、检疫检验、行政许可(产地检疫、调运检疫、国外引种审批)、检疫处理和防治扑灭等。

周明华等研究了口岸植物疫情监测工作现状后指出,出口岸植物检疫监测存在的主要问题是:各地海关对植物疫情监测工作的重视程度不一致、监测工作规范性有待完善以及监测后续的预警与防控亟待加强。提出以下建议:①更扎实地做好植物疫情监测工作;②构建植物疫情监测早期预警体系;③加强植物检疫监测的内外协作,加强国内相关部门的联合监测,积极推动国际疫情监测合作,加强宣传,提高社会公众参与度等。内地植物检疫工作存在的问题主要是:相关的法律法规建设滞后,且农林检疫分工不明确;县(区)植物检疫机构职能不清;检疫专业人员流失等。此外,还存在检疫专业人员素质不高、检疫设备老旧、经费缺乏等问题。因此,应该完善植物检疫法律法规建设,加大检测力度,提高检疫员的专业素养和技能水平,引进先进检疫设备,并加强宣传培训力度。

2.3.3 生物安全证据与司法鉴定

传染病一旦发生,后果不可估量。因此,在疫情扩散之前,最重要的就是对可能发生传染病的因素进行监测和预警;在感染之后,对传染病病原的检测和快速筛查更有助于疾病的治疗;大规模暴发后,所谓的"零号患者"一直以来都是大家全力追寻的信息,对细菌、病毒进行分型研究也是不可缺少的手段。随着经济全球化进程,外来有害动植物入侵已经成为国家或地区不可回避的问题。动物疫病的流行和有害生物的入侵会造成严重的经济损失,损害人类的健康和破坏生态环境,引发生物安全威胁。如疯牛病、H5N1亚型高致病性禽流感和非洲猪瘟等动物疫情,稻水象甲、葡萄根瘤蚜和香蕉穿孔线虫等植物疫情,会对一个国家或者地区的生物安全构成严重威胁。

2.3.3.1 监测与预警

《国际卫生条例(2005)》(international health regulations, IHR)是一部具有普遍约束力的国际卫生法,我国是缔约国。该条例要求各缔约国应当发展、加强和保持其快速有效应对国际关注的突发公共卫生事件的应急核心能力,并在2012年6月15日前,发现、评估、报告、通报和处置突发公共卫生事件的能力全部达标。《国际卫生条例》旨在加强各国对传染病监测和应对突发公共卫生事件的能力。我国对重要传染病(如鼠疫)的监测从未间断过,积累了丰富的经验。在2003年严重急性呼吸系统综合征(SARS)暴发后,我国逐步加强了对传染病监测能力的建设,建立了快捷的电子直报系统和症状监测体系,完善了各类疾病的监测方案。新技术(如地理信息系统等)也不断引入监测体系[4]。完善的监测数据不仅为传染病防控策略的制定奠定了科学基础,而且还为疫苗研制、检测技术的开发与应用提供可靠的借鉴,如流行性感冒和流行性脑膜炎病原的监测,为疫苗的研制提供了决定性的依据。

2.3.3.2 检测与鉴定

基于免疫学、核酸和分析化学原理的检测技术已经广泛用于传染病病原与抗体的检测,也有很多为实验室应用设计的商业化检测系统,为传染病的防控发挥了巨大作用。现场检测技术与装备的研制也在不同程度上满足了部分需求,如基于免疫学检测技术的生物传感器,基于DNA检测的生物传感器和芯片,以及可肉眼判别的胶体金免疫层析检测技术等。胶体金免疫层析为现场快速检测提供了很好的技术支持,但是由于靠肉眼判定结果,检测敏感性低,结果不宜长期保存,受盐离子浓度、pH值等因素影响较大,使得该技术的现场应用受到诸多限制。尽管目前发展了增敏性胶体金显色技术和相应的扫描仪器,不过由于环境样品变异较大,还是难以克服该技术内在的缺陷。因此,一些替代的标记技术应运而生,如磁颗粒、荧光颗粒和上转发光颗粒,也发展了非标记技术,如石英微天平(QCM),表面等离子共振和微悬臂梁传感器。其中,上转发光免疫层析技术以其检测敏感性高、适应环境标本变异范围广、不受标本荧光本底影响、检测结果定量,且可长期保存的诸多优点,备受青睐[5]。目前,基于该技术的生物传感器已经获得北京市药品监督管理局的注册,有望成为新一代的现场快速监测装备。此外,病原体的实验室鉴定技术也快速发展,如全基因组测序技术已经被广泛应用在病原体的检测、分析工作中。

2.3.3.3 分型与溯源

细菌的分型可以通过血清学、噬菌体、生化反应谱、脂肪酸谱等表性指标来分型,也可以通过核酸进行分型。病毒的表型分型技术应用较为局限,一般用核酸技术来实现。基于表型的分型技术一般分辨率都不甚理想,如果实现精细分型,需要通过核酸技术来实现。基于核酸的分型技术较多,有些已发展成为标准化的技术与数据库,如美国研发的用于食物中毒暴发病原溯源监测的脉冲场凝胶电泳技术,目前已经推广应用到不同国家。美国农业部的类似体系用于人畜共患病病原监测。科学家们还发展了基于多位点序列分型技术及其数据库(http://pubmlst.org/或 http://www.mlst.net/),细菌的多位点可变数量串联重复序列分析的数据库,结核分枝杆菌的分类、群体遗传学分析和流行病学监测的 Spoligotyping 数据库(SpolDB4)和 AmpliBASEMT 数据库[6],幽门螺杆菌分型的 genoBASEpylori 数据库等。这些数据库的建立为病原的溯源奠定了坚实基础。随着生物恐怖现实威胁的增加,对病原的分型与溯源工作提出了更高的要求,微生物法医学这个新学科应运而生,其主要宗旨是在符合法律的条件下进行采样、运输、分析和报告[7]。随着核酸测序技术的进步,测序速度越来越快,测序成本也大幅下降。因此,测定全基因组序列,获得全基因组水平的差异,建立相应数据库进行病原溯源已经成为可行的技术[8]。美国 2001 年炭疽芽孢邮件的恐怖事件中,病原的溯源就是通过全基因组测序分析获得了准确结果。我国也启动了重要细菌病原测序与基因组多态性数据库建立及其溯源分析系统建立的相关研究项目,期望在未来 3 ~ 5 年建立 10 ~ 15 种病原细菌的基因组多态性数据库,发展新型分型技术,用于病原的溯源与监测。

如上所述,分型和溯源技术随着技术的进步也在不断改进,从间接了解基因组的差异技术到全基因组序列测定,各类技术都需要标准化的分析和报告。由于细菌在进化过程中不断发生着基因组变异,如何选择合适的菌株进行测序,最大程度的反映所研究菌株群体间的差异,开发出基因组多态性数据库及其分析系统是基于基因组差异溯源技术标准化的关键。

2.3.4 立法与法律保障的现状

2.3.4.1 重大传染病疫情防治相关法律制度

近年来,在应对传染病防治及突发性公共卫生事件领域,我国初步建立了系列法律法规体系,为有效应对各种突发公共卫生事件提供了法律依据(表 2.1)。

表 2.1 我国重大传染病疫情防治相关法律制度

类型	名称	公布时间及颁发机构	作用
法律	《中华人民共和国生物安全法》[9]	2020 年,全国人大常委会	维护国家安全,防范和应对生物安全风险,保障人民生命健康,保护生物资源和生态环境,促进生物技术健康发展,推动构建人类命运共同体
	《中华人民共和国国境卫生检疫法》	1986 年(2018 年修订),全国人大常委会	为防止传染病在国内外传播,对交通工具及人员实施国境卫生检疫的相关规定
	《中华人民共和国传染病防治法》	1989 年(2013 年修订),全国人大常委会	明确了传染病暴发流行时所采取的行政措施及实施主体
	《中华人民共和国突发事件应对法》	2007 年,全国人大常委会	首部包括公共卫生事件在内的所有突发事件的法律
行政法规	《国内交通卫生检疫条例》	1998 年,国务院	明确了传染病流行时,在疫区与非疫区实施交通卫生检疫的具体措施
	《突发公共卫生事件应急条例》	2003 年(2011 年修订),国务院	初步建立了突发公共卫生事件的应急机制
行政规章	《突发公共卫生事件与传染病疫情监测信息报告管理办法》	2003 年(2006 年修改),卫生部	明确了突发公共卫生事件与传染病疫情监测信息报告管理的相关工作
	《突发公共卫生事件交通应急规定》	2003 年,卫生部、交通部	明确了各类突发事件中交通应急预案的内容
应急预案	《国家突发公共卫生事件应急预案》	2006 年,国务院	将突发公共卫生事件划分为四级,明确应急指挥机构的组成及职责
	《国家突发公共事件总体应急预案》	2006 年,国务院	明确了各类突发公共事件分级分类和预案框架体系

2.3.4.2 相关概念

1. 重大传染病疫情相关概念

突发公共卫生事件是指突然发生,造成或者可能造成社会公众健康严重损害的重大传染病疫情、群体性不明原因疾病、重大食物和职业中毒以及其他严重影响公众健康的事件。

重大传染病疫情是指某种传染病在短时间内发生、波及范围广泛，出现大量的患者或死亡病例，其发病率远远超过常年的发病率水平的情况。如新型冠状病毒感染是1949年以来传播速度最快、感染范围最广、防控难度最大的重大突发公共卫生事件。传染病在人群中暴发、流行，其病原体向周围播散时所能波及的地区称为疫区。

2. 行政强制措施

卫生领域的行政强制措施是指卫生行政执法机关为了制止正在发生的违法行为，或避免紧急危险而对相对人的人身、行为或财产采取强制方法的行为。在卫生领域实施强制的具体形态包括强制隔离、隔离治疗，强制检疫和查验，医学留验和观察，宣布及封锁疫区，限制或停止聚集性活动，卫生处理等。

2.3.5 存在的问题与未来方向

2.3.5.1 重大传染病疫情防治中现存问题

1. 立法层面

（1）法律法规合法性及合理性欠缺、合法性存疑。《突发公共卫生事件应急条例》（简称《应急条例》）是国务院于2003年颁布实施的行政法规，建立了应对重大传染病疫情时应采取的包括隔离等强制措施的应急机制。《中华人民共和国立法法》（简称《立法法》）第八条规定，对公民限制人身自由的强制措施和处罚，只能制定法律。因此，直接由国务院制定行政法规来限制人身自由的卫生强制措施的做法违背了《立法法》的规定，《应急条例》该规定的合法性有待商榷。部分法条存在表述模糊的问题，如《传染病防治法》第四十二条规定“传染病暴发、流行时……必要时，报经上一级人民政府决定，可以采取下列紧急措施并予以公告……”；第四十三条对宣布疫区及采取应急措施的规定均用“可以”进行表述。“可以”一词似乎具有可选择性，并非必须，有很大的自由裁量空间，其合理性值得考量。

（2）法律规定不统一。从应对重大传染病疫情的法律体系来看，应急措施具体分散在上述的诸多法律法规或部门规章之中，这些专业的法律法规及规章多属于部门立法，缺乏相互之间的协调与统一。其中，关于对应急措施中行政强制行为的规定就存在不统一的现象，如就强制措施实施主体和权限的设定不明确、在强制手段及适用对象方面范围不明确。

（3）正当程序的问题。①依法宣布疫区的程序。“疫区”是启动应急措施的基础和前提。纵观我国重大传染病疫情防治的法律体系，并未发现宣布疫区的具体程序。《传染病防治法》和《突发公共卫生事件与传染病疫情监测信息报告管理办法》中提到要根据调查情况提出划定疫点、疫区的建议，指出县级以上地方人民政府报经上一级人民政府决定，可以宣布本行政区域部分或者全部为疫区等。然而，如何提出，以怎样的形式和流程提出，提出后本级卫生行政部门或者政府应如何应答，都欠缺翔实的规范。②实施行政强制措施的程序。面对重大传染病疫情采取的强制措施，是非正常状态下采取的强制行为，由于突发状况的紧迫性，往往赋予行政主体较高的自由裁量权，若缺少有效的程序规范，很可能造成权力滥用的后果。在我国法律体系中，强制措施的规定在内容上多为抽象和原则性要求，缺乏可操作性。

2. 执法层面的问题

(1)执法主体繁杂，行政责任不清。由于立法本身存在诸多不明确与不完善之处，为执法层面也带来了巨大挑战。从应对本次疫情的实践来看，行政强制的实施主体不统一的现象普遍存在，甚至有些实施主体根本不具备实施强制措施的资格。如为了能够快速解决疫情危机，全国多地严格落实联防联控、群防群控举措，也出现了一些基层群众自治组织、企事业团体等非有权部门随意决定和实行强制隔离的情形；同时也没有明确的法律依据和规范的实施程序，不能被群众所配合，继而对疫情防控产生了负面效果。这不仅影响了采取应急措施的效率，也削弱了应对疫情的灵敏度，在最终出现问题时，给责任的追究也带来了难题。当然，在疫情防控中，基层组织发挥了重要作用，但进一步明确其属地责任，规制其不当行为尤为重要。

(2)执法范围不当，执法行为过度。根据《传染病防治法》第四十三条规定，只有依法宣布进入疫区后，疫区的人民政府才能采取42条规定的5项应急措施，限制公民的基本权利。因此，从严格的法治原则出发，未宣布进入疫区是不能适用《传染病防治法》中有关部门采取紧急措施的规定。在处于疫情的特殊时期，各地应按照疫情的严重程度采取相应的防控措施，用法治思维和法治方式去解决问题，依法防疫。

2.3.5.2 传染病防治的未来方向

1. 完善我国重大传染病疫情应对的法治建设

(1)健全重大传染病疫情防治法律体系。进一步优化立法规划，推动修订《中华人民共和国突发事件应对法》(简称《突发事件应对法》)《传染病防治法》《应急条例》等相关法律法规。

(2)界定实行强制措施的条件。发生重大传染病疫情时，政府宣布的“疫区”是采取强制措施的条件和前提。建议明确疫区的定义及划分标准，将疫区进行合理的划定，设定法定程序，进一步明确在疫区内应该实施的强制措施，以及在非疫区内可以及禁止采取的强制手段，保证非疫区内人们的生活生产有序进行，免于受疫区模糊不定的影响。

(3)明确执法主体职责及权限。目前，对行政强制措施实施主体及管辖范围进行细化显得至关重要。当发生重大传染病疫情时，涉及疫区的紧急强制措施，明确国务院及地方各级人民政府为宣布疫区及封锁疫区的执行主体。涉及限制人身自由的行政强制措施，如强制隔离，应明确公安机关执行，居委会及村委会予以协助。涉及传染病患者、疑似患者的强制措施，明确卫生行政部门为隔离医疗及检疫的执行主体，疾控机构、医疗机构予以协助。涉及饮食、娱乐等经营场所的强制措施，如关闭、查封等，应明确地方市场管理行政部门等联合监督执法。同时，在疫情的应对中，除执法部门外，还有一些社会力量，如基层群众自治组织、志愿者及小区物业等也联合进行了管理，但事实上并未对其进行法律授权，也没有实施强制措施的资格及程序，其合法性及合理性遭受质疑。因此，建议进一步明确社会组织在疫情防控中的作用、职责及权限，防止相关人员滥用权力，给公民的人身健康、人格尊严及财产等合法权益造成损害。

(4)设定行政强制措施严格程序。步骤、方式、顺序、时限是强制措施的程序要件。由于卫生强制措施具有其特殊性，因而对其进行程序性规定具有一定难度。但为防止行政主体滥用职权，有必要进一步细化明确强制措施的步骤及标准。一是表明身份。表明身份可以使行政主体在采取强制手段时被相对人了解并取得信任。二是说明理由和决定告知。行政主体在对相对人实施强制措施时，需确保相对人知情权，以书面形式阐述相应的法律依据和事实根据，清楚地告知患者被认为可能感染的理由、实施隔离的理由。三是细化措施。应对实施隔离的条件、隔离的方式及隔离的期限等作出细化规定，更加具有科学性和可操作性。四是时限制度。在对相对人采取强制隔离、隔离治疗、留验观察等强制措施时，要设定相应的时限及标准，保护公民权益。

2. 加强国际间的合作

疫情防控的出发点和落脚点就是要保障人民群众的生命安全和身体健康，也就是要提高收治率和治愈率、降低感染率和病亡率。由于目前全球疫情防控形势严峻，仅靠某一个国家或几个国家的努力是不够的，必须加强国际间的合作，依靠国际社会的集体力量和智慧来有效控制疫情。

(1)健全突发疫情防控技术合作机制。疫情是人类共同的敌人，没有哪个国家能够置身事外。随着国家间相互依赖增强，世界绝大部分国家和地区形成了“你中有我，我中有你”的相互依存关系；伴随经济全球化和跨国人员流动的激增，由此导致传染病全球性传播加剧，严重威胁人类的健康与生命安全，且超出一国所能防控与治理的范围。因此，应主动与世界各国有效地开展交流，分享信息，学习国外突发疫情防控的成功经验和先进技术，进一步提高我国应对突发疫情的能力；应加强医疗技术合作共享，着力解决世界各国在突发疫情防控方面面临的共同难题；应调动世界各国参与突发疫情防控的积极性，加强与医院、高校、科研院所等机构的合作，攻克相关突发疫情防控方面的技术难题。

(2)完善突发疫情风险防范机制。病毒传播没有地理上的界限，人员的全球性流动也很难限制。新冠病毒感染是跨国境的全球性问题，不是某一个国家的事情，需要世界各国携起手来共同应对。因此,要坚持以世界卫生组织(WHO)为主导,通过各成员国的广泛参与,形成维护全人类健康权的传染病防控国际合作机制。要立足于本国实际,有效防范和减少疫情防控中可能产生的问题和风险,进一步增强风险防控能力;提高国际交流与合作的适用性,增强发展中国家应对突发公共卫生事件的能力;要加强与世界各国就传染病防控领域存在的疑难问题进行深入探讨,提出解决问题的合理方案。

(3)建立突发疫情信息共享机制。疫情信息共享是有效防范传染病传播的关键因素,也是世界各国共同进步和发展的重要基础。信息共享主要包括疫情发生时的通报共享和常规的医疗技术信息共享两个方面。如果封锁信息或信息传递效率低下,将影响应对突发疫情的速度和效率,甚至延误突发疫情防控的最佳时机。因此,提高应对突发疫情的效率,在突发疫情防控初期至关重要,也决定了突发疫情防控工作的成败。应着力做好以下两个方面的工作:一要实现突发公共卫生事件时的信息通报共享。当一国监测到传染病的传播情况后,应及时报告 WHO,迅速采取有效措施控制疫情向其他国家或地区蔓延。当突发公共卫生事件发生时,事发国应在第一时间内向周边国家和地区进行预警,并以最快速度、最高效率对此类事件作出快速反应,以阻断疫情跨地区蔓延。二要在更多领域实现常规医疗技术信息共享。传染病防控的国际合作在知识产权保护、防止知识产权垄断等诸多方面存在冲突和矛盾,而发达国家出于自身利益考虑,不愿意与发展中国家共享专利技术信息。这些信息通常又是发展中国家比较缺乏的,也是他们亟须解决的重大难题。WHO 作为传染病防控领域国际合作机制的核心,应积极发挥作用,引导世界各国,尤其是发达国家无偿地或以优惠条件对知识产权进行转让,以推动医疗技术信息共享。

(4)建立突发疫情防控对话机制。开展突发疫情防控对话,是国与国之间高层交往的重要途径。在相互尊重、相互信任的基础上,尊重各国在突发疫情防控领域的知情权和选择权。在世界范围实时交换突发疫情防控信息,有组织、有计划、有步骤地开展信息联动。有效管控各种传播媒介,防止突发疫情引发虚假信息泛滥,积极进行正面的舆论引导。我国加强与世界卫生组织、联合国开发计划署、联合国粮食及农业组织、国际货币基金组织、联合国儿童基金会等国际组织的深度合作,获得更多的国际资源,及时帮助受疫情影响的人民渡过难关。

总之,经济全球化、世界多极化、信息公开化已成为不可逆转的时代潮流,民众对突发疫情信息的渴求比以往任何时候更为迫切。在此背景下,信息非对称性与突发公共卫生事件相伴而生已成为一种普遍现象。因此,受灾国家的政府部门应在第一时间内准确发布突发疫情信息,消除不确定性因素给民众带来的恐慌,积极为民众提供指导和服务。

(洪仕君　吕志跃)

参考文献

[1] FLEMING D O,HUNT D L. 生物安全－原理与准则[M].4 版. 中国动物疫病预防控制中心,译. 北京:中国轻工业出版社,2010.

[2] 李兰娟,任红. 传染病学[M].9 版. 北京:人民卫生出版社,2018.

[3] 沈洪兵,齐秀英. 流行病学[M].9 版. 北京:人民卫生出版社,2018.

[4] 罗正汉, 汪春晖, 张锦海. 新发传染病鉴定技术研究进展[J]. 公共卫生与预防医学,2021, 32(2): 1－6.

[5] 吕超, 秦志强, 许静. 上转发光层析技术及其在生物医学检测领域中的应用进展[J]. 中国病原生物学杂志,2017, 12(12): 1231－5.

[6] MEEHAN C J, GOIG G A, KOHL T A, et al. Whole genome sequencing of Mycobacterium tuberculosis: current standards and open issues[J]. Nat Rev Microbiol, 2019, 17(9): 533－45.

[7] BOKHARI H. Exploitation of microbial forensics and nanotechnology for the monitoring of emerging pathogens[J]. Crit Rev Microbiol, 2018, 44(4): 504－21.

[8] SIMAR S R, HANSON B M, ARIAS C A. Techniques in bacterial strain typing: past, present, and future[J]. Curr Opin Infect Dis, 2021, 34(4): 339－45.

[9] 中华人民共和国生物安全法[EB/OL]. (2020－10－17)[2022－08－20]. https://www.pkulaw.com/chl/8256e7fe708366cbbdfb.html? keyword =% E5% BE% AE% E7% 94% 9F% E7% 89% A9.

第 3 章
生物武器与生物安全威胁

生物武器是生物战剂及其施放装置的总称。作为一种特殊形态的大规模杀伤破坏性武器，生物武器不仅仅针对人，它还可以针对植物或牲畜，由此给人类的生存安全构成了严重威胁。生物武器不仅可以被冲突中的军队使用，也可以被恐怖组织或极端组织所利用，危害极大。随着微生物学和有关科学技术的发展，新的致病微生物不断被发现，可能成为生物战剂的种类也在不断增加。近些年来，人类利用微生物遗传学和遗传工程研究的成果，运用基因重组技术进行遗传物质重组，定向控制和改变微生物的性状，从而有可能产生新的致命力更强的生物战剂。尽管 1975 年 3 月开始生效的《禁止生物武器公约》对于禁止和销毁生物武器、防止生物武器扩散发挥了不可替代的重要作用，但要在世界范围内全面禁止生物武器的使用仍然任重而道远。

3.1 生物武器引发的生物安全威胁案例

3.1.1 侵华日军 731 部队

侵华日军 731 部队，简称 731 部队，是侵华日军防疫给水部本部的通称号。该单位由石井四郎所领导，因此也称之为“石井部队”。731 部队同时也可以是指在抗日战争和第二次世界大战期间，侵华日军于日本以外领土从事生物战、细菌战和人体实验相关研究的所有秘密军事医疗部队，也代指侵华日军在占领满洲期间所做的生物战和人体实验研究。

731 部队的正式编号是关东军满洲第 691 部队（关东军防疫给水部）下的满洲第 731

部队(防疫给水部本部),研究内容对外宣传主要以研究防治疾病与饮水净化为主,但其实该部队使用人体进行生物武器与化学武器的效果实验。731 部队把基地建在中国东北哈尔滨平房区,这一区域当时是“伪满洲国”的一部分。据日本作家森村诚一在《恶魔的饱食》中称,通过“特别输送”进入到 731 部队的被试验人员需要进行编号,而从 1939 年以后,进行了两轮编号,每一轮编号极限为 1500,于是在抗战结束时,共计至少有 3000 人死于此。

1932 年,石井四郎开始在东京陆军军医学校中准备细菌战。其率部队在哈尔滨市郊的监狱修建中马城,但 1935 年的一次监狱暴动迫使石井关闭中马城。其后石井到离哈尔滨更近的平房区重新设立细菌工厂,于 1939 年建成,占地 $4km^2$。其中 731 部队总部四方楼监狱占地就达 $0.4km^2$。工厂内安置了 500 具孵育器和 6 座能容纳 2 吨制造培养液的锅炉等设备。673 部队在黑河孙吴县建立细菌实验基地,包括动物饲养、制菌室等 300 间建筑。1936 年,根据日本“军令陆甲第 7 号”命令,在哈尔滨的平房正式建立名为“关东军防疫给水部队”的细菌部队,石井四郎担任部队长。1941 年后,关东军防疫给水部队称为“满洲第 731 部队”,并在海拉尔、海林、林口、孙吴等地设立支队。

1939 年,731 部队首次在中蒙边界的诺门罕战斗中使用细菌武器。随着侵略战争的扩大,日本关东军和华北、华中、华南之派遣军以及南方军中,都建立起名为“防疫给水部队”的细菌部队,先后对浙江、湖南、山东、广东等地实施大规模细菌战,造成大批平民死伤,仅湖南常德一地有实名记录的死亡人数就达 7463 人。

731 部队分为 8 个部和 4 个支队。第 1 部在活受试者身上研究淋巴腺鼠疫、霍乱、炭疽病、伤寒、肺结核。为此目的建造了一座可容纳 300 人左右的监狱,第 2 部研究生物武器在战场上的使用,特别是以空中传播细菌和寄生虫的设备的研究为主;第 3 部为防疫给水部队,负责生产生化战用炮弹,驻扎在哈尔滨,下设 2 个工厂,主要是陶瓷弹壳制造厂,用于生产“石井式”陶瓷细菌弹;第 4 部生产各种生物战剂;第 5 部为诊疗部即附属医院,负责细菌感染的预防和日本人的医疗;第 6 部资材部负责器材设备的供应;第 7 部教育部负责培训;第 8 部为总务部,负责整个部队的财务管理、生产计划、人事分配。

关东军宪兵队将部分被抓获的抗日士兵和为苏联从事情报工作的人员秘密押送到 731 部队,作为细菌实验的“材料”(又称原木),当时称为“特别输送”。731 部队将“特别输送”的人员关押在秘密监狱里,进行鼠疫、伤寒、副伤寒、霍乱、炭疽等几十种细菌实验。

3.1.2 美国炭疽生物袭击

2001 年发生在美国的炭疽生物恐怖袭击持续了数周,分两个阶段进行。第一批含有炭疽的 5 封信件于 2001 年 9 月 18 日分别寄给位于纽约的美国广播公司、哥伦比亚广播公司、全国广播公司、纽约时报以及佛罗里达州博卡拉顿的一家媒体公司。3 周后,第二批含有炭疽的两封信件被分别寄给2名民主党参议员。此外,一封含有炭疽的信件被寄往智利首都圣地亚哥,但并未确定与美国炭疽生物恐怖袭击事件有关。炭疽事件导致5人死亡,17人感染。7年后,该事件的唯一嫌犯,位于马里兰州德特里克堡的美陆军传染病医学研究所(United States Army Medical Research Institute of Infectious Diseases, USAMRIID)的工作人员布鲁斯·艾文斯,在得知自己即将被逮捕后服药自杀。由于该事件仅发生在美国"9·11"事件1周后,曾怀疑是基地组织的第二波攻击,但该说法很快被后续证据否认。2001年5月9日,《科学人报》发表文章证实此次生物恐怖袭击中的炭疽很可能来自美国陆军传染病研究所。此次炭疽生物恐怖袭击使十余座建筑受到炭疽污染,经济损失超过10亿美元,给当时的美国社会造成了前所未有的生物技术恐慌。

3.1.3 美军细菌战

2021年1月,题为"德特里克堡的罪恶还要延续多久?!"的文章中披露大量美军细菌战细节,其中包括1952年,美军对朝鲜和中国东北发动的细菌战。

1950年6月,朝鲜南北半岛爆发了一场声势浩大的民族内战,美国的不断干涉最终促使这场力求民族独立统一的内战,变成了一场侵略与反侵略的国际战争。随着中国人民志愿军的加入,扭转了朝鲜战场的局势。美国军队开始落入下风,节节败退,但这时他们却密谋实施了一个阴招,将生化武器运用到了朝鲜战场上。

1952年1月27日晚,在铁原郡金谷里,美国飞机多批次出现在志愿军阵地上空。出人意料的是,他们没有像往常一样俯冲投弹,转圈就飞走了。奇怪的事情出现在第二天早上。天亮之后志愿军第42军第375团战士李广福在雪地上发现了大量的苍蝇、跳蚤等昆虫。这是美军展开的一场针对中国的特殊军事化行动,因为高密度的昆虫就集中分布在美军飞机经过的中国军队驻扎地。事后为了避免病毒进一步的传播,志愿军司令部开始要求抗美援朝战士以最高的防疫措施,对营地的物品进行消毒处理[1]。

1952年2月,朝鲜战场的战事已J经进入白热化阶段,为了占据战争中的有利形势,造成朝鲜军民的心理恐慌,美军开始在朝鲜的铁路及人口较多的城市,投放携带细菌病毒的昆虫。在平康郡下甲里,4架美军飞机出现在志愿军第26军第234团阵地上空,飞机投下的炸弹爆炸后留下大量苍蝇。官兵们目击了这一过程,美军飞机活动与昆虫异常出没的关系得到确认。不久,有昆虫报告的地区,开始出现霍乱等在朝鲜早已绝迹的烈性传染病,一些朝鲜民众和志愿军战士都有不同程度的感染。此时,美军布散病菌的范围已经逐步扩大到朝鲜北部的7个道44个郡。联合专家组来到朝鲜后,进行了多日的调查,经过观察、检验,防疫专家认为这些昆虫带有10多种病菌病毒,美军可能在朝鲜北方投放了细菌武器,对中朝部队实施细菌战。最终做出调查报告,报告中声明:"2月,美国飞机所散布的昆虫,均是在零下八九度到十几度的温度下被发现的,雪地里昆虫的散布面积，具有一定长度、宽度与密度，或集聚在背向太阳的阴面，而且在敌机投下的昆虫中，竟然发现大量种类完全不同的昆虫，如花蝇、黑跳虫、跳蚤、摇蚊、蜘蛛等混杂在一起，这些足以证明昆虫和蜘蛛绝对不是自然发生，而是飞机撒下来的。”后来根据被俘的美军飞行员奥尼尔供述：其实，美军当时已经培养出来适合在寒冷条件下用于细菌战的“耐寒细菌和昆虫”，在培养过程中，将细菌置于空气箱中，然后逐渐降低空气箱的温度和湿度，每次降低后都会死去一些细菌，经过多次降低温度和湿度后，留下的都是适应寒冷环境的最强壮的细菌。此外，投掷细菌和昆虫的方式也是多种多样，除了用飞机、大炮投掷外，还利用动物以及其他物品携带细菌和昆虫，最大限度地撒播细菌和病毒。

1952 年 5 月，我国在沈阳和北京展示了美国“细菌战”罪行的实物和照片，此后，我国又陆续公布了 20 多名被俘的美国飞行员关于细菌战的供词，还有 3 名美军上校战俘供述了美军进行细菌战的具体决策情况。事实胜于雄辩，尽管美国官方一直抵赖，但随着各种证据的不断亮相，美国实施细菌战的罪恶行径和丑恶嘴脸，也在世界人民眼前暴露无遗，美国政府也深陷国际舆论的谴责[2]。

在这场细菌战中，朝鲜的民众深受灾难。美军播撒的这些毒虫所携带的病毒主要有鼠疫杆菌、霍乱弧菌、伤寒杆菌、副伤寒杆菌、脑膜炎双球菌等，更是把多个病菌都混杂在同一种昆虫身上。这些病菌均通过人为培养，有高度的感染性和毒性。人被毒虫叮咬导致病菌感染后，出现人传人的迹象，一个人传给一家人，一家人传给一村人，一村人又传给一镇人，短短十几天时间，传染病就在朝鲜北部多个村镇肆虐开来。而且由于朝鲜的生活污水和垃圾未得到妥善的解决，这就给蚊子、跳蚤等毒虫的滋生提供了机会，造成村庄蚊虫肆虐。在医药短缺的条件下，朝鲜医疗部门没有更好的办法，人民军只能呼吁朝鲜人民远离各种昆虫，以防感染，但每日被感染的人数还是不断攀升。美国把自己文明的面具摘掉，让全世界人民清楚地认识到他那极端野蛮的嘴脸。

3.2　生物武器相关基础知识

3.2.1　生物武器的概念

生物武器（biological weapon），又称生物制剂（biological agent）、生物战剂（biological warfare agent），是指可以成为生物恐怖主义或生物战中武器的特定细菌、病毒、原生动物、寄生虫、真菌及其产物。生物武器的施放装置包括炮弹、炸弹、火箭弹、导弹等的弹头和航空布撒箱、喷雾器、气溶胶发生器、装载媒介物（鼠、蚊、蜱等）的容器等[3]。

生物武器使用后的危害受气象、地形等条件影响，因此很难控制。另外，生物武器中的病原体，除了一小部分外，大多存活期较短，但炭疽菌是个例外，其存活期可长达数年之久。生物武器的种类有病毒、细菌、真菌、衣原体、立克次体、毒素等。在病毒中有引起黄热病和登革热的黄病毒、引起埃博拉出血热的纤丝病毒、引起委内瑞拉马脑炎的病毒等；细菌中有导致炭疽的炭疽菌、引起鼠疫的鼠疫耶尔森氏杆菌、引起兔热病的土拉弗朗西斯杆菌（野兔热病菌）等；衣原体中有引起鹦鹉热的鹦鹉热衣原体；立克次体是指引起斑疹伤寒、战壕热（Q热）等症状的微生物；毒素中有肉毒杆菌毒素和破伤风梭菌毒素等。

袭击人的生物武器一般具有下列特征：致病剂量低，毒性强；潜伏期一般较短，发病率高；具有高度传染性；可通过多种途径，尤其是通过呼吸道途径致人感染或中毒；造成失能或死亡的概率高；缺乏有效的预防和治疗措施，如免疫血清、疫苗或抗生素；在环境中稳定性一般较高；早期难以检测或鉴定；易于生产和运输。因此，已知被发展、生产、储存或用作生物武器的病原微生物及其产物种类，就成为生物恐怖袭击的首选之物。

袭击农牧业的生物剂一般具有下列特征：一般对人体无害；潜伏期短或很长，发病率高；具有高度传染性，在环境中稳定性高；一般可能有疫情背景，难以迅速与自然暴发的疫情区别开来；受影响的行业领域多，损失巨大。突出代表为禾柄锈菌（pucciniagraminis）。

3.2.2 生物战剂的分类

生物武器的核心为生物战剂。根据传染性、病原体种类等区分方法，生物战剂可划分为不同的种类。

3.2.2.1 按战术效果区分

1. 致死性战剂

致死性战剂指致死率在10%以上的生物战剂，例如，天花病毒、炭疽芽孢杆菌、类鼻疽假单孢菌和鹦鹉热衣原体。

2. 失能性战剂

失能性战剂指致死率在10%以下的生物战剂，例如，贝纳氏立克次体（Q热柯克斯体）、委内瑞拉马脑炎病毒、土拉弗朗西斯杆菌（土拉杆菌病/野兔热）与布鲁氏杆菌（布氏杆菌病）。

3.2.2.2 按病原微生物形态与病理区分

1. 细菌类战剂

细菌类战剂主要有炭疽芽孢杆菌、霍乱弧菌、鼠疫耶尔森氏杆菌、土拉弗朗西斯杆菌、猪布鲁氏杆菌等。

2. 病毒类战剂

病毒类战剂主要有天花病毒、黄热病毒、基孔肯尼亚病毒、登革热病毒等。

3. 真菌类战剂

真菌类战剂主要有粗球孢子菌、副球孢子菌、荚膜组织胞浆菌、杜氏组织胞浆菌等。

4. 立克次体类战剂

立克次体类战剂主要有普氏立克次体(流行性斑疹伤寒)、立氏立克次体(落基山斑疹伤寒)、贝纳氏立克次体等。

5. 衣原体类战剂

目前所发现的具有实际军用价值的衣原体类战剂仅有鹦鹉热衣原体。

3.2.2.3 按作战对象区分

(1)反人员战剂是以人类为主要对象的战剂,如炭疽芽孢杆菌、天花病毒、贝纳氏立克次体等。

(2)反畜牧业战剂是以牲畜为主要对象的战剂,如非洲猪瘟病毒、口蹄疫病毒、新城疫病毒等。

(3)反农业战剂是以农作物为主要对象的战剂,如稻梨孢、苛养木杆菌、致病疫霉等。

3.2.3 生物武器的研究与应用阶段划分

在战争中,传染病被用来削弱敌人战斗力的例子不胜枚举,这也是生物武器产生的重要原因。早在14世纪,蒙古军队围攻克里米亚半岛的卡法城时,把感染了鼠疫的尸体投入了城中,导致鼠疫肆虐,卡法城不攻自破,鼠疫也因此在欧洲各地传播。第一次明确记载的生物战发生在1763年,当时英国驻北美的指挥官阿姆赫斯特让他的士兵送给印第安人一些天花患者用过的手帕和毯子,导致天花在印第安部落四处传播,印第安人因此失去了战斗力,英国殖民军没有花费一枪一弹就夺取了胜利。

生物武器的研究与应用分为三个阶段。第一阶段是在20世纪初,德国研究了几种生物战剂,如炭疽杆菌、鼠疫杆菌等致病菌,主要是让间谍用来污染水源或者食物。例如在第一次世界大战期间,德国间谍就用马鼻疽菌感染了协约国运送武器的骡子,从而影响了军队的行动。随着生物战剂的种类越来越多,生产规模从固体培养生产转变为用大型发酵罐生产。第二阶段为20世纪30—70年代,从以前的人工释放变为了用飞机施加带有生物战剂的媒介物。例如,在侵华战争中,日本发动了至今为止历史上规模最大的细菌战,其中使用了炭疽菌、霍乱菌、马鼻疽菌等病原微生物作为生物战剂。臭名昭著的日本731部队进行了大规模的生物武器实验,将感染了病原体的食品和服装通过飞机投放到中国部分地区,甚至惨绝人寰到利用活人进行人体实验,包括活体解剖和细菌感染,以研究各种生物武器的杀伤效果。到20世纪70年代中期,生物技术飞速发展,其中DNA重组技术的应用导致了生物战剂的大规模生产,使生物武器发展到了第三个阶段,即"基因武器"阶段。基因武器是指通过DNA重组技术,将脱氧核苷酸片段从一种生物转移到另一种生物中,把特定的生物特性集合在一起,从而制造出更强大的生物战剂。

3.2.4 生物武器的特点

3.2.4.1 传染性强，杀伤力大

大多数生物战剂是致病微生物，如细菌、真菌、病毒等，都可以进行自我繁衍且繁殖速度非常快、传染性高，可以通过污染空气、水和食物，或者皮肤接触、昆虫叮咬等途径侵入人体，特别是在卫生条件差、人群密集的地区更容易流行。在生物武器、化学武器、核武器等杀伤力强的武器中，生物武器的影响面积最大，杀伤范围可达到数百甚至数千平方千米。据世界卫生组织测定，如果一架轰炸机对完全没有防护的人群进行袭击，106 吨核武器的杀伤范围为 300km^2，15 吨神经性化学制剂的杀伤范围为 600km^2，10 吨生物战剂的杀伤范围可高达 100000km^2。

3.2.4.2 隐蔽性强，危害时间长

相较于常规武器，生物武器很难被探测到，主要是因为生物战剂经常利用无色无味的气溶胶，一般都在夜间、黄昏等不容易引起注意的时间投放，这使得其不仅很难防护而且不易被排查，影响了对生物武器的管制。虽然生物战剂作用于生物的时间受自然条件的限制，但是许多生物战剂的存活时间可能很长。例如，霍乱弧菌可以在水中存活几十天，炭疽杆菌的芽孢甚至可以在土壤中存活几十年，具有极强的生命力。

3.2.4.3 成本低

有人将生物武器比喻成“廉价的原子弹”，因为与其他武器相比，它的成本非常低。在生物武器的作用效果与其他常规武器一样的情况下，可以此减少军费的支出。

3.2.4.4 定向性差

由于生物武器主要是靠一定的媒介施放，所以难以保证精确度，一旦使用了生物武器，双方都有可能会受到损害。日本在二战期间，将霍乱菌施放于承德，不仅导致了约 10000 名中国人失去生命，还自食恶果使约 1700 名日本兵死亡。生物武器不仅会伤害战争人员，还会伤害无辜百姓。

3.2.5 典型的生物战剂

3.2.5.1 炭疽杆菌

炭疽病是由炭疽杆菌引起的一种传染病，炭疽杆菌是历史上第一个被证明的可以致病的细菌。在所有潜在的生物战剂里，炭疽杆菌最容易获得，人体主要通过直接或间接接触患病的牲畜，或者是被吸血昆虫叮咬而感染。人体炭疽病分为吸入型、皮肤型和肠道型。吸入型最初的症状与感冒类似，但是过了几天就会出现呼吸困难或者休克，甚至死亡；肠道型是由于食用了被炭疽杆菌污染的水和食品导致急性肠炎，如果不加以治疗，这两种的死亡率接近 100%。美国在“9·11”事件发生后不久，全国各地都发现炭疽热的

病例,在美国的炭疽邮件事件中,众议院办公大楼和白宫外的邮件处理中心甚至都发现了炭疽杆菌,接触了有关信件的官员均接受了医生的治疗。

3.2.5.2 鼠疫杆菌

鼠疫是由鼠疫杆菌引起的传染病,也是一种典型的人兽共患病。患上鼠疫最初会有发热、头痛等症状,患病的时间较短,死亡率较高。主要传播方式为鼠—蚤—人,主要的传染源是野生鼠类,蚤类为传播媒介。蚤吸取了带有病菌的鼠血之后,细菌在蚤胃里会大量增殖并形成菌栓,当蚤再去叮咬人或动物时,吸取的血会受阻回流进入人体或动物体内。鼠疫杆菌还可以通过皮肤感染或者飞沫传播进入人体。鼠疫由于传播速度快、死亡率高等特点,经常被运用于战争中。除此之外,鼠疫还可以通过释放气溶胶的方式感染人群。

3.2.5.3 天花病毒

天花是由天花病毒引起的,可以通过患者的唾沫感染人群,最初的症状有头痛、疲劳等。患者首先会出现特异性皮疹,之后会发展成溃疡,大多数天花患者经过及时救治能够治愈。治疗天花可以通过疫苗接种或者将患者进行隔离,接种牛痘就是方式之一,这个方法虽然可以预防天花,但会引发一系列并发症,尤其是被 HIV 感染了的患者、孕妇等接种牛痘后甚至会有生命危险。1980 年,世界卫生大会宣布全球已消灭天花,消灭之后各个国家就陆续停止接种天花疫苗的措施,许多人已经不具备对天花的免疫能力,所以恐怖组织也有很大可能利用天花病毒作为生物武器,在全球范围进行传播。

3.2.6 生物武器的危害

3.2.6.1 破坏生产与生态环境

关于生物武器的危害,这里主要介绍对植物、动物、生态环境以及人类和平与安全的影响。

1. 对植物的影响

生物战剂多是病原微生物,能够附着在植物上或者侵入植物体内,主要是通过风传播,有时也可以通过昆虫、水等传播。生物战剂不仅可以导致许多农作物(如大豆、高粱、水稻、小麦等)染上疾病,而且最终会破坏农田生态系统,打破生态平衡。联合国曾经列举了 10 种国际性作物病,其中危害最大的就是麦锈病、稻瘟病和甘蔗黑穗病,可以严重破坏小麦、水稻和甘蔗。在理论上,虽然可以采取防护措施来保护农作物,但是这些措施不仅花费高,而且难以运用到实际生产生活中。农业发达的国家可以栽种抵抗力强的作物代替易感作物,农业不发达的国家则很难运用这种方法来抵抗生物武器的危害。

2. 对动物的影响

生物武器作用于牲畜的方式与作用于人类的方式相同,如禽流感病毒不仅可以引起一些重要的家禽患病,还能通过直接接触或者媒介传染给人类,降低人类的抵抗力。对家禽、家畜进行生物攻击还会给政治和经济带来严重的损失。例如,黏液瘤病曾首先在法国开始流行,导致家兔数量锐减,之后在欧洲各个国家流行起来。常见的疯牛病、口蹄疫等传染病更是造成了巨大的经济损失。由于将生物武器作用于牲畜比作用于人类更加容易,恐怖组织也许会利用这一点,改变传统的直接袭击人类的方式,选择专门针对农作物和牲畜的病毒对农业畜牧业进行破坏,从而破坏政治和经济的发展。

3. 对生态环境的影响

生态系统处于动态平衡状态,如果其中一个环节受到影响,就会破坏生物多样性,从而打破生态系统的整体平衡,破坏大自然的可持续发展,对人类的生存也会造成极大的威胁。生物武器不仅可以让粮食作物染上疾病,还能让大量动物患病,无论是破坏植物还是动物,都会对生态环境造成不利的影响。例如,生物武器能将病原微生物散布到土壤、水体或者大气之中造成环境污染,还可以通过转基因技术破坏生态环境。

3.2.6.2 破坏人类和平与安全

使用生物武器的目的主要是利用生物战剂使人类患病或致人死亡,以此达到军事目的,这不仅剥夺了人类生命权利,而且从伦理的角度而言是对生命的不尊重,更是与人的道德操守背道而驰。生物武器的使用还会影响国家的稳定,威胁人类的安全。以基因工程为核心的生物技术正在迅速发展,更容易被利用于制造超级病原体,具备无法想象的毁灭力。如果将基因武器运用到战争中,是一个比核武器还要可怕的存在,对人类的和平与安全造成严重的威胁。

3.2.7 生物武器的发展趋势与管制

3.2.7.1 生物武器的发展趋势

生物武器在未来会有几种发展趋势:①利用现代生物技术改进生物战剂的性能。例如,改变致病微生物的表面抗原,使其难以检测,扩大致病微生物的传染性,提高在恶劣环境下的耐受力。②开发具有新特性的生物武器。提高生物武器战斗力的主要途径就是发展新的生物战剂,其中病毒类的生物战剂会逐渐增多,例如埃博拉、马尔堡等新出现的病毒对人类的致病性更强、危害更大。③生物武器的研究将进入基因武器阶段。目前基因武器已经引发了人们极大的关注,因为它是通过基因重组技术改变致病微生物的性能,从而达到特殊目的的一种生物武器,将拥有更强的致病性,对环境的抵抗力更大。④过去生物武器主要通过生物媒介或者飞机来进行散播,未来可能会利用导弹、无人机等作为生物武器的载体对环境进行施放。

3.2.7.2 生物武器的管制

美国德保罗大学的巴里·凯尔曼(Barry Kellman)教授认为只要发展或者使用生物

武器,无论是为了国家还是个人,都应该被认为是犯罪。生物武器作为人类历史上最可怕的武器之一,不仅严重威胁到了人类的和平与安全,也违背了国际人道主义精神,国际社会很早就开始呼吁对生物武器进行严格管制。目前,国际社会不仅形成了一套生物武器管制的国际法体系,而且还拥有了专门的运行机制。

生物武器管制的历史源远流长,最早在《摩奴法典》中就有记录,之后陆续有相关文件出台。第一个正式颁布的有关管制生物武器的国际法文件是《日内瓦议定书》,但是议定书中并未提及禁止发展生物武器。1971 年,联合国大会通过了《禁止生物武器公约》,公约中明确规定了缔约国必须在公约生效后销毁生物武器以及运载工具,且不能生产和发展生物武器。《禁止生物武器公约》在生物武器管制的体系中发挥了重大的作用,标志着生物武器管制机制的完善。虽然现在的生物武器管制体系已经取得了较大的成果,但是仍然存在一些不足。《禁止生物武器公约》中缺乏核查措施和实施机制,且禁止的对象和范围比较模糊,导致管制生物武器的国际法实施起来有些困难。个别国家为了追求霸权主义,还会抓住漏洞来发展生物武器,以研制疫苗为名进行生物武器研究,一些恐怖组织也可能会利用生物技术来制造恐慌。生物技术给人类的生产生活带来了巨大的便利的同时,也带来了安全与伦理问题。如果将生物技术应用到军事领域,将比任何其他大规模杀伤性武器更加危险而且复杂,所以在世界范围内应当加强控制和核查力度,全面禁止生物武器。

3.3 生物武器相关生物安全威胁应对策略

3.3.1 预防措施

积极主动地进行情报侦察。及时查明敌人生物武器的袭击企图并彻底摧毁之,是最积极有效的防护。战剂侦检,即组织对敌生物武器袭击的侦察与检测。使用生物武器的主要特征是:用飞机喷洒生物战剂气溶胶时,飞行速度慢、高度低,航迹出现云雾;用生物弹投放战剂时,爆炸声音小而低沉,闪光小或无闪光,弹坑浅、弹气大,弹坑周围有残液痕迹或粉末;投放生物战剂媒介物时,地面上会出现动物异常,或有异常物品。此外,被生物武器攻击的地域,人和动植物会出现突发性传染病或异常死亡等。一般而言,使用生物战剂气溶胶攻击难被发现,需要用专门仪器和侦检技术。

3.3.2 生物战剂检测

传统的生物战剂检测主要通过分离培养、动物实验、生化鉴定等方法。这些方法虽然都是使用较多、历史较长的经典检测方法,但存在着操作步骤烦琐、检测周期长、应用范围窄、分辨能力差等缺点,无法满足快速准确检测生物战剂的要求。随着现代生物、计算机和光电等技术的快速发展与相互结合，生物战剂检测技术有了较大突破，基于新思路、新方法的检测手段不断出现，并开始向小型化、集成化、自动化方向发展，有些甚至实现了在战场条件下，对生物战剂的快速检测与鉴定。

3.3.2.1 免疫学方法

免疫学检测方法是利用抗原抗体能够发生特异性免疫反应的原理来定性、定量检测致病微生物及毒素，其中以酶联免疫吸附法（enzyme-linked immunosorbent assay, ELISA）为典型代表。几乎所有的生物战剂均可采用 ELISA 测定，通常检测限可达 102 ~ 103cfu/mL，其缺点是步骤烦琐、费时费力。近年来，新的生物战剂免疫学检测方法层出不穷，甚至有些已经应用于战场条件下的生物战剂检测，如免疫磁珠分离法（immunomagnetic beads separation, IMBS）、胶体金免疫层析法（gold immunochromatography assay, GICA）和时间分辨荧光免疫分析法（time resolved fluoroimmunoassay, TRFIA）等。

1. 免疫磁珠分离法（IMBS）

IMBS 利用连接在磁珠上的特异性抗体与样品中被检微生物或抗原结合，形成抗原 - 抗体 - 磁珠免疫复合物。在外磁场中，复合物受磁力作用而滞留在磁场中，达到与其他物质分离的目的。目前，已经开发出了针对各种病原体的免疫磁珠，如沙门菌属、白色假丝酵母（念珠菌）等。另外，IMBS 与其他检测技术（如 PCR、ELISA、免疫荧光分析等）联用，有助于降低原有生物战剂检测手段的检测限。2004 年，林奇（Lynch）等利用连接沙门菌属抗体的免疫磁珠建立了自动免疫磁性分离系统，并应用该系统对 250 份禽类环境样品进行沙门菌属检测，结果表明，IMBS 检测沙门菌属的敏感性较常规培养方法高 15.5%。2007 年，施洛塞尔（Schlosser）等建立了 IMBS 与质谱分析联用方法检测葡萄球菌肠毒素 B（staphylococcal enterotoxin B, SEB），即将 SEB 抗体偶联到免疫磁珠表面，用以捕获并分离样品中的 SEB，然后对磁珠 - 抗体 - 毒素复合物或毒素洗脱液进行质谱分析，进而确定样品中是否存在 SEB。结果表明，该检测方法具有良好的敏感性。2013 年，马慧等利用免疫磁珠分离与荧光量子点标记联用的方法检测结核分枝杆菌，并筛选出结核菌免疫磁珠荧光量子点检测方法的最佳配体组合。结果表明，该方法特异性较好，细菌检测下限为 10^2/mL。2020 年，马格达琳纳·拉德万斯卡（Magdalena Radwanska）等将 IMBS 与荧光激活细胞分选仪联合使用，可以分离 99% 的感染衍生边缘带 B 细胞，用于后续转录组学的研究[4]。研究结果表明，该方法具有良好的特异性和敏感性。

2. 胶体金免疫层析法（GICA）

GICA 具有简单快速、灵敏度高、无须复杂仪器设备、可肉眼观察等特点，已经广泛应用于一些传染病的快速诊断及生物战剂的快速检测领域。胶体金是金盐被还原成金原子后形成的颗粒悬液，在弱碱性条件下带负电荷，可与蛋白质分子的正电荷基团牢固结合。GICA 将捕获抗体固定于层析材料上的某一区带，然后将层析材料一端浸入被检样品溶液，借助毛细管作用，样品将沿着层析材料向另一端泳动，当移动至固定有捕获抗体的区域时，样品中抗原与抗体特异结合，用胶体金着色即可测定待测物。目前，GICA 试纸条已商品化，具有成本低、性质稳定的特点，检测过程仅需 3 ~ 10min。2004 年，李伟等建立了一种基于双抗体夹心法的 GICA 技术，实现了炭疽芽孢杆菌芽孢的快速检测，并对该方法进行了特异性及敏感性评价。该方法能在 20min 内完成检测，特异性良好，检测灵敏性为 10^6cfu/mL。口蹄疫病毒(foot-and-mouth disease virus, FMDV)是一种攻击动物的病毒类生物战剂，可以引起偶蹄类动物共患的急性、热性、接触性传染病口蹄疫。2008 年，蒋韬等建立了一种对现场样品中 O、A 和 Asia Ⅰ 型 FMDV 定型诊断的 GICA，并研制了口蹄疫定型试剂盒。206 份已知血清型现场及实验室样品的符合率实验结果表明，O、A、Asia Ⅰ 型和阴性样本的符合率分别为 92.45%、91.66%、92.75% 和 100%。该方法在检测口蹄疫临床症状相似病原，如猪水疱病抗原、水疱性口炎、水泡疱疹等病毒时无交叉反应。2011 年，他们改进了 FMDV 的 GICA 检测方法，将检测特异性提高到 98.2%，而 FMDV146S 抗原的最低检测限仅为 11.7ng/mL。2013 年，王玉金等同样基于双抗体夹心策略，建立了快速简易、特异性与敏感性良好的检测霍乱弧菌 O1 群的 GICA 技术，最低检测限为 10^5cfu/mL。2021 年，有学者开发了一种横向流动免疫层析实验，该方法有良好的敏感性，所检测的每种隐球菌血清型的包膜抗原检测下限为 0.63ng/mL[5]。

3. 时间分辨荧光免疫分析法(TRFIA)

TRFIA 利用镧系元素标记抗原或抗体，利用波长和时间两个参数进行信号分辨，有效地排除非特异荧光的干扰，极大地提高了分析灵敏度；用时间分辨技术测量特异荧光，实现对被检物质的定量分析。TRFIA 的优点主要源自镧系元素螯合物的固有特点：荧光寿命长、激发光谱宽、发射光谱窄、激发光与发射光之间的 Stokes 位移大、螯合物稳定性高。自 20 世纪 80 年代建立以来，TRFIA 被公认为最有发展前途的一种非同位素标记分析技术。早在 2001 年，佩鲁斯基(Peruski)等就应用 TRFIA 技术，对土拉热弗朗西丝菌、肉毒神经毒素 A/B 及 SEB 进行了检测，并与 ELISA 方法进行了比较。他们采用双抗体夹心策略，利用固相化的捕获抗体去捕获样品中的抗原，再用 Eu^{3+} 标记的抗体进行分析测定。由于该方法与 ELISA 法使用相同的抗体，因此两者的特异性相同，但 TRFIA 法具有更高的灵敏性，对土拉热弗朗西丝菌、肉毒神经毒素 A/B 及 SEB 的最低检测限分别为 48cfu/mL、200pg/mL 和 10pg/mL。2010 年，鲁安(Ruan)等采用基于 TRFIA 技术的双探针串联 DNA 杂交分析技术，对大肠埃希菌进行了检测。他们将捕获探针共价耦联于玻片表面，用于捕获样品中的靶基因片段，再用 Eu^{3+} 标记的报告探针与靶基因片段中未与捕获探针杂交的区域互补配对，即所谓的双探针串联 DNA 杂交。该方法的检测限为

1.49×10^3 cfu/mL，优点是操作简便，特异性与敏感性高。诺瓦克病毒（norwalkvirus，NV）可引起急性无菌性胃肠炎，具有传染性强、致病剂量低、对外界抵抗力强等特点，而且尚无有效治疗手段。2011年，卡瓦纳（Kavanagh）等建立了血清中NV特异IgG和IgA抗体的TRFIA检测方法，并对NV感染者的临床血清样品进行了检测。结果表明，与ELISA方法相比，TRFIA法能更早地确定感染者血清型的阳性转变[6]。2020年，有学者建立了一种用于狂犬病抗体滴度评估的TRFIA检测方法，其抗体滴度检测值下限为0.035IU/mL。初步结果证实，TRFIA具有比酶联免疫吸附测定（ELISA）更高的性能，并可能取代ELISA。

3.3.2.2 分子生物学方法

微生物基因组内均含有特异的、有别于其他种或属的核酸序列，这些特征序列相当于微生物的“身份证”或者“指纹”。利用分子生物学技术检测微生物样品中的特征序列及丰度，即可实现微生物的鉴别与定量。

1. 核酸杂交技术

核酸杂交技术依据碱基互补配对原理，将带有标志物的核酸探针与被检样品中的目标核酸序列特异性地结合，然后利用特定手段测定标志物，即可确定样品中目标核酸序列的丰度。如果以某种微生物的特征序列为探针，那么通过杂交技术就可以检测样品中是否含有该微生物。核酸杂交技术具有高特异性、高灵敏度的优点，能在几小时至几分钟内检测出皮克（pg）水平的基因组DNA；利用荧光原位杂交还可以实现目标序列的定位与可视化。如今，核酸杂交技术已经广泛应用于致病微生物，如病毒、细菌、立克次体等多种生物战剂的检测与鉴定。

2. PCR技术聚合酶链反应

PCR是一种在体外快速扩增特定基因片段的方法，即通过变性、退火、延伸3个步骤，对寡核苷酸引物所界定的基因片段进行扩增，进而检出极其微量的DNA、RNA。如今，PCR技术及其改进技术（如荧光定量PCR、多重PCR、数字PCR等）已广泛应用于致病微生物检测与鉴定领域[7-8]。2007年，刘仲敏等根据GenBank数据库中的鼠伤寒沙门菌inv A基因序列设计引物，建立了沙门菌属实时荧光定量PCR检测方法。该法细菌最低检测限每次反应仅为8个，明显高于常规PCR的60个。2010年，奥佳华（Ogawa）等通过分析并比较所有已知丝状病毒的核酸序列，设计出一套靶标到NP基因保守序列的通用寡核苷酸引物，并建立了丝状病毒的RT－PCR检测方法。运用该方法可实现对马尔堡病毒和埃博拉病毒各种亚型的检测，最低检测限每次反应达10^{-3} FFU，并且具有良好的特异性。2021年，拉达克里希南·萨布（Radhakrishna Sahu）运用数字PCR检测鹦鹉热衣原体，其检测下限为2.4个拷贝，与实时定量PCR相比，有着更高的灵敏度。另外，PCR

通过与其他技术联用,如 IMBS、质谱技术等,有效克服了自身的缺陷,拓展了技术应用范围。随着自动化与集成化程度的提高,基于 PCR 技术的生物战剂检测装备已开始应用于战场。例如,Idaho 公司研制的耐用型病原菌检测装备,能够在 30 分钟内实现炭疽菌、肉毒梭菌、布鲁菌属、沙门菌属和李斯特菌属等的检出,目前已有 40 多个国家的军队配备了该装备。

3. **基因芯片**

基因芯片技术结合了微电子、微机械、化学合成、光学、计算机等一系列现代科学前沿技术,利用构建的基因芯片及其表面微流分析系统,实现了对样品遗传信息的高通量、快速、准确的检测。它的基本原理是核酸杂交技术,它通过平面微加工技术将大量的核酸探针有规律地排列固定于硅片或玻片等固相支持物上,构成二维探针阵列,即基因芯片,用于捕获预先经过荧光物质或核素标记的靶基因,再通过激光共聚焦显微等技术对杂交信号进行实时、灵敏、准确的检测与分析。2005 年,有学者根据 GenBank 数据库中 SARS – CoV 基因组序列,设计了靶向 SARS – CoV 保守序列的寡核苷酸探针,并将这些探针整合到 70 – mer 基因芯片上,实现了对 SARS – CoV 的早期检测。通过对临床样品的检测结果表明,基于基因芯片的 SARS – CoV 早期检测方法特异、有效,对 SARS 患者的检测敏感性约为 91%。2009 年,费尔德(Felder)等建立了基于基因芯片技术检测环境样品中炭疽菌的方法,其构建的基因芯片包含靶向炭疽菌质粒毒力基因 rpoB 以及各亚型炭疽菌、蜡样芽孢杆菌和枯草芽孢杆菌 16S rDNA 的寡核苷酸探针,并利用该芯片对 158 份环境样品进行了检测。结果表明,该方法可将炭疽菌与其他杆菌有效区分,整个检测过程仅需 12 小时。目前,基因芯片的制作成本还很高,并且需要昂贵的检测仪器,因此该技术主要局限于实验室研究而未能广泛应用于临床致病微生物的检测与鉴定。

3.3.2.3 生物传感器

生物传感器是以具有分子识别能力的生物活性物质作为敏感元件,并与适当理化换能器有机结合而组成的一种精密的分析装置,其工作原理是待测物质被分子识别元件识别并与之特异性结合,发生生化反应,产生的各种信息(如光、热等)通过信号转换元件转换为强度与待测物的量成正比的光信号或电信号,再经过放大与处理,达到分析检测的目的。其中,生物识别元件可以是一种抗体、微生物、细胞、组织、核酸或酶等;理化换能器种类也很多,可以是电化学、光学、压电、热敏、磁敏的一种或多种组合。生物传感器集合了生物、信息、微电子等许多现代先进技术,以其高选择性、高灵敏度及高集成化等优点,在生物战剂检测与鉴定领域具有广阔的应用前景。

2006 年,魏华等研制了光纤倏逝波传感器 FOB – 3,并利用其建立了多种致病微生物及细菌毒素的快速检测方法。光纤倏逝波传感器利用光纤中的光波,通过光纤与其他介质的交界处时传出光纤，即产生所谓倏逝波的性质，在光纤表面加上生物敏感元件。当倏逝波穿过生物敏感元件时，或产生光信号，或导致倏逝波与光纤内传播光线的强度、相位或频率的改变，测量这些变化，即可获得生物敏感元件上变化的信息。他们采样双抗体夹心法，将捕获抗体耦联到光纤上，并用荧光素染料 Cy5 标记的抗体识别捕获的抗原，根据倏逝波激发产生的荧光信号实现抗原的定性定量检测。实验结果表明，使用光纤生物传感器 FOB-3 可快速检出鼠疫耶尔森菌 F1 抗原、SEB 及炭疽芽孢，并具有良好的灵敏性。

2011 年，有学者设计研制了一种能够检测炭疽菌的石英晶体微天平生物传感器。其测量原理是利用石英晶体谐振器的压电特性，将石英晶振电极表面质量变化转化为石英晶体振荡电路输出电信号的频率变化，测量精度可达纳克(ng)级别。研究者将靶向炭疽菌特异 DNA 序列与质粒序列的核酸探针固定于石英晶体微天平表面，用于识别并捕获经 PCR 扩增后样品中的靶单链 DNA，通过测量杂交引起的质量变化进而确定样品中是否含有炭疽菌，最低检测限为 3.5×10^2cfu/mL。该方法检测过程用时短、特异性好、灵敏度高，可用于炭疽菌的快速检测。纳米材料引入生物传感器领域后，极大提高了生物传感器的性能，并促进了新型生物传感器的出现。例如，纳米线是一种横向尺度被限制在纳米量级的一维结构，具有非常良好的电学、力学特性，而且易于被生物识别分子修饰。

2004 年，帕托斯基(Patolsky)等利用纳米线场效应晶体管建立了快速、即时、高灵敏度检测单个病毒的方法。他们用甲型流感病毒抗体对纳米线表面进行修饰，病毒颗粒与抗体结合会引起纳米线导电性的变化，通过检测纳米线导电系数的变化即可确定样品中是否含有流感病毒颗粒。实验结果表明，该方法具有良好的特异性与灵敏性。

近几年，有学者提出一种基于 bR 的光电免疫传感器，可以直接无标签地进行微生物的检测。该传感器的关键机制与运动传感器类似，在间断光照射下，bR 分子启动质子泵功能，产生光电流。其独特之处在于利用 PM 涂层光电芯片作为换能器，将沉积在电极上的 PM 进行表面生物素化，通过桥接亲和素来连接大肠杆菌的抗体，大肠杆菌细胞可被免疫捕获到芯片上，从而形成有效的屏蔽层来阻挡部分入射光进入，以此减少 bR 蛋白接受光刺激而产生的光电流。基于 bR 的免疫传感器不仅具有较宽的动态监测范围，而且对大肠杆菌的检测灵敏度可达到 1cfu/10mL。目前，生物传感器检测病原体仍处于实验室探索研究阶段，需进一步缩短检测时间、提高灵敏度、实现自动化微型化，以适应战场条件下对快速、灵敏、准确等实际检测应用的要求。

3.3.2.4 激光诱导荧光雷达探测技术

生物战剂可以气溶胶形式施放，在很短时间内就能引起大范围的污染。大气气溶胶中有生命活性的部分，即生物气溶胶，对公众健康和动植物生长会造成巨大的影响。因此，生物气溶胶探测技术的研究无论在军事上，还是在公共卫生领域都具有重大意义。上述生物战剂检测方法均是接触式，无法实现对生物气溶胶的实时监测。当前，世界各国都在努力寻求快速有效的大气生物气溶胶探测手段。

激光诱导荧光雷达是一种基于激光诱导荧光原理的非接触式探测系统。所谓激光诱导荧光，就是生物气溶胶颗粒含有的荧光发色团，在特定波长激光激发下可以发射荧光。对于细菌、真菌及花粉等由各种无机或有机分子组成的复杂混合物，它们的荧光光谱是由各类荧光物质的荧光光谱叠加而成。研究表明，各种荧光物质的荧光光谱主要集中在 300 ~ 800nm 范围。其中，氨基酸存在于所有生物有机体中，是组成蛋白质和多肽的基本单元。NAD(P)H 及核黄素等辅酶存在于新陈代谢较旺盛的生物有机体中，而在无明显新陈代谢活动的有机体（真菌孢子、细菌孢子及花粉等）中则含量很低。因此，辅酶可作为有生命活性有机体的标志物。生物气溶胶粒子中各种荧光物质的含量和激光诱导下荧光量子产率的不同，相应的荧光强度就不同，进而生物颗粒总荧光光谱存在差异。因此，激发光波长、荧光发射波长及量子产率等物理参数提供了荧光物质的特征信息，是定性定量分析被检生物气溶胶粒子的基础。

将激光诱导荧光技术应用到激光雷达上，就形成了生物气溶胶的紫外激光诱导荧光雷达探测技术。利用该技术可以对大气气溶胶进行遥感，根据雷达回波信号探知在大气中是否存在生物气溶胶云团及细菌芽孢、病毒和毒素等生物战剂。20 世纪 90 年代，美国率先在该领域取得进展，研制出多种生物气溶胶紫外 - 荧光激光雷达系，并应用于生物气溶胶的探测、跟踪与识别。欧洲、加拿大等也相继开展了此类研制与试验研究。在我国，中国科学院安徽光学精密机械研究所、北京理工大学等单位在激光雷达探测技术领域也具有较强的技术能力。本节以加拿大国防部于 20 世纪 90 年代末开始发展的集成化高光谱分辨主动探测系统（SINBAHD）为例，介绍生物气溶胶激光诱导荧光雷达系统。

SINBAHD 雷达系统的核心由 3 部分组成：发射单元、接收单元和数据采集、分析与控制单元，另有动力单元和冷却系统等。发射单元一般由激光器、分光片和导向镜组成，其核心是激光器，要根据探测目的与具体要求，对激光器的输出激光脉冲波长、能量、重复频率、光束质量及稳定性等参数进行选择与控制。SINBAHD 使用的是 Nd：YAG 激光器，可发射波长为 266nm 和 355nm 的激光脉冲，能量分别为 40mJ 和 200mJ，重复频率为 10Hz，光束发散角小，可在外场中稳定工作。光束通过可视化发射通道（包括分束器、变焦透镜、CCD、光束放大器等）向空间发射。雷达接收单元发挥接收回波信号功能，并根据不同的波长导入相应的探测通道，主要包括接收望远镜、光谱仪及探测器等。SINBAHD 利用直径为 30cm 的牛顿望远镜接收回波信号，经过一系列光学元件及光谱仪分光后,由ICCD成像装置进行荧光光谱探测,之后由数据采集、分析与控制单元进行信号的采集、记录与处理。另外,数据采集、分析与控制单元要确保激光发射、回波信号接收、数据采集、传送和存储等工作能同步进行。加拿大的研究人员多次在外场试验中对SINBAHD系统在生物气溶胶种类鉴定与浓度测量方面的性能进行了验证。他们使用该系统对人工模拟的不同种类的生物气溶胶进行了探测,并利用所得光谱数据实现了对不同气溶胶的分辨。光谱测量结果具有良好的稳定性,将气溶胶荧光光谱标准化,利用简单的统计学算法,即可实现对气溶胶浓度的实时估计,结果与参考测量方法得到的结果相符。以上结果表明,基于激光诱导荧光原理的生物气溶胶雷达探测系统,在生物战剂侦查、预警方面具有独特的优势、巨大的潜力及良好的应用前景。

3.3.3 发生后的处置

有关专家认为,一个国家要想应对"生物武器",首先是要储备足够批量的疫苗、充足的药物和手段,以保证应对突发事件。

(1)救治患者。当出现感染和传播时,应及时对患者、病畜等采取隔离措施,减少传播途径,便于集中收治,由医务人员进行专业诊疗,对症下药。患者要主动避免与他人接触,并加强消毒,积极配合医生进行专业治疗,直至症状消失。

(2)疫区消毒。要在疫区周围设置警示标明,实行封锁,限制人员和物资进出,在交通路口设置临时检疫消毒站,对出入人员和车辆进行消毒。组织医务人员或防化分队,对尸体、排泄物、污水等进行无害化处理,对污染物、场地等进行彻底消毒。

(3)除害灭病。对投放的生物战剂及其媒介物,通常可采取泥土掩埋、烈火烧煮、药水浸渍、烟雾熏杀等措施进行处理。其中最有效彻底的办法是蒸煮和烈火焚烧,因为绝大多数致病微生物加热至100℃以上就会死亡。

3.3.3.1 免疫预防

免疫预防是指通过人工接种生物制品激发人体内免疫系统产生特异的免疫应答,以形成特异性抵抗力,破坏或排斥进入机体的病原体。通过微生物学分析检测结果,对普通人群进行大规模疫苗接种可以有效解决群体防护的问题。

3.3.3.2 生物战剂洗消

生物战剂洗消一般主张只局限于能使部队恢复战斗力即可,应尽量避免全面的洗消作业。实施全面的洗消作业,消耗的人力与物力是惊人的。室外的生物战剂,通过风、雨和日光的自然消毒作用,大多可在24小时左右消失或死亡。因此,对污染区的处理,应尽量采取封锁措施,使生物战剂自净。只有在任务紧迫,部队必须进入时,方进行全面洗消。对于必须进入的污染区,最好按微生物学检验结果决定其洗消的范围。若情况紧急,或无法采样检验,可参考下列原则处理:①弹着点及下风向300~500m,上风与侧风向50~100m处,应作为消毒的重点;②风速较大(8m/s以上),或日光已暴晒24小时处,可不作为重点消毒对象;③对曾下暴雨或中雨,生物战剂已被冲走之处,不必再做消毒处理;④建筑物外表,除特殊情况外,可不必消毒。

对于部队人员与装备等,洗消一般分为两级。一为局部卫生处理,即用个人消毒包(或车组消毒包)杀灭与清除人体、武器与车厢沾染的战剂。一为全面卫生处理,即在完成战斗任务后进行的彻底洗消,最好在污染区外专设的洗消站进行。

在生物战剂的洗消中,主要使用化学杀菌、热力消毒与机械清除等三大类方法。含氯消毒剂虽然杀菌效果好,但具有一定腐蚀性。为此,可用环氧乙烷熏蒸消毒。该药在常温下(>10℃)蒸发为气体,对所有生物战剂均有杀灭作用,且具有良好穿透力,不会损害光学、电子器械。在野战条件下,可在塑料袋或篷幕等容器中进行消毒处理。环氧乙烷不足之处在于作用时间较长且其气体易燃易爆,因此消毒时,应远离明火与可产生火花的机电设备。除消毒剂以外,在生物战剂洗消中还需使用大量清洗剂,如肥皂、洗衣粉、十二烷基苯磺酸钠、烷基磺酸钠等表面活性剂。为加强消毒剂的作用,有时还需使用辅助剂,诸如增效剂、防冻剂与抗沉淀剂等。用盐酸将溶液pH调低,可加强含氯消毒剂或酚类消毒剂的杀菌效果;用碳酸氢钠将溶液pH调高,可加强醛类或季铵盐类消毒剂的作用。在漂白粉上清液(4%)中加入硫酸铵(0.25%~4.0%),可促使快速放出有效氯,加强杀菌作用。在寒冷季节,于三合二(三次氯酸钙合二氢氧化钙)溶液中加入105g的氯化钙可将冰点降至-5℃,加入30%可将冰点降至-25℃左右。在三合二溶液中加入1%的硅酸钠即可延缓悬浮物的沉淀,以防堵塞喷洒管道。

日常使用的消毒与灭菌设备均可使用。以防化兵装备的洗消车进行路面消毒时,每小时可处理6000~8000m;用喷枪进行冲洗消毒时,水柱压力达2~3kg/cm^3。近年来,国外还发展了一类用喷气发动机喷射热气流进行消毒的装置,每小时可处理40辆坦克,或60辆轮胎车辆。我军研制的消毒杀虫车,不仅具有喷洒冲洗与气溶胶喷雾消毒功能,还可进行野外大面积杀虫。我军防化兵的淋浴汽车,每车每小时可通过60人。

3.4 生物武器安全证据与司法鉴定

生物武器种类繁多,目前,生物武器战剂的检测方法主要为传统分离方法、免疫学方法、核酸分析技术以及质谱等化学分析方法,且当前的免疫学检测方法多针对单一蛋白,而PCR方法则针对单一病原体的单一基因进行检测,检测结果的特异性和敏感性都很高。下面以炭疽杆菌的取材和鉴定为例进行说明。

自然环境中广泛存在的蜡样芽孢杆菌、苏云金芽孢杆菌和蕈状芽孢杆菌等,与炭疽芽孢杆菌同属的蜡样芽孢杆菌群(bacillus cereus group),是一类遗传进化关系非常相近的细菌。炭疽芽孢杆菌区别于同群内其他细菌最主要特征是携带两个毒力质粒(Pxo1 和 Pxo2),分别编码致病性的毒素和荚膜,是主要的致病因子。当前,国内外多是根据这2 个毒力质粒的序列设计引物进行特异性的 PCR 鉴定。此外,考虑到少数情况下质粒可能变异或者丢失,也有根据染色体上的特异性序列设计的引物。研究者综合参照同类研究报道,并结合单个引物 PCR 鉴定的结果,选择分别位于 2 个质粒和染色体上的 3 对引物建立多重 PCR 方法。有些研究者认为,炭疽的毒力质粒可以在蜡样芽孢杆菌群的细菌间水平转移,有极少数临床分离的蜡样或者苏云金菌株可以检测到携带类似炭疽的毒力质粒;并且部分致病性的蜡样或者苏云金菌株也编码 S 层蛋白。基于以上情况,在设计引物的过程中,通过对已知基因序列的比对和 In Silico 分析,选择了在所有炭疽菌株中保守而在其他菌株中变异的序列,以排除可能出现的假阳性结果。

BclA 是炭疽芽孢外壁主要结构蛋白的编码基因,它编码一种胶原样的糖蛋白,是芽孢外壁发状菌丝的主要组分。BclA 蛋白的最大特点是内含若干三氨基酸重复序列,在不同的菌株中长度不同。研究中,针对 BclA 基因保守区设计引物,根据 PCR 扩增和测序比对的结果发现,Ⅱ号炭疽疫苗菌株和各临床菌株的序列都明显不同。BclA 基因虽然不适合作为炭疽特异性鉴定的靶基因,但是结合 PCR 扩增片段长度和测序分析,能够有效辨别炭疽临床分离株和Ⅱ号疫苗株。各菌株 BclA 基因的序列都已经上传 GenBank 数据库,作为比对和辨别的基础。在实际的炭疽疫情诊断中,首先要抽取患病动物的血液样本进行病原鉴定,使用血液样本直接提取 DNA 模板进行 PCR 检测,可有效缩短检测时间,为最终诊断提供参考。在研究进行的模拟试验中,95℃加热灭活后的血液样本直接提取 DNA 进行 PCR 鉴定可获得阳性结果;检测灵敏度为 2×10^6 cfu/mL 的细菌含量,而细菌含量低于该检测限的样本则需要增菌培养后才可以获得阳性结果。在土壤样本的模拟试验中,测定了不同时间增菌培养后的检测灵敏度,结果确定增菌培养 6 小时后的最低检测限为每克 3×10^4 个芽孢。此项技术方法的建立,为动物炭疽的诊断及自然疫源地监测提供了技术支持,具有重要的应用价值。

3.5 立法与法律保障现状

作为国际生物军控的基石,《禁止生物武器公约》于 1975 年生效,是国际社会第一个禁止一整类大规模杀伤性武器的国际公约,与《日内瓦议定书》、联合国秘书长指称使用化学和生物武器调查机制、联合国安理会第1540(2004)号决议等,共同构成了国际生物军控体系的基本制度安排。《禁止生物武器公约》有效约束了国际社会对生物武器的追求,为维护国际安全做出了巨大贡献。

2021年3月31日正式生效的《俄罗斯联邦生物安全法》中就涉及了禁止生产、使用生物武器的规定。我国于2019年10月21日提请全国人大常委会审议的《生物安全法草案》(以下简称《草案》)中专辟两章对"防范生物恐怖袭击"和"防御生物武器威胁"进行了规范与调整。美国国家情报部门在2016年将涉及基因编辑技术制发的生物武器,列入了对外公示的大规模杀伤性与扩散性武器的威胁名单。

3.6 现存问题与未来方向

3.6.1 确立法律层面的保障底线

从应用视角,就生物科技对人类、环境、生态和社会造成的潜在安全隐患而言,必须在预防管控的角度确立法律层面的保障底线。生物武器的触法边界需要关注的另一个问题是"怎么防控"。不同于新型冠状病毒等传染性疾病,生物武器更需要争取即时的防控时间窗进行预测和研判。在杀伤性方面,生物武器比传统化学武器更具威力。因此,若生物武器被不法分子掌握,必定后患无穷。值得注意的是,目前的《草案》在监测预警、风险评估、应急预案等方面均有所规定,对于严防生物武器作出了肯定的表示。在此基础上,我国仍需在"防"的角度探索设立专门的预警机构(如同疾控中心对于传染病的预警),在应急预案中涵盖常规预案和突发预案,加强构建生物武器的防范措施,比如如何制止通过基因组编辑创造新的和改进的生物武器的行为;如何制止使用基因组编辑将非致病细菌转化为生物武器的行为等。在"控"的角度,应细化生物武器的刑法应对,规范事后制裁和惩罚底线。效仿人工智能的刑法规制路径,尝试将生物技术、生物武器和刑法规制进行有效的联结,确保在最严法制的框架内对生物武器的控制进行全预算。

3.6.2 生物科技迅猛发展和扩散的影响不确定

进入21世纪,生命科学、物质科学与工程学学科交叉的第三次革命正在加快演进,不仅提升传统生物武器效能,而且合成生物学技术、神经操控、电磁技术等具有作为进攻性武器运用的广阔前景,更加可控、易攻难防,战术和战略价值凸显。生物科技两用性更加突出,导致更加难以核查,而美国所谓的"核查可能损害国家安全和商业利益"的主张大行其道,履约前景难以预期。生物、核、网络的威慑形态更加复杂。在"后核武"时代,信息科技和生物科技是新军事革命发展的重要技术变量,若某国率先取得决定性的科技突破，将极大拓展国家战略空间。而生物武器与人工智能、网络武器的结合，双向提升两者的战略地位，使得核武器、网络武器和生物武器并列成为国家战略威慑工具，打破全球安全领域战略平衡。2019年5月，美国智库"生物防御蓝带委员会"提出"生物防御曼哈顿计划"概念，或将加速这一进程。国际政治经济安全秩序动荡。伴随新科技革命发展，新兴大国正在不断调整其外交、经济和其他资源，与既有大国在太空、网络、海洋等其他具有战略价值的新边疆形成强烈的发展观念对峙。加上经济发展模式、政治体制等原因，西方主导的全球政治经济格局运转不灵，国际秩序持续动荡。生物科技变革作为新科技革命的一部分，自然成为国际秩序调整期大国竞争的重要筹码。

3.6.3　美国态度有所转变

作为世界生物科技强国、曾经的生物武器拥有大国，美国对生物军控进程态度有较明显转变。从20世纪70年代"积极"参与主导生物军控，到进入21世纪对公约核查议定书草案的断然否定、政府生物防御预算的急剧攀升，以及更加强调生物技术的出口管制，显示出美国越发缺乏耐心及其单边主义倾向。这种基于传统的现实主义安全观、狭隘的军事安全观的做法，显然不利于全球战略稳定。

（吴元明　邓建强）

参考文献

[1] 张金林，反对美国细菌战与社会动员——以《人民日报》为中心的考察[J]. 党史研究与教学，2013(6):60－67.

[2] 张华. 美国在朝鲜战争中实施细菌战的证据[J]. 武陵学刊，2013,38(1)：74－78.

[3] 陈家曾，俞如旺. 生物武器及其发展态势[J]. 生物学教学，2020,45(6)：5－7.

[4] RADWANSKA M, VEREECKEN, MAGEZS. Isolation of trypanosoma brucei brucei infection – Derived Splenic Marginal Zone B cells based on CD1d^{High}/B220^{High} surface expression in a Two – Step MACS – FACS approach[J]. Methods in molecular biology (Clifton, N. J.), 2020: 739 – 753.

[5] SATHONGDEJWISIT P, PRUKSAPHON K, INTARAMAT A, et al. A novel, inexpensive in – house immunochromatographic strip test for cryptococcosis based on the cryptococcal glucuronoxylomannan specific monoclonal antibody 18B7 [J]. Diagnostics, 2021, 11 (5):758.

[6] KAVANAGH O, ESTES M K, REECK A, et al. Serological responses to experimental Norwalk virus infection measured using a quantitative duplex time – resolved fluorescence immunoassay[J]. Clinical and vaccine immunology: CVI, 2011,18(7):1187 – 1190.

[7] SAHU R, VISHNURAJ M R, SRINIVAS C, et al. Development and comparative evaluation of droplet digital PCR and quantitative PCR for the detection and quantification of Chlamydia psittaci[J]. Journal of Microbiological Methods, 2021,11:190.

[8] 阮仁余,孔建强,郑晓东,等.中国红豆杉细胞色素P450还原酶的基因克隆、表达与活性分析[J]. 遗传, 2010,32(11): 1187－1194.

第 4 章 生物入侵与生物安全

生态系统是经过长期进化形成的，系统中的物种经过成百上千年的竞争、排斥、适应和互利互助，才形成了现在相互依赖又互相制约的密切关系。生物入侵是一个影响深远的全球性问题，对生态系统、环境、健康、社会、经济发展均有重大影响。一个外来物种引入后，有可能因不能适应新环境而被排斥在系统之外；也有可能因新的环境中没有相抗衡或制约它的生物，这个引进品种可能成为真正的入侵者，打破平衡，改变或破坏当地的生态环境、严重破坏生物多样性。尤其是近年来，随着全球气候变暖和全球贸易自由化的加快，入侵生物的种类和数量呈现快速增长趋势，生物入侵的威胁日益加重，若无行之有效的防控措施，外来生物入侵可能会形成“生物恐怖”[1]。

生物安全已成为全世界、全人类面临的重大生存和发展威胁之一。近年来，在全球相互依存度日益上升的大环境中，人类社会面临的生物安全风险异常复杂，也更加突出，引起了世界范围内的高度关注。生物入侵是破坏生物安全的原罪之一，各国在世界卫生组织、全球卫生安全议程（GHSA）等组织协调下积极合作应对。美国、英国等主要发达国家已将生物安全战略纳入国家安全战略，明确发布了国家生物安全战略规划，日本、加拿大、法国、澳大利亚、新西兰等也在战略规划层面高度关注国家生物安全问题。

生物安全关系到国家公共卫生、社会稳定、经济发展和国防建设，是国家安全体系的重要部分。我国中央国家安全委员会将生物安全纳入国家非传统安全的战略视野，将外来物种入侵、大规模传染病防治等领域纳入关注视角，从战略、立法、防控、建设等多方面应对外来物种入侵以及随之而来的生物安全问题。2021 年 2 月，《最高人民法院最高人民检察院关于执行确定罪名的补充规定（七）》规定了非法引进、释放、丢弃外来入侵物种罪罪名。《生物安全法》第二条明确规定:防范外来物种入侵与保护生物多样性。截止到2020年6月5日,我国已发现660多种外来入侵物种。其中,71种对自然生态系统已造成或具有潜在威胁并被列入《中国外来入侵物种名单》。在660多种外来入侵物种当中,最多的是入侵植物,占到一半多,有370种;其次是动物(包括哺乳类、鸟类、爬行类、两栖类、鸟类、甲壳类、昆虫等),占到1/3,有220种;也包括少量的菌物、原核生物和原生生物[2]。

4.1 生物入侵引发的生物安全案例

现今,由于交通的便利以及不同国家、不同地区的交流愈发频繁,全世界因生物物种的引进而引起严重生物安全后果的案例不在少数,其中包括凤眼莲入侵我国和非洲杀人蜂事件。

4.1.1 凤眼莲入侵我国每年损失过百亿

凤眼莲,也叫水葫芦,原产于南美洲,是世界上最著名的有害植物。20世纪初被当作猪饲料引入我国,而后在全国范围内开始蔓延,造成了极其严重的生态灾难。水葫芦繁殖迅速,常大面积的暴发式生长,引起河道堵塞,影响航运、阻碍排灌;还可以引起水环境的剧烈变化、导致水体富营养过程加速,引发新的生态灾害。由于水葫芦覆盖水面,形成优势物种,压制了浮游生物的生长,剥夺了其他水生物种的“生存权”。它的快速“疯长”需要消耗大量水分和水中氧气,直接威胁鱼类的生存。在水葫芦入侵并泛滥成灾的淡水域,生物多样性遭到严重破坏,一些乡土物种(包括水生动物和植物)几乎濒临灭绝。据报道,目前我国每年因凤眼莲造成的经济损失接近100亿元。

4.1.2 非洲蜂入侵杀人使人谈“蜂”色变

非洲蜂又称非洲“杀人蜂”,是一种极富进攻性的蜜蜂。这种蜂是在非洲蜜蜂被引入巴西同当地蜜蜂杂交,以提高蜂蜜产量而发育起来的。当这种蜂群或其蜂巢受到干扰时,它们会勇猛地进行防卫,“杀人蜂”由此得名。非洲蜂的凶暴性是众所周知的,引种者原期望通过杂交手段予以淡化——遗传稀释。不幸的是,在隔离试验阶段的1957年,有26群飞逃,它们迅速繁衍于自然界。与此同时,它们的雄蜂在自由空间与异品种雌蜂交配,产生了类似本身攻击性强烈的后代,并引发连锁反应,使周围蜂群非洲化。非洲化的蜜蜂常成群追击靠近蜂巢的人畜,造成伤亡。它们能追逐目标达数百米之外。在过去的30年里,它们在美洲各国蜇死了数以千计的家畜和人。

4.2　生物入侵相关基础知识

生物入侵涉及多方面的知识，现对有关知识简单说明，便于理解。

4.2.1　生物入侵的概念及特点

生物入侵(biological invasion)指外来物种通过人为或其他方式进入新的环境后，对当地物种和生态环境造成严重威胁的一种现象。外来物种(alien species)是一些原本不属于某生态系统，通过主动或被动的途径被引入到该特定生态系统中的物种。这些外来物种可以被分为两大类，一类是对生态系统有益的物种，一类是对当地生态环境、生物多样性、居住地人类身体健康和社会经济发展已经造成或可能产生负面影响的外来物种，其进入本地生态环境中，迅速适应周围环境成为野化状态，与本地物种竞争栖息地、营养资源、食物资源等，但又因为缺少天敌而无法对其进行控制或根除，称为“外来入侵物种”。外来入侵的物种一般细分为动物、昆虫、植物以及微生物这几大类，比如巴西龟、草地贪夜蛾、豚草和生物霉菌等[3]。

从概念来说，“外来入侵物种”和“外来物种”并不相同。外来物种指的是原本不属于某处生态系统，后由于某种原因进入该地的物种，会对当地生态环境造成正向或负向影响。而外来入侵物种从属于外来物种，指进入新的生态系统后迅速长成优势物种，对当地物种多样性、社会经济等多方面产生危害的物种。外来物种入侵兼具适应性好、生长速度快、播散范围广、繁殖能力强等特点，可转变为入侵地优势物种，和原生态系统中的“本土”物种形成竞争关系。

4.2.2　生物入侵的历史

生物入侵对人畜健康、社会经济发展、生态环境安全、国际贸易发展等诸多方面均能够造成严重威胁。生物入侵的历史可以分为以下三个阶段：从 1492 年到 1800 年的前全球化时代；从 1800 年持续到的 2000 年的旧全球化时代以及 2000 开始至今的新全球化时代。值得一提的是，在新全球化时代，网络的发展、快递行业的进步以及计算机水平的提高，迅速拉近了时间与空间距离的同时也带来了更多挑战。

4.2.2.1　前全球化时代的生物入侵

所谓前全球化时代，是指马克思所说的资本主义尚未开拓世界市场走向全球，世界历史尚未真正确立的历史时代，一般是指 19 世纪以前的农业文明时代。受交通因素的影响，社会、经济、文化等交往范围有限，该时期无论是中国还是西方，虽然偶有外来物种侵入现象，但总体上处于缓慢发展状态。

1. 中国早期外来物种

这段历史可以追溯到农耕文明时代，比如农作物马铃薯、西红柿等出于种植和改良作物品种需求而引进的外来物种。这类外来农作物的应用价值都很高，并且与新生态环境能够和谐共存，因此不构成“入侵”。早在中国古代就已经有对于外来生物入侵方面的记载了。在公元689年成书的《唐本草》中就有关于蓖麻传入我国的记载。原产于非洲的蓖麻，原本作为药用植物引入我国。但是由于其生命力顽强，能适应各种环境的土壤，“入侵”到我国后迅速适应我国原始生态系统，对本地的植物，特别是农作物造成相当大的威胁。而且蓖麻的果实具有一定毒性，误食会使人出现中毒症状，对健康造成很大危害。明永乐四年(1406年)由朱橚所著的《救荒本草》一书详细记述了我国早年间的一些外来入侵物种。

2. 国外早期生物入侵

大航海时代，欧洲的海上探索成为多地区外来物种入侵的重要途径。12世纪随着指南针以及造船技术的发展，人类通过海洋探索未知世界的能力大大加强，远洋活动也日趋频繁，但当时的航海依然以借助自然力(如风力或洋流)为主。大批殖民者从旧大陆出发，向新大陆进军，随之也带去了大量的欧洲本土物种。比如，澳大利亚自17世纪中期引进兔子之后，直到现在仍旧遭受兔子大规模泛滥所带来的巨大经济损失和生态破坏。另外，欧洲人将麻疹、风疹病毒传入西半球后，迅速导致当地人因感染而大量死亡，加速了阿兹特克(主要分布在墨西哥中部和南部)和印加王朝(现厄瓜多尔、秘鲁一带)的衰落。

4.2.2.2 “旧全球化”时代的生物入侵

19世纪初，随着工业革命的开展和资本的快速发展，国内市场无法满足资本家对利润的疯狂追逐，于是资本家们借助军事手段，以贸易为借口，迅速控制世界，从而形成了“旧全球化”时代。随着“旧全球化”时代的推进，大洲之间人类活动变得频繁，入侵的外来物种逐渐增多，远超前全球化时代。

从18世纪鸦片战争开始，文献中关于外来物种入侵的记载逐渐增多。天津、大连等通商口岸，就是当时外来物种进入中国的主要途径。有记载的有香丝草、小白酒草、一年蓬等植物，它们在香港、烟台和上海等口岸登陆后，以极快的速度向内陆蔓延。

西方国家工业革命后正式进入机器时代，工业的崛起带动了运输的飞速发展，导致外来物种入侵的频率大大提升。最早关于外来物种入侵的记载是黑鼠，早在14世纪就有记载黑鼠造成疫情在欧洲蔓延，这就是至今依然令欧洲各国心有余悸的黑死病。到了18世纪至20世纪，黑鼠经过多种交通运输方式在全球扩散，不仅欧洲各国，亚洲、非洲甚至美洲都遭到波及，造成了数千万人员致病甚至死亡，黑鼠携带的跳蚤和病原菌是此类外来物种入侵的最大危害。

4.2.2.3　新全球化时代的生物入侵

新全球化时代以经济文化交往广泛化、多样化、快速化为主要特征，特别值得关注的是运输业再次飞速发展。从喷气式飞机到集装箱运输，再到今天全球性物流网络全覆盖，彻底消除了长距离、跨国境的运送问题。到了当代，随着世界经济高速发展，跨区域贸易额度和人数呈指数增长，之前由于距离问题导致的不同区域之间的物种隔离被打破。我国同世界各国一样，在进出口两端都有巨量的增长，进出口货物的种类、数量都远超从前，类似的外来物种入侵的风险大大增加。

我国在 1982 年首次发现原产于日本的松线虫，这种松线虫会感染松类植物，导致松树枯萎死亡，因此被称为“松树癌症”。松线虫的传播媒介是松斑天牛（monochamus alternatus），我国从日本引进仪器的包装箱中携带这种松斑天牛，从而将松线虫引入我国。松线虫进入我国后缺少天敌，虫卵成活率高且易传播，导致蔓延速度快，造成江浙一带大量松木类植物死亡，影响生态环境的同时给我国造成巨大的经济损失。

伴随着经济和社会交往的全球化，新全球化时代外来物种入侵的另一个特征是人为性，多呈现出以全局性和系统性为主的特征。2009 年 4 月，甲型流感病毒 H1N1 在半年之内就由其发源地北美席卷全球，造成大量人员伤亡，严重阻碍经济发展，造成这种局面的原因是全球范围内的人员快速流动。

综上所述，生物入侵并非近几年才有，而是伴随着人类社会的发展，以及人类改造自然的深化，不断由偶发到频发、由分散到集中、由区域到全球、由缓慢到快速的历史发展过程。

4.2.3　生物入侵的类型

根据外来物种入侵的途径，可以将外来物种入侵类型分为有意引进、无意引进和自然扩散这三种类型。

4.2.3.1　有意引进型

有意引进是外来生物入侵的最主要的渠道，世界各国出于发展农业、林业和渔业的需要，往往会有意识引进优良的动植物品种。如 20 世纪初，新西兰从中国引种猕猴桃、美国从中国引种大豆等。但由于缺乏全面综合的风险评估制度，世界各国在引进优良品种的同时也引进了大量的有害生物。这些入侵物种由于被改变了物种的生存环境和食物链，在缺乏天敌制约的情况下泛滥成灾。目前有意引进型的物种入侵最为典型的有以下两种。

1. 以养殖和观赏或者生物防治为目的导致的外来物种入侵

这主要指一开始主要是出于养殖和观赏的目的引进到国内的，但是随后的时间里因为养殖方式不当、弃养或者逃逸之后，在野外迅速大量扩散，形成自然种群，对当地物种造成了一定的危害。前文述及的我国引入凤眼莲便是一典型案例,造成了“生物污染”,使滇池水生动物由 68 种急剧锐减至 30 余种。

2. 随树木和盆景传入的外来物种入侵

由于进出口检验检疫程序的漏洞,或者检测手段匮乏,观赏性盆景、木材或者植物种子很可能携带外来寄生虫、微生物等进入入侵地。比如,原产于日本的松干蚧就是从日引种盆景和观赏性松树过程中传播进入,松干蚧感染的松类植物易导致针叶变短,顶芽发育受阻,弯曲甚至干枯,对松树类植物生长造成一定威胁。

4.2.3.2 无意引进型

无意引进型是指入侵生物被动的进入新生态系统而造成外来物种入侵的情况。无意引进型包括以下几种情况。

1. 随流动人员引入

例如草本植物北美车前利用其形态学表面布细毛的特征,极易黏附在旅行者的服饰和随行物品表面,被不慎带入我国后导致入侵泛滥。

2. 国际贸易活动引入

地区之间的一些贸易交流,主要有农产品、牲畜肉制品和木材之类的贸易行为发生时,就容易夹带外来物种形成入侵。比如前文提到的松斑天牛,就是这种情况。

3. 通过交通工具引入

发达的交通运输方式也成为外来物种入侵的载体,川藏铁路(雅安—昌都段)沿线入侵植物以陆生草本的菊科、豆科、苋科和禾本科植物为主,这些植物具有超强的繁殖能力和适应性,比较容易占领空地和排挤本地植物种类而成为主要外来入侵类群。

4. 随洋流活动的海洋垃圾或者来往船只的压舱水引入

例如食肉性的红螺(rapana thomasiana),1947 年自日本海迁移到黑海,10 年后几乎将黑海塔乌塔海滩本地的牡蛎完全消灭。据统计,在近年来,我国外来入侵物种中,经过无意引入的物种数目和有意引入的外来物种数目正在逐步接近。

4.2.3.3 自然扩散型

通过自身的扩散或者借助于河流、风力等自然因素而传入生态环境之中,这样的传播方式被称为自然扩散型入侵。我国麝鼠成灾就是其中的典型。麝鼠原产于北美地区,19 世纪 20 年代从北美洲引入苏联,随后经人工放养的方式开始遍及苏联各地,再后来分别沿着西北以及东北的两端边境河流区域,自然扩散至我国境内。1953 年,首次被发现于新疆北部伊犁河,紧接着黑龙江也报道了发现麝鼠。1958 年已经发现全国范围内大约有 7000 只麝鼠的存在。再如,大连港曾经于 1958—1959 年捕捉屋顶鼠 4 只,经过专家确认该屋顶鼠是外来生物,经过苏联货轮携带进入,停靠于码头时进入我国境内,但是后来 20 年左右没有再发现屋顶鼠存在,直到 1985 年开始,从大连港连续 5 年监测到屋顶鼠的出现,推测是由购买自俄罗斯的废钢船在拆除时携带进入。

4.2.4　生物入侵的危害

4.2.4.1　造成巨大的经济损失

生物入侵倍受各国政府关注的首要原因是它造成的巨大经济损失。Pimentel 等撰文指出,仅美国每年因外来物种入侵造成的经济损失接近 1370 亿美元。光肩星天牛是原产于亚洲的极具破坏性的林木蛀干害虫。随着国际贸易的发展,该种害虫随木质包装材料进入美国。到 1998 年 8 月,它已在加利福尼亚、佛罗里达、纽约、华盛顿等 14 个州的仓库中被发现,在芝加哥、纽约等地的野外也发现了该物种。光肩星天牛在美国没有已知天敌,会对美国遍地种植的枫树和果树造成危害。如果它在美国得以长期繁衍,造成的经济损失将高达 1380 亿美元。

1988 年传入利比亚的螺旋锥蝇,其随身携带的潜在致死寄生菌几年时间就传播了 $1.0\times10^5 km^2$,直到 1999 年,该国耗费 4000 万美元才将其控制住,这种外来物种至今还威胁着北非 7000 多万头牲畜的生存,并且有可能传播到整个非洲、欧洲和亚洲的一些地区。1986 年,一艘海轮在底特律附近倾倒它的压仓水,由此将一种原产里海和黑海的斑贻贝传入北美内陆水域,它的大量繁殖造成了供水系统的堵塞,需要在后续的 10 年时间中花费近 50 亿美元进行治理。

据专家估计,我国每年由于部分外来有害生物和外来物种入侵造成的损失达 574 亿元人民币以上。

4.2.4.2　严重威胁人畜健康

一些外来病原生物的入侵直接危及人类的生命。疟疾和鼠疫是人类的大敌。1930 年,按蚊从非洲西部将疟疾传入巴西东北部地区,传入当年,在仅有 1.2 万人口的 $15.5 km^2$ 的地区内,就有 1000 余人感染疟疾。1942 ~ 1943 年,该病从苏丹传入埃及北部的尼罗河河谷地区,死亡人数超过 13 万。鼠疫在公元 6 世纪从非洲入侵中东,进而到达欧洲,造成约 1 亿人死亡,甚至导致了东罗马帝国的衰亡。

外来物种入侵间接危及人类生存的悲剧更是惨不忍睹,马铃薯原产地在南美,马铃薯晚疫病病原菌也发生在南美。马铃薯所具有的多种优势很快使之成为北美和西欧的主食,特别是爱尔兰,马铃薯引进后几乎成了唯一的粮食作物。1845 年,马铃薯出土后的不利气候正适合晚疫病菌繁殖,结果导致全面绝收。爱尔兰由于缺粮,饿死的人数有 150 万,成为人类近代史上外来物种入侵酿成的最大悲剧。

疯牛病于 1986 年在英国发现的时候,仅仅被当作是兽医学上又一个无关紧要的发现而已。但不到 2 年时间就引发了严重的疫情。到 2002 年 4 月,它已蔓延到荷兰、丹麦、德国、卢森堡、比利时、西班牙、爱尔兰、奥地利、葡萄牙、意大利、法国、芬兰、希腊、捷克、斯洛伐克、列支敦士登、瑞士、日本和阿曼等国，只能大量宰杀疫区内怀疑患病的牛来控制其进一步传染。可怕的是，疯牛病系人畜共同传染病，病况异常复杂，英国已经发现99人患有人类牛海绵状脑病，即“疯牛病”（又称克-雅病），而且这种病有可能成为今后持续几十年的流行病。可悲的是，现有医疗技术在患者生前无法确诊该病，只有患者死后用显微镜观察其脑组织切片才能找到死因。

4.2.4.3 改变生态系统的结构和功能

外来物种一旦入侵一个生态系统，首先引起生态系统组成和结构的变化，同时对生态系统的资源获取或利用产生影响，并使系统的干扰频度和强度发生改变，系统的营养结构也产生变化。原产于南美洲的薇甘菊在我国南方的蔓延造成严重危害，例如深圳内伶仃岛国家级自然保护区保护着20多群600多只国家级保护动物猕猴及供其食用和栖居的香蕉树、荔枝、龙眼、野山橘等植物，薇甘菊登陆该岛后，缠绕或覆盖于树上，使这些树木难以进行光合作用，在不到2年的时间内陆续死亡。目前，该岛40%～60%的面积被薇甘菊覆盖，已经改变了原有生态系统的物种组成和食物链，猕猴面临死亡的威胁。

20世纪70年代，一些喜欢饲养观赏水生生物的爱好者，在加勒比海度假时，发现了一种名叫杉叶蕨藻的植物，并把它带回家。这种有毒又贪食的植物后来流入海洋，在水深30～50 m的海底繁殖、定居，其紧密的根系网和叶子可以杀死海底所有的生命。只要有这种有毒绿色海藻的地方，就没有其他海洋植物和微生物的存在，鱼、海星和海蜇也随之消失。由于在新环境里没有原有的天敌制约，它还在迅速蔓延滋生，所到之处海洋生态系统的结构和功能都被彻底改变。

原产于地中海的植物柽柳（tamarix ramosissima）入侵美国西南部后，其深大的根系使地下水位降低，导致加利福尼亚地区一些谷地的荒漠绿洲变干，根除这种植物后，绿洲又恢复了往日的生机。南非冰草是一种能够积累盐的一年生植物，入侵加利福尼亚后，每年的枯落物使土壤表层的含盐量显著增高，抑制了本土植物的生长和萌发。原产于北大西洋的一种固氮灌木杨梅（myrica faya）入侵夏威夷后，从年龄不足15年的火山灰到郁闭的热带雨林都发现了它。在夏威夷国家火山公园，1977年其面积为0.4km^2，1985年增加到8.13km^2，到1992年猛增到22.91km^2，它在疏林地每年每公顷可增加18kg氮，亦可在火山灰上形成单优群落，这类固氮植物入侵后，对当地整个生态系统都有重要影响。

4.2.4.4 造成生物多样性的丧失

外来物种入侵对本土生物多样性具有毁灭性的影响，被认为是严重威胁生物多样性的魔鬼四重奏之一。在《生物多样性公约》的讨论中，外来物种入侵被认为是对生物多样性的第二大威胁，仅次于生境丧失。恩塞里克（Enserink）预言，生物入侵将很快会成为美国生物多样性的最大威胁，少数取得巨大成功的物种可能成为全球的优势种类；观赏种使目的地的生物多样性增加，但使全球生物多样性下降。夏威夷因远离大陆，在1500年前,其生物区系中的当地特有成分高得惊人,并且缺少陆生的爬行动物、两栖动物、哺乳动物和许多重要的无脊椎动物。现在,外来物种成为威胁当地特有的10000种生物的头号大敌,猪、山羊和鹿的到来,毁坏了植被,加剧了土壤侵蚀,便利了外来杂草和昆虫的扩散。夏威夷的面积仅为美国国土面积的0.2%,却成为美国38%的受威胁和濒危的植物及41%的濒危鸟类的避难所。这些受威胁和濒危的物种中95%是由外来物种造成的。从全球尺度上看,外来入侵物种为主要原因而造成物种灭绝的比例是:鱼类占25%、爬行类占42%、鸟类占22%、哺乳类占20%。

4.2.5 发展面临的问题

4.2.5.1 全球气候变暖

生物入侵受到了全球变化的影响,全球变化尤其是气候变化引起的温度、降水等因素的变化能够改变入侵物种自身的生长、发育、繁殖等特性,增加生态系统的可入侵性,从而影响入侵物种的地理分布和危害程度。我国幅员辽阔,跨越50个纬度,包含5个气候带,多样化的气候和地理条件有利于外来生物入侵。气候变暖将使许多昆虫第一次飞行时间提前,飞行能力提高,扩散加剧。由于生物入侵和全球气候变化都存在时间和空间异质性,全球气候变化对生物入侵的影响势必会存在空间异质性。两者之间时空发展趋势相同,这势必会促进生物入侵,增加生物入侵的发生与危害。

4.2.5.2 全球贸易自由化

从国家层面而言,中国已成为全球最大的贸易国,进口贸易已经从调剂余缺上升为战略型进口,由此必然带来国门生物安全的“新常态”。我国人均耕地面积低于世界平均水平,三大主粮(水稻、小麦和玉米)的供给率在95%左右,进口规模在5%左右。以草地贪夜蛾为例,其卵块常藏于作物叶片背面,幼虫常钻入植物茎内,很难被识别发现,故该虫可伴随着粮食作物的进口而乘虚而入。从个人消费而言,随着跨境电商行业的迅猛发展,人们的消费愿望和消费能力显著提升,通过邮包、集装箱、飞机、铁路、轮船等交通工具,使外来入侵物种实现了全球范围的广泛传播,给生物入侵带来了新挑战。

4.3 我国生物入侵的现状分析

4.3.1 我国生物入侵的现状

我国对生物入侵情况展开有意识的调查和系统性的数据收集工作,起始于20世纪90年代中期。2003年,我国建立正式的外来入侵物种名单发布制度,旨在针对在我国危害比较大的入侵物种展开调查和及时公布名单,并提出对外来物种的防范预警。

2003—2017年,我国政府先后公布了四批入侵生物名单。2003年发布了第一批包括空心莲子草等16种入侵生物名单,2010年发布了第二批包括加拿大一枝黄花等19种入侵生物名单,2014年发布了第三批包括反枝苋等18种入侵生物名单,2016年发布了第四批包括野燕麦等18种入侵生物名单。截至2020年,当前在我国境内能够确定并且已经存在的外来入侵物种种类已经高达660种,在这些外来入侵物种中,已经产生了比较严重的影响的就有一百余种,其中凤眼莲、福寿螺、紫茎泽兰、空心莲子草以及飞机草等是目前文献报道和记载比较常见的。

从全球数据库来看,当前国际自然保护联盟数据库中更新报道的全球100种威胁最大的外来物种中,已经有50余种入侵中国的物种榜上有名,无论是从种类还是影响深度来看,我国目前都是受到外来物种入侵负面影响最重要的国家之一,其中所占比例最大的就是无意引进过程中,随寄主植物入侵我国的外来物种。

4.3.1.1 我国生物入侵物种的空间分布

我国生物入侵物种分布广泛,从空间分布来看,除了青藏高原等人口密度低的偏远保护区以外,在全国几乎所有的区域生态系统都发现了外来物种入侵的痕迹,并且无论是森林还是湿地,农田还是城市,都或大或小的因为外来入侵物种而受到了一定的影响。

入侵植物和入侵动物在我国境内空间分布存在很大的差异,从纬度梯度来看,入侵物种主要集中在南方地区,在北方地区相对较少。而要是从经度来看就会发现,外来入侵物种主要集中在东部区域,而西部区域就相对分布较少。我国目前所存在的外来物种入侵无论是从数量,还是种类上都呈现着南到北逐渐减少的规律,并且在南方及东部沿海地区呈现聚集。外来入侵动物和植物都可以找到相似的分布规律。我国因各地的地理和气候条件差异,导致各区域的外来入侵物种种类和数量分布变化较大。在不同气候带,当地的年平均温度以及年均降水量都为物种生存提供了各自适合生存的物质基础,随着纬度的增高,低纬度地区较高纬度地区显然无论是从温度还是降水量来说,都更适合外来物种迅速适应当地环境并且成功入侵,也符合了我国外来物种分布的纬度差异,这样的解释与现实中的统计数据也是一致的。

总的来看,我国生物入侵的空间分布范围涵盖全国各地,重点区域在华南、华东和华中地区。生物入侵造成的危害度分布由低海拔、低纬度地区向高海拔和高纬度地区递减。

4.3.1.2 我国生物入侵物种的类型分布

1. 入侵植物分布

到2015年底,我国有400多个国家自然保护区,但仅有53个开展了外来物种的调查。数据显示,176种外来入侵物种分布在53个自然保护区内,其中受入侵物种危害影响较重的有30个。植物入侵物种凤眼莲、大米草、福寿螺和薇甘菊等,主要分布在华南、华东和华中地区,空心莲子草紫茎泽兰、飞机草等大多分布在西南地区,白蛾主要分布在东北和华北地区。

2. 入侵动物分布

目前我国开展入侵动物调查的仅有24个国家级自然保护区,发现外来入侵动物已有25种,包括兽类动物4种、爬行类动物2种、鱼类动物3种、昆虫类动物11种、无脊椎动物5种,环境部外来入侵物种名单上的动物有9种。

总之,外来入侵物种分布格局的差异,并不仅仅是由空间分布和气候因素决定的,不同的生态环境和人类活动都会对其造成一定的影响。外来入侵物种在我国的快速传播和广泛分布,无疑会给我国带来生态和社会经济等一系列的问题。

4.3.2 生物入侵对我国的影响

4.3.2.1 生物入侵产生的生态安全问题

生态安全是人类面临的头号问题。所谓生态安全,有广义和狭义之说,广义的生态安全是指人的生活、安全、健康等生活保障资源、社会环境和人类适应环境变化的能力不受威胁,包括自然环境、经济、政治和社会的生态安全。狭义的生态安全就是指的自然生态环境的安全。本文主要在自然生态环境的层面上探讨外来物种入侵的生态安全问题。目前,已知的外来物种入侵对我国生态安全的威胁,可以总结为长期、持久、难以控制或者消除这几方面的特征,并且伴随着多方面的负面效应。我国的外来入侵物种造成了生物多样性的严重破坏。生物多样性(biodiversity)是生态安全的重要保障,一般由生物遗传多样性、物种多样性和生态系统多样性构成,因此,外来物种入侵对我国的生物多样性的破坏,主要表现在如下三个方面。

1. 生物入侵对我国的生物遗传多样性的破坏

外来入侵物种一方面破坏了本土物种遗传基因库的纯度,与本土物种一旦杂交,极易造成生物群落遗传基因库的污染。加上外来物种原有天敌的缺失,加快了其繁殖速度,压制了本土物种的生长,甚至造成本土物种走向濒危物种,导致遗传多样性的丧失。如加拿大的一枝黄花,以及从美国引进的红鲍和绿鲍,与我国本土物种杂交,从而造成本土的生物遗传污染。

2. 外来物种入侵对我国物种多样性的破坏

例如,原产于中美洲的飞机草与紫茎泽兰,自从入侵我国云南南部后,目前已经蔓延到云南周边省份。结果造成在其入侵地区疯长成优势植物,本土植物被压制,其他物种逐渐消失。再如,原产于北美的豚草已入侵我国的15个省、市,禾本科、菊科等一年生草本植物在它的压制下不易生长,本土昆虫的种类也出现明显减少现象。还有入侵福建等地沿海滩涂的大米草,造成当地大量红树林消失,使原有的200多种生物减少到20多种。

3. 外来物种入侵对我国生态系统多样性的破坏

外来物种的入侵并不仅仅停留于与当地物种竞争食物以及影响本地物种生存的方面,还可能破坏原有土地土壤结构,改变生态栖息地而造成环境破坏,外来入侵物种对生态平衡也造成了一定程度的破坏。比如在19世纪入侵我国南部地区的薇甘菊,不但所到之处"所向披靡",排挤本地物种导致其灭绝,生物多样性降低,更造成了多地生态系统逆向演替,致使森林退化成灌木乃至草地,堪称"生态杀手"。

4.3.2.2 生物入侵产生的社会问题

根据我国环保部门的最新统计,我国由于外来物种入侵造成的经济损失数字都超过了500亿元。例如,薇甘菊多年生草质藤本植物,有攀援习性,自2003年在海口首次发现,截至2019年在海口绝大多数乡镇均有分布,不仅路边常见,在一些植物种类比较简单的灌丛或疏林也成片分布,甚至覆盖灌丛林或疏林林冠,已对公路周边的绿化灌丛和种植园农作物造成严重危害。而治理和恢复外来物种入侵造成的各方面损失数字更是惊人,比如每年清理凤眼莲都需要花费数亿元。由于外来物种入侵造成的水质、土壤和气候改变,导致当地农业、畜牧业的损失更是无法估量。

另外,生物入侵对于人类健康问题的威胁始终是生态学界和医学界关注的重点,很多外来入侵物种本身会作为病原体和过敏原。比如外来物种豚草,其花粉就是容易引起成人和儿童呼吸道严重过敏反应的过敏原之一,我国就曾经大范围流行过因为豚草花粉造成的花粉症这一疾病。除了呼吸道的异常变态反应以外,豚草花粉还可能造成过敏性结膜炎、哮喘等疾病,病发严重时,甚至会产生呼吸道水肿、窒息休克乃至死亡,损害我国居民的健康并带来各种安全隐患。

除了本身作为病原体,外来物种还可以作为很多微生物致病菌及寄生虫的宿主,通过间接方式传染给牲畜和人类,同样为我国居民的食品卫生和安全健康带来了隐患。最典型的例子就是我国18世纪在广东和福建地区引进的南美福寿螺。福寿螺在当地迅速入侵蔓延以后,不但对本地生态环境和物种多样性造成了破坏,其本身还能作为中间宿主,传播多种人畜共患的寄生虫病。动物食用以后未经煮熟再被人类食用,或者人类直接食用未经完全处理的福寿螺,有相当大的概率会被感染广州管原线虫的虫卵,虫卵进入人体可以随着血液流动扩散全身,并且孵化出幼虫,在人体器官和组织中不断生长,啃食人体组织并且吸收营养,我国就曾经暴发过由于寄生虫进入血脑屏障而引发的脑膜炎,严重威胁患者生命。

4.3.3 我国生物入侵问题的成因

我国生物入侵问题的原因是多方面的,既有我们对外来物种认识层面的因素,也有诸多深刻的社会原因。因此,客观、全面而深刻地反思其中的原因,对于我们有效防范生物入侵,降低已有外来物种造成的不利影响具有重要意义。

4.3.3.1 认识根源

生物入侵,表面上是自然界的问题,实质上是人类社会的问题,是人自身在认识和改造自然过程中科学认识不足,缺乏辩证的生态自然观、合理的环境价值观、尊重自然的环境伦理观和理性的科技观等因素导致的。

1. 极端人类中心主义价值观

随着20世纪五六十年代生态环境问题的不断加剧,以蕾切尔·卡逊为代表的生态哲学先驱开始深刻反思生态危机,人类中心主义被视为生态危机的根源。1967年,美国学者怀特发表的《我们的生态危机的历史根源》一文,认定基督教思想中宣传的人类中心主义无疑是生态危机的罪魁祸首。人类中心主义成为国内外反思生态危机绕不开的一个时代哲学问题。探讨当今生物入侵成因问题,生态哲学对于人类中心主义价值观的反思,同样值得我们借鉴。随着科学技术的发展和经济全球一体化程度的加深,越来越多的人正在以消耗更多由自然界所提供的物品和服务,来维持自身的生存与发展利益。其中有意或无意引进外来物种导致的物种入侵,便是这种价值观的表现,他们的行为正在威胁着自然界的可持续发展。现代社会的生产全球化、信息全球化和经济全球化纵然是时代进步的象征,但是其附带的另外一个负面影响就是,原本两个距离比较遥远的区域中的生物物种,通过各种贸易或其他经济行为,使原本不可能发生的物种运输和交换成为可能。也就是说,当非本区域的或非土著的外来生物,通过一些人为的活动被直接或者间接携带进入另外一个全新的区域,并侵入到新的生态系统中时,这些外来物种便在当地扎根,并迅速繁殖下来,形成了生存优势的外来入侵物种。越来越多的证据显示,目前外来入侵物种的数量和种类都呈现着一种指数式增长的现象,并且随机产生的负面效应越来越明显。生物入侵问题,本质上是如何处理人与自然的关系问题。由于极端的人类中心主义占据了长期的主导地位,人们在经济和交往活动中对自然缺乏尊重,人们利益短视遮蔽了物种在生态系统中的生态位作用,忽视了物种与整个自然界利益的有机联系。膨胀了的极端人类中心主义驱使人们随意引入或无意搬迁物种,破坏了物种与物种、物种与生态系统、人与物种之间的和合共生关系。最终的结果必然是外来物种的入侵导致负面性问题不断发生。

2. 征服自然的环境伦理观

人们对待外来物种的态度与行为,本质上也是一种环境伦理观的反映。长期以来,我们大多数人习惯于把伦理道德置于人的范围内,把自然拒之于道德的关怀之外。生物入侵之所以成为问题,从环境伦理的维度看,实际上就是由人们征服自然的环境伦理观导致的。①环境伦理观的内涵。所谓环境伦理观,是指人对人与自然关系持有的伦理信念、道德态度和行为规范的伦理道德观念体系。一般来说,有什么样的价值观就有什么样的伦理观。因此，环境伦理观同样是环境价值观指引下形成的人对待自然的伦理信念、伦理态度与道德行为。②征服自然的环境伦理观。一般认为，把自然视为被动的客体，仅仅是人类主体改造和征服的对象，自然只为人的利益和需要服务，人对自然无须敬畏和尊重，更无所谓道德。凡是人们基于极端人类中心主义价值观而持有这样的对待自然的信念、态度与行为的观点，都称之为征服自然的环境伦理观。③人为的生物入侵是征服自然环境伦理观的表现。在各种盲目引进外来入侵物种的过程中，征服自然环境伦理观在大部分的案例中占据了主要的深层次原因。征服自然环境伦理观的认知中，把人类作为一切的中心，并且认为人类才应该是生态系统和生物圈的道德主体，人类的地位高于生物圈中其他的物种，其内在价值也远远比其他物种和生物圈本身更加优越，人类是唯一具有道德和理性内在价值的主体。只有人类才具有伦理道德地位，而其他周围的存在物质、动物和生态系统都仅仅只有成为人类的工具价值，物种是在人类世界的伦理观和道德范畴之外的，因此自然物不值得尊重，更不存在关心和保护的问题，保护物种多样性的依据只能是人类的利益。征服自然的环境伦理观的弊端就在于其将人与自然置于主客对立关系之中，一切以人类为中心。正是这样的环境伦理观，导致人们的活动都建立在掠夺自然资源，开发和改造大自然的基础上，自然也就忽视了外来物种入侵的潜在威胁，甚至低估了外来物种入侵的危害，从而酿成生态灾难。

3. 盲目乐观主义的科技观

科学技术研究的不断深入和科技水平的发达，决定了人类利用科技来改造世界的手段越来越高明，也越来越能够利用最合理的成本去创造最大价值。以至于认为，科技能解决人类遭遇的一切问题，这是典型的盲目乐观的科技万能论。盲目乐观的科技万能论在面向自然时，认为当今人类面临的生态环境问题是发展中无法避免的，甚至认为以牺牲环境为代价是发展的必然选择。随着技术的进步，一切环境问题都能迎刃而解。很显然，科技万能论存在着明显的局限性，违背了自然辩证法，夸大了科技的力量，只看到了科技积极的一面，忽视了其双刃剑的另一面。外来物种的入侵，其中一部分原因就是有这种盲目乐观的科技观决定的。比如很多人对引进外来物种抱着过于自信的看法，认为引进的物种在技术的控制下，就一定能够超越当地土著物种，造成盲目引种，却没有意识到外来物种入侵反而会对入侵地的生态系统造成不可逆的毁坏以及经济损失。再比如，一些区域在引进外来物种之前，过于盲目相信科技专家，在引进外来物种之前缺少相应的对引进物种的潜在性危害评估，尤其是忽视了这些引进物种对本地生态系统即将产生的一系列连锁反应。在引种之后，过于信任控制和支配外来物种的科技手段，缺少相应的引种后实时监测和后续跟踪调查，就非常容易造成生物入侵。从这方面可以看出，即使是先进的科技也存在一定的局限性，滥用科技引进外来物种，很容易会因为某些局限性和认识上存在忽视的地方而造成生物入侵，产生极其严峻的环境问题。

4.3.3.2　社会根源

1. 生态安全教育缺失

我国人口基数大，地广物博，在文化水平和综合教育方面最显著的不足就是各地教育水平良莠不齐，区域发展不平衡，并且在生态安全和环保教育方面相比较于国际社会发展水平都处于比较滞后的阶段。生态安全教育缺失，成为生物入侵的一个重要的社会原因。在生态安全教育方面，基础类的生态专业知识只有到了大学才会接触，在初、高中的教材内有所涉及的部分非常少，虽然我国很多综合性大学都设立了关于环境保护和生态学的专业课，但是在课程设置和课程结构上仍有许多欠缺之处，缺乏具有针对性的成熟的系统化教学，并且教材选择上也多以陈旧的、无法和国际社会接轨的内容为主。并且生态学课程在大部分大学专业中这部分内容多以选修课形式为主，并且考察形式也并不严格，这就造成了除了某些生态专业的学生以外，我国大部分教育程度由高到低的跨度范围内的群众对于生态安全以及外来物种入侵的相关知识了解甚少，据统计在我国综合性大学以及各专业学院每年环境类学生招收人数大约只占总人数的 0.5% 。人民群众生态安全知识匮乏，缺乏必要的生态系统整体性意识以及正确的自然观和生态伦理观。进入社会的各职能单位工作之后，接受生态安全的教育更加不足，社会生态安全教育甚至缺位。社会主流媒体在生态科学和生态安全的教育上缺乏系统性和可持续性。由此看来，由于缺乏生态安全意识，人们对外来物种有可能导致对生态的危害性认识不足，甚至完全忽视。进而为了短期利益而盲目引进外来生物，最终造成外来物种入侵的恶果，对我国生态安全和可持续发展造成不利的影响。

2. 资本逐利的疯狂性

资本的本性是追求利润的最大化。在广大贸易和经营者看来，只要引进外来物种能够带来高额利润，就可以为此而冒险。正如马克思在《资本论》中早就指出的那样，“一旦有适当的利润，资本就胆大起来。如果有 10% 的利润，它就保证被到处使用；有 20% 的利润，它就活跃起来；有 50% 的利润，它就铤而走险；为了 100% 的利润，它就敢践踏一切人间法律；有 300% 的利润，它就敢犯任何罪行，甚至冒绞首的危险。”疯狂追逐利润，成为助长盲目引进和人为引进的重要原因之一。大量的案例表明，原本生长在另一个生态系统之中的外来物种通过人为引种进入到我国生态环境中，会发生生物入侵现象，而这些人为引进外来物种的目的通常都是出于资本追求利润最大化的要求，片面注重经济发展反而忽视了对引进地生态系统可能造成的负面影响。比如，我国曾经出于发展水产养殖这一经济目的将福寿螺引种至广东、福建和台湾地区，但是福寿螺在带来了短暂的经济效益的同时，也因为其迅速生长和大量占据本地物种生存空间、争夺生存资源，很快成为当地一害，尤其是当福寿螺销路开始减少而被大量弃种之后，更是在野外开始蔓延，引发了长达数年的“螺灾”，不仅对当地生态系统造成了严重危害，更由于福寿螺可能携带的寄生虫等传染性微生物病原菌，也同样对居民健康造成了威胁，不但无法带来更多经济收益，反而因为治理难度和后续环境恢复所需要的持续经费投入所费不赀，对当地经济发展和生态建设都留下了后遗症[4]。由此可见，单纯追求经济利益而忽视生态环境效益，反而会得不偿失。

3. **科技的误用和滥用**

在当今社会科学技术水平持续发展的同时，人们也越来越善于利用科学技术来认识和改造世界，但任何运用科学理性去处理问题都会有一部分的局限性，科学技术的滥用和误用则往往忽视了科技本身作用的有限性，这是导致生入侵这一问题的直接因素。在改造和认识自然的过程中，人们往往以科学技术为第一指导，通过结合某些科学研究的结果，了解外来物种的有益之处，进而产生了引进外来物种来改造环境和促进经济发展，甚至是将之作为解决某种环境问题的方法。

利用科学手段来解决问题的出发点是好的，但是科学认知也是在探索中不断发展，现阶段所得到的结论未必能够完全运用到实际情况之中，过于依赖科学技术，未曾意识到科技的局限之处，没有结合理性思维和哲学思想去考虑问题，也就有可能导致无法实现预期目标或者带来一些未曾预料到的负面效应。例如 1974 年我国福建省曾经试图引进一些能够保护滩涂环境以及促淤造陆的植物，利用自然界本身存在的物种来改造自然界，因此采用科学的视角在分析了需要改造的环境特点结合多种外来植物的种植、生活特性以后选择了原产于北美大西洋沿岸的互花米草，虽然互花米草对土壤基质要求不高，能够适应生长于各种恶劣环境，能够很好地达到改造沿海滩涂土壤环境的目的，但是互花米草成为外来入侵物种之后的后果却是当时未曾预料到的。互花米草繁殖能力极强，进入新环境后的种群扩散和拓殖尤其迅速，光合作用效率高，能够最大限度地利用能量与资源，并且在我国几乎没有天敌存在，因此互花米草成为一种害草并且被列入了世界最危险的一百种外来入侵植物名单。其危害不仅仅表现在排挤本地物种，造成我国大规模的珍稀红树林消失，还会破坏近海生态系统中的物种栖息环境，对滩涂物种养殖业造成打击。并且互花米草的生长密度极高，堵塞了航道通行，更影响了水体流动，在当年导致了大量赤潮的发生。这就表明，虽然在科技进步的指导下，适当的合理引进外来物种能够受益，但是滥用和误用科学技术的情况下引入外来物种，往往会造成无法掌控的后果。科学理性的有效性是有限的。在我们的主观认识和客观的现实对象中都存在着或大或小的差异，尽管世界是趋向或者说可能是不断接近客观世界的，但是，科学认知和探索的世界在本质上还是与客观现实有一定的差距。在生态学的角度来认识世界，各种无序的，多样性和不稳定不平衡的关系都是正常的生态系统和环境在演化过程中所表现出来的本质特征，因此，如果单纯地遵循某些线性的公式化的计算结果来运用到生态领域，那么产生的后果也可以是多种多样、无法被预测到的。虽然我们曾经在科学知识的指导下以及科学技术的运用中取得了相当大的进步，但是在利用科技来解决问题时，还是应该带着辩证而客观的态度来看待，过于迷信和依赖科学，根据以往的成功经验而信任科学，是无法认识到即使是科学理性也是具有一定局限性的，不管是科学认知还是价值判断都会存在一定盲区，这也是外来物种入侵的深层次原因之一。

4. 监督管理问题

我国在应对和防范生物入侵这一方面所做的举措虽然比较多，但是从管理和机构设置这一方面来说，仍然还存在很多不足。相比于国外，我国至今还没有专门设立针对生物入侵的专门政府机构以及相关的科研部门。虽然在我国一些分散的职能部门（比如生态环境部、农业农村部、国家市场监督管理总局）中具有一定的职责和规章制度来针对外来物种入侵采取措施，但是各个部门职责有限，部门与部门之间无法做到信息统一，配合度有限，也无法统筹管理。无论是在指挥上还是在通力协作方面，都存在一定程度的脱节，并且在外来物种进入我国乃至开始发现生物入侵的整个过程，都缺少相关和及时的监督，以及快速反应机制。由于管理和防范不到位，很多种类的外来入侵物种原本可以拒之门外，防患于未然，却在各种漏洞和疏漏之下进入我国生态环境。而且对此并未及时采取措施，直到大面积泛滥时才被发现。在管理制度层面上来看，我国也缺少专门针对外来物种的引进方面和生物入侵相关的惩处机制，管理制度还不够完善。针对生物入侵的防治手段只停留在最浅层的关于某些特定病虫害的检疫方面，既不够深入覆盖也不够广泛，缺乏成熟的应对手段和程序。关于可能造成入侵的外来物种的风险评估手段，引进后的长时间跟踪监测和发生问题以后的及时反应以及综合治理方式都未见涉及。这无疑是导致我国生物入侵问题日益严峻化的原因之一。

4.4 生物入侵相关生物安全应对策略

4.4.1 预防措施

早预警、早拦截、早监测和快速检测是根除和隔离生物入侵最为有效的手段。

4.4.1.1 实行全面检疫，阻止外来物种的偶然入侵

检疫（quarantine，拉丁语意为40天）是为防止危险性有害生物传出或传入某个国家或地区所采取的预防性措施。14世纪中叶，欧洲的威尼斯共和国为阻止黑死病、霍乱、黄热病等疫病传入该国，对要求入境的外来船舶和人员采取进港前一律在锚地停滞、隔离40天的防范措施，后来逐渐运用到阻止动植物外来物种传播方面，出现了动植物检疫。1994年，乌拉圭回合贸易谈判最终达成的《实施动植物卫生检疫措施协议》，已成为一部国际检疫法。1999年，在昆明举办世界园艺博览会期间，我国共检疫国内外参展植物

763 批次、683140 株，草坪 165279m^2，肥料 8100kg，木包装 7 件。截获有害生物 162 批次，发现有害生物 160 多种，并进行了及时的处置。

目前，大多数国家实行针对性检疫，是根据风险分析列出危险性有害生物的“黑名单”。然而，许多外来生物在当地是有益的，但传入新环境后却能导致巨大危害，所以针对性检疫存在弊端。日本 1997 年已率先修订了《植物防疫法》，改“黑名单”为“白名单”，列出了没有危险性的生物名录。在没有证据说明入境的外来生物无害之前，均应视其为有害生物，禁止或限制其入境。

4.4.1.2 采取全面的生态评估和监测，防范引进品种的入侵

人类曾进行过大量的动植物引种驯化并从中大受裨益。人类粮食多来源于引种作物，即小麦、玉米、水稻、马铃薯、大麦、木薯、大豆、甘蔗和燕麦。全球工业用材林的 85% 源于 3 个属的植物，即桉属、松属和柚木属。外来物种在经济发展中起到了非常重要的作用。

但是，也有例外的情况，即好的初衷导致坏的结果。例如，山羊、猪、狗和猫引到一些大西洋岛屿，对当地的植被和生物区系造成毁灭性的破坏。夏威夷人为了消灭害虫，从非洲南部引进了一种玫瑰色蜗牛，谁知 55 年后，它恰巧将一种土生土长的蜗牛伙伴消灭得干干净净。为了改善牧草的营养结构，美国西部引进了纤维含量较高的胡枝子，结果它疯狂地繁殖、蔓延，致使原本能养活 9 万头奶牛的牧场寸草不生，最后被荒弃不用。在我国海南、广西和云南南部大面积种植的巴西橡胶林，种植面积最大时达到 1 亿株，40 多万公顷，导致大面积的天然林被毁，代之以巴西橡胶占绝对优势、土壤板结、物种多样性匮乏的生态系统。

可怕的是，我国有些部门还在通过项目资助的形式，鼓励从国外引进新品种。有学者在 2019 年 10 月应用中国科学院文献情报中心和国家图书馆的最新检索手段，用“引种”为关键词检索到 33321 篇论文，涉及的引进外来物种几乎包括了各种类群，这些研究侧重于引种后的生长表现、经济效益和引种增效的生态条件，却普遍没有进行引种生物的安全评估，并且针对引种后对生态系统和本地物种产生负面影响的相关研究也少见报道。

这些出于良好愿望而导致的灾难性后果提示人们，在进行人为引种前必须认真做好全面的生态评估，并进行引种后的跟踪监测。

4.4.2 发生后的处置

根除和控制已入侵的外来物种的方法主要有机械法：适用于种群数量小的入侵物种，包括拔除、砍倒、火烧、水淹、光照和遮阴等；化学法：使用杀虫剂和除草剂，它们的专一性很重要；生物防治法：利用入侵物种的天敌控制其种群密度和扩展速度。

一旦外来物种入侵后,根除和控制其发展就会非常困难。根除外来物种尽管要在短期内大量投资,但若能在几个月或几年内获得成功,无疑对本土生物多样性和生态系统的恢复提供了最佳机会,因而根除外来物种受到了大力提倡和鼓励。要成功地根除外来入侵物种,必须有以下保障:足够的资金;允许个人或团体采取必要的根除行动;入侵物种的生物学特性适合于所用的根除手段;能够阻止入侵物种再入侵;入侵物种在相对低的密度下仍易于发现;根除掉关键外来物种后,要对群落或生态系统进行恢复或管理。但是,由于生态系统受多个入侵物种的影响,或者受入侵物种和其他全球变化的影响,或者入侵物种可能已占据了很长的时间。根除这样的入侵物种可能导致以下后果:毒物在食物链中传递;难以阻止再入侵使根除失败;入侵物种已改变了生境,即使被根除掉,也难以恢复本地物种;其他外来物种增加。实际上,入侵物种在被入侵的生态系统中已经发挥着它们的生态功能,根除它们当然会带来次生效应。所以,在采取措施前,应对入侵物种进行根除预评估,分析外来物种与本地物种以及外来物种间的营养关系,了解入侵物种在系统中的潜在作用。同时,还应进行根除后的跟踪监测。

在许多情况下,控制入侵物种的扩展速度比根除它更加现实和合算。理论上,生物防治是控制外来物种入侵的最佳方法。这种方法比杀虫剂和除草剂对外来物种有更强的专一性,而且一旦天敌发挥作用,就可以良性发展。美国俄亥俄州立大学的皮特·麦克艾汝瑞发现,到 1997 年的近 10 年内,该州释放防治外来杂草的天敌种类翻了一番,达到 70 种,世界各地的趋势与之相似。保障生物防治成功的关键是防除对象与天敌间的专一性。最容易防治的是那些在入侵地没有近缘种的外来物种,最理想的天敌应该只取食一种生物。全球不到 400 种无脊椎动物和真菌被用于控制杂草,而控制外来昆虫所选用的生物种类高达 5000 种。但是,在筛选天敌和对其进行危害评估时要特别慎重。即便外来的生防天敌在其最初的释放地没有不良后果,它们的扩散也会产生十分严重的后果。例如,为了控制非洲蜗牛,一种捕食性蜗牛被引人许多太平洋岛屿,结果造成了本地蜗牛的生存受到严重威胁。1957 年,在加勒比海的 Nevis 岛引进仙人掌蛾,防治刺梨的入侵,结果这种蛾扩散到一个个岛屿上,威胁到佛罗里达南部的稀有本土仙人掌。在美国,于 2000 年 7 月启动的植物保护行动制定了法规,要求害虫防治专家在使用害虫天敌前,应向美国农业部动植物检疫局提交全面的环境评估报告,新法规引起了每个人的重视和警觉。我国也应该对引进生防天敌的潜在危害进行认真的研究和评估,并制订有关的实施细则,使生物防治事业更加科学化和规范化。

4.4.3 生物安全证据与司法鉴定

DNA 条形码技术的产生、准确的物种鉴定是所有生物学研究的基础。尽管自林奈建立双命名法以来,已命名了 170 多万个物种,但目前估计全球物种总量为上千万种甚至更多。这样一个庞大的物种数量,对其进行鉴定和修订工作,对于传统分类学家是一个异常艰巨的任务。而且传统的形态学鉴定方法存在4个明显的局限:①被用作鉴定的特征如果存在表型可塑性和遗传可变性将会导致不正确的鉴定结果;②形态学鉴定方法忽略了许多类群中普遍存在的隐存分类单元;③因为形态检索表通常仅对某个特定的发育阶段或者是性别有效,致使许多个体无法得以鉴定;④尽管现代交互式鉴定系统是一个很大的进步,但是检索表的使用要求具备高度的专业知识,否则很容易造成错误鉴定。形态学鉴定的局限性以及缩减的传统分类学家队伍使得分类学的发展面临巨大的挑战。近20年来,分子生物学的飞速发展为包括分类学在内的许多学科提供了新的发展机遇,研究者们开始尝试利用DNA所携带的遗传信息进行生物分类研究。陶茨(Tautz)等于2002年首先提出了DNA分类的概念,即以DNA序列为基础建立物种鉴定体系。随后在2003年,加拿大学者Hebert等提出建立以线粒体细胞色素氧化酶亚基I(COI)基因5端648bp的序列多样性为基础的条形码鉴定系统,用COI基因的这段序列对全球所有动物进行编码,即DNA条形码(DNA barcoding)技术应运而生。

DNA条形码技术的原理类似于零售业中的条形码技术,每个物种都有独一无二的DNA条形码,在这段序列上每个位点都有A、T、C、G四个碱基选择。从理论上讲,15个碱基位点就有415种编码方式,这个数目是现存物种的100倍。然而实际情况远比这复杂得多,比如有些位点的碱基是受选择压力保持不变的,这些可以通过只考虑蛋白质编码基因来解决。在蛋白质编码基因中的第3位密码子碱基是可以自由变换的,因此只需一段45个碱基长度的序列便可编码近10亿的物种,何况分子生物学的发展使得获得一段几百个碱基的序列非常容易,所以理论上DNA条形码这段648bp的序列完全可以鉴定所有物种。能够作为DNA条形码的基因区域须具备以下几个特征:既要在生物体间有一定的同源性又要有一定的进化速率保证能区分近缘种,还要有足够的保守区域设计一组PCR引物实现目标区域的扩增。DNA条形码这种以序列为基础的鉴定方法有一个非常重要的优点,就是DNA序列的数字属性可以使研究者更加客观地获取和理解这些数据,而不像形态鉴定时会因鉴定者对不同特征的理解不同出现截然不同的鉴定结果。其次,DNA条形码不受生物体发育阶段和鉴定目标状态的影响,即从生物体卵、幼年期、成年期、甚至尸体碎片中均可取得DNA条形码,并且得出相同的鉴定结果,而传统的形态鉴定检索表(至少对于完全变态的昆虫)通常是以成虫的特征为基础,致使其他虫态的鉴定很难实现。再次,DNA条形码不受雌雄二型现象等形态上的假象影响,从基因水平上提供一种分类证据,詹曾(Janzen)等用条形码对关纳卡斯帝保护区的鳞翅目进行多样性调查发现,塞维颂弄蝶的两个性别在之前被记录为两个完全不同的种,直到条形码研究结果中雌性和雄性具有相同的COI序列,揭示出这是一个具有明显雌雄二型现象的种。此外,DNA条形码还有一个优点就是可以实现对证据标本鉴定结果的验证。每项DNA条形码记录都被鉴定者授权包含了证据标本的信息(种名、采集地、采集日期、馆藏地、标本照等)、条形码序列和所用引物这些数据,这就使验证公布出的鉴定结果和 DNA 条形码序列是否正确成为可能。2004 年美国国立生物技术信息中心(National Center for Biotechnology Information, NCBI)与生命条形码联盟(Consortium for the Barcodeof life, CBOL)建立合作关系,将标准的条形码序列和相关信息都存档在基因银行(GenBank)中,推动了 DNA 条形码的标准化应用,也为这些验证提供了保证。

4.4.4 立法与法律保障现状

从 20 世纪末开始,我国开始出台一系列与生物入侵防范有关的政策性文件。在五年规划纲要以及生态环境保护规划中,生物入侵防范的主题多次被提及,其中涉及生物入侵的风险评估、普查制度、名录制度、宣传教育、国际合作等内容。在这些政策的基础上,我国制定了一些与生物入侵防范相关的立法,并基于此形成了一些法律制度,在生物入侵管理实践中发挥了重要的作用,但其中存在的问题也不容忽视。

4.4.4.1 法律渊源与主要制度

我国目前并未形成关于生物入侵的法律体系,现有涉及生物入侵管理的法律主要包括:《野生动物保护法》《环境保护法》《进出境动植物检疫法》《动物防疫法》《海洋环境保护法》《草原法》《农业法》《种子法》《渔业法》《畜牧法》等。在立法目的层面,这些法律并非以防治生物入侵为目标,而只是作为国务院有关部门对外来物种实行监督、控制和管理的法律依据之一。在行政法规层面,现有的与外来物种入侵监管相关的行政法规包括:《进出境动植物检疫法实施条例》《森林病虫害防治条例》《植物检疫条例》《野生植物保护条例》《陆生野生动物保护实施条例》《农业转基因生物安全管理条例》《货物进出口管理条例》《濒危野生动植物进出口管理条例》等。这部分行政法规主要是通过检疫检验制度来对外来物种进行监管。在部门规章和规范性文件层面,涉及生物入侵防范的重要规章及规范性文件包括:《水产苗种管理办法》《引进陆生野生动物外来物种种类及数量审批管理办法》《湿地保护管理规定》《国家湿地公园管理办法》《关于加快推进水产养殖业绿色发展的若干意见》《重点流域水生生物多样性保护方案》《关于加强外来物种入侵防治工作的通知》《关于加强长江水生生物保护工作的意见》《关于做好自然保护区管理有关工作的通知》等,这些文件就生物入侵防范的一些方面做出了规定。

依托于这些立法,我国目前形成了一些防范生物入侵的法律制度。这些制度既包括生态法领域的一般制度,也包括名录制度、检疫检验制度、引种许可制度等适用于外来物种入侵防治的特别制度。首先,在名录制度方面,我国目前实施的与生物入侵防治有关的名录包括:1997 年的《进境植物检疫禁止进境物名录》,2007 年的《进境植物检疫性有害生物名录》和 2012 年修订的《禁止携带、邮寄进境的动植物及其产品名录》。《水产苗种管理办法》对进口水产苗种的种类也实行名录分类管理，Ⅰ类为禁止进口名录；Ⅱ类和Ⅲ类为限制进口名录，分别由国务院农业主管部门、省级人民政府渔业行政主管部门负责审批。一些地方也制定了相应的名录，如云南省于 2019 年制定了《云南省外来入侵物种名录(2019 版)》，这也是我国首个省级外来入侵物种名录。其次，在检疫检验制度方面，根据《进出境动植物检疫法》第 10 ~ 19 条，输入动物及其产品、植物种子、种苗和其他繁殖材料，应提出申请并办理检疫审批手续。若经检疫发现有《一类、二类动物传染病、寄生虫病的名录》和《植物危险性病、虫、杂草的名录》之外有严重危害的其他病虫害，需做除害、退回或者销毁处理。再次，在引种许可制度方面，我国目前引种许可制度包括野生动物外来物种引进许可以及水产苗种引进许可两方面。依据《引进陆生野生动物外来物种种类及数量审批管理办法》第 2 条、《水产苗种管理办法》第 20 条，引进陆生、野生动物外来物种，应当对物种的种类和数量等事项实行行政许可。水产苗种的引进也实行许可制度，由农业农村部或省级人民政府渔业行政主管部门批准。

4.4.4.2 国外立法状况

近几十年来，国际社会对生物入侵的关注程度越来越高，形成了一些专门或者相关的国际条约。国际社会业已形成的关于生物入侵防范的国际法文件涉及生物多样性保护、国际水道保护、全球性传染病防治、极地保护、气候变化、环境与贸易等方面，其中较为重要的包括：《生物多样性公约》《国际植物保护公约》《濒危野生动植物种国际贸易公约》《关于防止外来入侵物种引进规则的决议》等。同时，美国、英国、日本等国家，或者制定生物入侵防范专门立法，或者实行较为完善的风险评估制度和引种许可制度。

美国对生物入侵防范非常重视，20 世纪初以来制定了多部防止生物入侵的专门立法，例如，美国联邦层面的法律主要包括 1900 年的《联邦野生动物保护法》、1990 年的《非本土水生有害物种预防和控制法》、1996 年的《国家入侵物种法》以及 1999 年处理入侵物种事务的第 13112 号总统令等。并围绕这些立法形成了较为完善的外来入侵物种监管制度，包括风险评估制度、监测预警制度、控制与管理制度等[5]。在美国，风险评估是预防生物入侵风险的一项重要措施。该制度要求对于已知的有意或无意引进入侵物种的途径进行风险评估，采用适当的措施来填补安全漏洞。基于监测预警制度，美国建立了一个全面的监测系统，以监测首次有意引进的外来物种情况。控制与管理制度针对引入的水生有害物种进行控制，以将其对环境和公众健康与福利的风险降至最低。根据现有立法，评估现有控制规划的实施效果，应当关注控制的必要性、技术和生物可行性，并考虑替代控制战略和行动的成本—收益分析、控制的收益、损害非目标生物体、生态系统以及公众健康和福利的风险以及其他因素。

英国也制定了一系列关于生物入侵的立法，这些立法主要包括：《野生生物和乡村法》《乡村和通行权法》《环境保护法》《鱼种进口法》《动物健康法》《蜜蜂法》《濒危物种法》《危险野生动物法》《森林法》等；其实施的制度主要是监管制度，包括名录制度、许可证制度等，并对具有入侵危险的外来物种设置了专门的管制名录。若进口纳入名录的物种，必须事先申请许可证；对于名录以外的其他动物的进口，则以个案式的方式决定是否授予许可。英国的外来物种引进许可制度不适用于植物物种，植物物种的进口只要满足《野生生物贸易规则》的检疫要求就不会受到限制。英国法律并未规定控制或清除制度，对因生态原因而清除或控制外来物种并无明确要求。

日本于 2004 年颁布了专门针对生物入侵防范的《关于防止特定外来生物致生态系统损害的法律》，确立了外来物种指定制度、行政许可制度等监管制度。该法规定的外来物种许可制度规定非常细密，包括对特定外来生物实行一般禁止，对饲养、繁殖、贩卖、转让等行为予以管制。对于未判定外来生物，则实行进口申报与限制。此外，该法还对不予许可的事项、获得许可者的义务、禁止性规定等内容作出了具体规定。

纵观国外立法，其在生物相关法律制度上主要采取了以下几种模式：一是制定生物入侵防范专门立法。日本和美国都颁布了外来入侵物种的防治专门立法，其有效实施缓解了生物入侵带来的经济损失和生态损害。二是全面的防范措施，不仅重视对无意引种的规制，对有意引种也形成了较为完善的防范体系。三是普遍实行风险评估制度和引种许可制度，并辅之以名录制度和风险评估制度。如日本确立了详细的外来物种许可制度，包括对特定外来生物实行一般禁止、对未判定外来生物实行进口申报与限制等；美国对此也有相应的规定。

4.4.5　现存问题与未来方向

4.4.5.1　现存问题

目前的立法为我国生物入侵防范和管理提供了法律依据，但同时也存在诸多方面的问题，主要体现在立法目的偏离、防控方式不健全、监管制度不完善、法律责任机制缺失等方面。

第一，从立法目的来看，生物入侵在很大程度上是人类追求经济利益而有意或者无意地忽视生态规律的结果。我国现有与生物入侵相关的立法的目的大多旨在推进经济效益和维护人体健康，对生态利益的关注不足，未能将维护生态安全和生物安全保障作为重要的目标。很多法律规范以控制外来物种带来的病虫害为目标，并未从生物安全角度对生物入侵进行专门的防治和监管。在实践中，有关防止生物入侵的规定大多数只能通过农、林、牧、渔业主管部门基于实施本部门行政执法来落实。

第二，从防控方式来看，生物入侵的途径主要包括有意引进和无意引进。相应地，防控方式也是针对这两类引进途径展开。我国现有的相关立法大多针对无意引进而制定，包括无意引进的杂草、病虫害和传染病，如贸易、运输和旅游过程中人员所携带的物品。

对于有意引种的控制，我国尚未给予足够的重视。目前，我国针对有意引进外来物种只有2005年制定的《引进陆生野生动物外来物种种类及数量审批管理办法》（2016年修改）这一部门规章，除此之外并无其他更高位阶的立法涉及这一问题。

第三，从监管制度来看，《进出境动植物检疫法》及其实施条例、《动物防疫法》等法律法规确立了较为完善的检疫检验制度，但侧重点在于防止动物传染病、寄生虫病和植物危险性病及虫、杂草传入或传出国境，并非旨在防范生物入侵和保护生物多样性。即便是针对无意引种的检疫检验，在其中起到基础性作用的名录制度也存在局限性。我国在此方面已发布《进境植物检疫禁止进境物名录》《进境植物检疫性有害生物名录》《禁止携带、邮寄进境的动植物及其产品名录》等，但只有《进境植物检疫性有害生物名录》明确是为"防范外来植物有害生物传入"而制定和发布，而原环境保护部与中国科学院联合发布的四批《中国外来物种入侵名单》也缺乏强制约束力。针对有意引种的风险评估制度，目前的法律规范更加强调有意引进陆生野生动物外来物种的风险评估，而对于水生野生动物外来物种以及野生植物外来物种的有意引进的风险评估，则关注不足。

第四，从法律责任来看，缺少应有的法律责任约束，法律的实施便难以取得预期效果。由于迄今为止只有前述一部部门规章作为明确的执法依据，对于陆生野生动物以外的外来物种的有意引种，并没有特定的法律法规对其设定授权或设定禁止性义务，由此使得法律责任机制的建立缺少重要前提。法律责任机制缺失，已成为我国目前遭受生物入侵的严重威胁的一个重要原因。

4.4.5.2　发展方向

1. 完善"统一监管、分工负责"的管理机制

我国应从国家层面完善"统一监管、分工负责"的管理机制，在生物安全办公室的统筹协同下进一步组成由国家层面协同海关总署、农业农村部、生态环境部、国家科技部、国家海洋局、国家林业与草业局、国家市场监督管理总局、中国科学院、中国农业科学院等单位形成统一部署、统一规划、统一行动的外来物种入侵监管与攻关机制，与时俱进以科技驱动发展的创新理念建立管理机制。

2. 加快外来入侵物种立法、管理、执法监督体系建立

我国应加强外来入侵物种法律法规、行政管理和执法监督三大体系建设；法律、法规不完善，尚未颁布关于外来物种防范、引入和控制的专门法规；应从国家层面成立外来入侵物种立法工作组，在原国家质检总局制定的《中华人民共和国进出境动植物检疫法》；原农业部、原环保部、原林业局制定的《外来物种管理条例》和《国家重点管理外来入侵物种名录》；原林业局制定的《全国林业检疫性有害生物名单》、原环保部和中国科学院分别于2003年、2010年、2014年和2016年联合发布的四批中国外来入侵物种名单；云南省发布全国首个省级外来入侵物种名录等基础上，进行科学分析、有效整合和优化，为法律法规、行政管理和执法监督三大体系建设奠定坚实基础。以草地贪夜蛾为例,2017 年欧洲食品安全局将该虫列入检疫有害生物,目前欧洲尚无该虫入侵的报道。南非把其指定为检疫性害虫,植物检疫状态为 A1。建议我国海关、农业部门等应及时将草地贪夜蛾列入检疫害虫名录,并及时建立相关数据库和专家库,加强立法工作的推进,严把国门生物安全关。

3. 加强外来入侵物种基础研究和防控网络建设

我国应充分认识外来入侵物种防治的艰巨性、复杂性和长期性,由国家各部委部署长期可持续性的重大专项支持我国入侵物种基础研究和防控网络建设。由科研机构与各部委联动结合长期实战的防控经验,开展新技术、新方法的研究,制定绿色、环保、可持续发展的综合防控策略;针对"一带一路"、全球经济一体化、全球物流网、全球旅游需求等快速通关的需求,尽快研发快速图像识别、分子监测、DNA 条形码快速检测、高通量测序等科学检疫的技术路线和方法的基础研究。以草地贪夜蛾为例,在入侵前进行预警、入侵过程中开展智能监测预报,在其暴发前及时开展天敌防控、绿色防控等工作,做到可持续发展。

大量外来入侵物种一旦入侵就难以根除,我国应针对危害较重、生态破坏潜在风险较大的入侵物种进行长期、规律性全国范围的调查,查明外来物种在我国定殖后的种类、数量、分布和作用,建立对生态系统、生境或物种构成威胁的外来物种风险评价指标体系、风险评价方法和风险管理程序,逐步建立健全精干高效的外来入侵物种监测系统。积极开展区域联合监测,加强外来物种联合监测,推广使用外来物种监测预警系统等信息化监测工具,及时有效开展种情预警[6]。建立信息交换机制,我国及亚洲周边国家间通过外来物种监测预警系统、国际植物保护公约和其他信息交换机制,共享有关外来物种入侵的发生情况、防控措施和研究成果等信息。

4. 深入推进科普宣传与教育加强区域技术交流

通过召开年度研讨会、综合防治技术培训、专家交流团组等多种形式,分享交流监测与持续治理经验,提升外来生物区域防控技术水平。建议组织相关部门、科研单位以外来入侵物种为专题,加强对外来入侵物种危害性的宣传教育,提高对外来入侵物种的防范意识;加强对外来入侵物种识别、防治技术、风险评估技术、风险管理措施的培训,呼吁各国政府和联合国粮农组织等积极调动相关资源促进开展防控行动,加强对农民支持和教育培训。提高相关基层工作人员、公众、学生等对外来入侵物种的认识,对其特点、潜在风险、防控难度、应急措施等进行科普教育,并以技术培训、鉴定服务、专家咨询等形式尽快融入大学本科专业课程,加快培养专业人才。

(文迪 吕志跃)

参考文献

[1] 毛秀秀，陈婷，王磊. 美国重要病毒性生物恐怖剂疫苗研发情况分析[J]. 军事医学，2021，45(3)：223 – 28.

[2] 童光法. 我国外来物种入侵的法律防控[J]. 重庆理工大学学报(社会科学)，2012，26(7)：58 – 63.

[3] 彭硕，李志红，赵紫华. 中国外来动物物种组成及跨境风险[J]. 生物安全学报，2021，30：275 – 281.

[4] 殷颖璇，吴银娟，何晴，等. 我国主要螺类生物入侵的现状、危害及防治对策[J]. 中国媒介生物学及控制杂志，2022，33(2)：305 – 312.

[5] 李铮. 从美国《濒危物种法》对我国《野生动物保护法》的反思[J]. 云南环境科学，2003(2)：38 – 41.

[6] 李晗溪，黄雪娜，李世国，等. 基于环境 DNA – 宏条形码技术的水生生态系统入侵生物的早期监测与预警[J]. 生物多样性，2019，27(5)：491 – 504.

第 5 章
生物恐怖袭击与生物安全威胁

生物恐怖袭击(bioterrorisrn attacks)是指基于某种政治、宗教、意识形态或报复目的,通过使用致病性微生物或毒素等生物制剂作为恐怖袭击手段,引起人和动植物生病或死亡,造成社会公众极大恐慌,引发社会动荡的反社会、反人类犯罪活动,其行为主体可以是个人、团体及国家。目前,公认的可用于生物恐怖袭击的主要制剂有 6 种:炭疽杆菌、鼠疫杆菌、天花病毒、出血热病毒、兔热病杆菌(又称土伦热)和肉毒杆菌毒素。还有其他一些制剂,但危害性较上述 6 种为轻。

生物恐怖袭击对人类的威胁越来越大,各国对其给予了足够的关注。《生物安全法》第六十一条规定:“国家采取一切必要措施防范生物恐怖与生物武器威胁。”

5.1 生物恐怖主义引发的生物安全威胁案例

生物恐怖主义已对国际社会构成了严重威胁。据统计,从 1960—2000 年,全世界发生有据可查的生物恐怖事件有 120 余起,其中有利用生物因子直接预谋杀人的近 70 起,震惊国际社会的也有多起。以下为近些年内比较著名的生物恐怖袭击事件。

5.1.1 日本奥姆真理教毒气袭击

奥姆真理教的总头目麻原彰晃,原名松本智津夫。1955 年出生于日本熊本乡下的一个贫困家庭。1984 年,麻原选择投资神秘学,在东京都开设了一个练习“瑜伽功”的道场,称作“奥姆神仙会”,这是奥姆真理教的前身。1987 年,麻原去了一趟喜马拉雅山,自称在那里悟道。回国后,麻原自封“日本第一觉者”,并自比于基督教的救世主耶稣,他逐渐不满足于瑜伽培训班的小打小闹，开始着手开宗立派，把教派命名为“奥姆真理教”。也就是在这时，他把自己的名字松本智津夫改为麻原彰晃。

随着奥姆真理教势力的扩展，麻原的政治野心也随之膨胀。他在1990年2月组建了“真理党”，意图染指日本的众议院选举。选举前他信心满满，结果惨败。竞选失败后麻原丝毫没有减少对的权力欲望转而开始制造枪械、研制生化武器，这彻底暴露了奥姆真理教反社会、反人类的魔性。

奥姆真理教第一个用于毒素生产的实验室在1990年就成立了。该教对许多不同的生物病原体都感兴趣，他们用肉毒杆菌毒素、炭疽杆菌、霍乱弧菌和Q热立克次体进行培养和实验。1990—1995年，奥姆真理教在日本尝试了几次生物恐怖主义袭击[1]。

1995年3月20日，该教的5名教徒各携带装有600克液态沙林毒气的塑料袋登上了开往日本政府所在地的地铁列车。在东京地铁施放沙林神经毒气，造成13人死亡，约5500多人受伤，事件发生的当天，日本政府所在地及国会周围的几条地铁主干线被迫关闭，26个地铁站受影响，东京交通陷入一片混乱，是一起史无前例的沙林毒气袭击事件。在东京地铁沙林毒气袭击事件发生后，麻原及其一批大大小小的教内头目统统被捕。对麻原的一系列起诉于1996年4月首次开庭审理。对他们的审判持续了十余年之久，最终该教派的12名成员及头目被判处死刑。2018年7月6日，麻原彰晃被执行死刑。

5.1.2 美国沙门伤寒菌袭击震惊全国

美国俄勒冈州沃斯科县达尔斯镇附近有一片荒芜的农场。那里聚集着一个源自印度教的教派，其首领为巴克旺·什里·拉杰内斯。在1984年初，该教派领导层希望趁当年11月的选举大会彻底掌管沃斯科县。可笑的是，这个有着4000人之众的教派的大半教徒不是美国公民，因而没有选举权。面对该区1.5万名有选举权的公民，可以说毫无胜算。最初他们打算让教徒们乔装打扮以假身份在沃斯科县城里大量租房，以此获取投票资格。但最后他们想到了一个更有效率（也更丧心病狂）的计划，即利用生物制剂来阻止本地人投票。

该计划的准备工作由普娅负责。她是巴克旺利益集团医疗机构的女头目，出生于菲律宾，在加利福尼亚长大，当过护士，却热衷于各种致命的毒剂。为了破坏选举，普娅曾设想过使用多种危险病原体，她最终决定使用的是危害程度较轻的鼠伤寒沙门杆菌。

这种细菌培养物的首次发威是在1984年8月29日。那天，沃斯科县的三位官员造访该公社，其中2人饮用教徒端来的被沙门杆菌污染的水后就开始发病。同年9月份，教徒们又连续实施了几次生物袭击。有一名教徒从普娅手里领取了一支装有棕色透明液体的玻璃试管。当他们来到酒吧时，正好发现调味汁摆在柜台上，于是把病原菌兑入调味汁里。去到另一个餐厅，教徒们把病原菌混入调咖啡用的鲜奶油中；到第三个餐厅他们又污染了干酪沙拉。就这样如法炮制，累计共有10个餐厅里的食品被下毒，导致该镇751人患急性肠炎，其中45人入院治疗。最初，卫生主管机关对餐厅中毒事件的调查毫无头绪，直到一年后调查人员才在该教派的农场内发现一些装有沙门杆菌的玻璃瓶，确定为生物恐怖袭击的直接证据。

对于俄勒冈州的巴克旺教派所实施的生物恐怖袭击，除当地报纸外，当时的媒体并没有把它当作重大事件予以报道，以致外界公众对此几乎一无所知。这对于公安机关和法律机构来说是一个相当危险的信号，一些高致命性的病菌，如炭疽杆菌、肉毒杆菌或天花病毒一旦落入恐怖分子手中，造成的人员伤亡和后果不堪设想。

5.2 生物恐怖主义相关生物安全基础知识

生物恐怖主义(bioterroris)指的就是个人或团体出于政治、宗教、生态或其他意识形态的目的，利用可在人与动物之间传染或人畜共患的感染媒介物，如细菌、病毒、原生动物、真菌，将其制成各种生物制剂，发动攻击，致使疫病流行，人、动物、农作物大量感染，甚至死亡，造成较大的人员、经济损失或引起社会恐慌，动乱。"生物恐怖主义"与其他类型的恐怖主义最大不同之处在于，它可以不通过任何组织而由个人发动攻击。

5.2.1 概论

生物恐怖袭击活动通常可分为三种：第一种是公开的生物恐怖袭击，有明显的袭击行动。如恐怖分子公然宣布实施生物袭击，或发现恐怖分子正在播撒、释放生物战剂；或找到可疑容器、可疑培养物、粉末等实物证据。第二种是隐蔽、隐匿的生物恐怖袭击，起初没有被及时发现，但却因其危害结果渐渐显现而被察觉。第三种是收到恐吓、威胁警告或得到有关生物恐怖活动的情报，但袭击尚未真正发生[2]。

早在20世纪90年代，美国就将应对生物恐怖主义纳入美国疾病控制与预防中心的经费预算中。2001年10月14日，美国卫生与公众服务部部长在接受福克斯电台记者采访时，首次提出了"生物恐怖主义"一词。2002年5月，世界卫生大会通过了《针对危害人类健康的生物、化学及放射性物质的自然发生、事故性泄出或蓄意利用的全球预警应对计划》，将反生物恐怖主义纳入全球疾病流行预警与应对体系，有重点地监控一些与生物制剂相关，并可能被用于生物恐怖主义的病原体。2005年3月，在首届国际刑事警察组织反对生物恐怖主义国际会议上，国际刑警组织宣称："生物战剂被生物恐怖分子恶意利用，已超越了传统的国家安全防御界限。生物恐怖主义已经成为全球最大的安全威胁之一。"2005年5月，世界卫生大会通过了《国际卫生条例》修改案，旨在抵御传染病在全球传播，同时为全球疾病流行预警与应对体系奠定基础，大大扩大了适用范围，涵盖所有的公共卫生事件，其中就包括因生物恐怖主义引发的突发性公共卫生事件。

其实使用生物制剂(生物武器)造成伤害或死亡并不是什么新闻。早在公元前300

年左右，希腊人、罗马人和波斯人曾分别在战争中将动物尸体投入敌人的水井以污染水源。后来，在意大利托托纳战役期间，巴巴罗萨皇帝的军队同样用1155具死去的士兵和动物的尸体来污染水井。在14世纪，蒙古人围攻卡法期间，蒙古军队内部暴发了瘟疫，围攻者向卡法城的城墙内投掷尸体，从而导致战局的扭转[3]。生物恐怖主义也曾发生在法国和印度战争期间，当时美洲原住民拿到携带天花的毯子后，天花在这个以往从未接触过的人群中暴发，并导致了40%的死亡率[4]。

生物恐怖主义与生物战没有本质上的区别，它们都使用生物制剂作为武器，只是使用的场合和目的有所差异而已。在战场上使用称为生物战（biological warfare），而在恐怖活动中使用就称生物恐怖袭击。

5.2.2 生物恐怖主义威胁和生物恐怖主义者

在1972年“生物武器公约”（BWC）签署之前，许多可怕的疾病，包括兔热症、鼻疽病、Q热和葡萄球菌肠毒素都被包括美国、英国和德国在内的国家政府合法的武器化。苏联解体后，有人担心，若对生物武器计划不加以控制可能会让恐怖组织也能轻易获得生物武器以及专门的科学知识。现如今，可用于制造新型生物武器的技术层出不穷，生物技术越发普及、专业设备廉价且病原体丰富，制造生物武器的门槛越来越低。虽然生化武器还没有在现代战争中使用，生物恐怖事件也并不多见，但禁止使用生物武器的规范是否有效还是个未知数。此外，在过去的几年里，微生物遗传学领域的发展也加剧了人们对滥用新兴技术的担忧[5]。由于存在着如此多的未知数，如何评估生物恐怖主义的风险和威胁极其困难。

生物恐怖主义者可能是心怀不满的个人、恐怖组织或是暗中支持国际恐怖主义的某些流氓国家。虽然个别袭击者不太可能造成大规模伤亡，但恐怖组织如果获得尖端生物武器、材料或相关科学专业知识，可能会构成重大威胁。尽管大多数国家现在都有在实验室保护危险病原体的条例和保障措施，但这些条例的范围和保障措施的程度各不相同。我们必须意识到专业技术及知识是把“双刃剑”，一些研究出来的成果也可被生物恐怖主义者所窃取利用[6]。

5.2.3 生物恐怖活动袭击的主要目标

恐怖主义是无限制的斗争，恐怖活动打击的目标范围实际上不存在任何限制，袭击目标几乎无所不包、无所不及，任何人、任何地点、任何设施都可能成为恐怖主义的潜在牺牲品。但这种恐怖活动袭击目标的不确定性系指宏观形势而言，而在具体的恐怖活动事件中，恐怖活动的目标选择并不是完全随机的，而往往是经过事前精心策划，对恐怖活动袭击目标进行周密选择才确定的。一般情况下对袭击目标选择的主要考虑点有：①目标的象征价值；②目标的易损性；③袭击具体效果；④袭击武器的适宜性。

生物恐怖活动袭击以人员目标为其基本对象，更着重于对人员的伤害效果，特别是袭击群体性人员目标恐怖性强，对社会安定破坏性大，因而群体性目标成为对化学恐怖活动具有高吸引力的高价值的象征性目标。

（1）城市重要基础设施及群体目标城市商业中心、文娱中心、交通枢纽及设施、会议中心、公务中心及标志性建筑设施等封闭式的高密度群体性活动场所，是易受生物恐怖袭击的薄弱点与敏感点。对于非封闭场所的群体性目标实施生物恐怖袭击的效能低于封闭设施，而且易于受到环境条件的限制。发生的可能概率较低，但可能性不能完全排除。

（2）食品、饮料、饮水等物流系统对食物、饮水等类日常食用物品投毒是最常见的一类生物恐怖袭击方式，生产、储存、运输各个环节都有可能成为攻击目标。水源是另一类易受生物恐怖袭击的重要环节，但主要敏感点是饮用水的供水系统、处理系统、再制水系统以及小型水源和包装化饮用水的加工、流通系统等，易直接使人员中毒，引发恐怖效应。对于河流、湖泊等自然水系，在多数情况下，袭击效果低微，发生概率极小。

（3）毒害化工产品与生物制品的生产与运输设施在毒害化工产品与生物制品生产、储存和运输过程中，都涉及大量的有毒有害物质，这些物质和相关环节都可能成为恐怖活动攻击的目标。有关事故常会波及广阔的周边地域，构成重大的灾害事件。极有可能成为恐怖分子袭击活动的另一种选择。

5.2.4 生物恐怖袭击战剂的种类

生物恐怖袭击中使用的生物制剂称为生物恐怖袭击战剂，生物恐怖袭击战剂包括病毒、细菌、微生物及其毒素。这些生物恐怖袭击战剂通常在自然界存在，但也可能被人为改造使之变得具有更强致病性、对现有药物产生抗性或更易在环境中传播。生物恐怖袭击战剂可以通过空气、食物、水或其他媒介传播。使用生物恐怖袭击战剂后很难立刻引起察觉，往往在数小时或数天后才会引起疾病。有些生物恐怖袭击战剂如天花病毒，可以人与人之间水平传播；而有些生物恐怖袭击战剂如炭疽，则不会引起进一步传播。

生物恐怖袭击战剂可分为致死剂、失能剂、接触剂（在接触过程中传染）和非接触剂。一般来说，生物剂或生物制品可根据定义对健康的危害的某些特征进一步分类：①传染性：一种制剂在宿主中渗透和繁殖的能力。②致病性：该制剂在渗透到人体内后导致疾病的能力。③传播性：该制剂从受感染者传染给健康人的能力。④中和能力：其具有的预防工具和可供治疗的手段。

由美国提出，世界卫生组织等公认，可用于恐怖袭击的生物剂近30种。美、俄等国认为最可能使用的大约有10种，主要有以下几类。

1. 细菌

细菌是最主要的生物恐怖袭击战剂。主要包括炭疽杆菌、鼠疫杆菌、布鲁氏菌、土拉弗朗西丝菌、鼻疽假单胞菌、类鼻疽假单胞菌等。在这些细菌中,炭疽杆菌更可能成为生物恐怖分子制作细菌战剂的首选[7]。

2. 病毒

病毒在自然界分布很广,种类繁多,至今还不断发现有对人致病的新病毒。在所有的病毒战剂中,天花病毒对人类的潜在威胁最大。

3. 生物毒素

生物毒素的种类繁多,几乎包括所有类型的化合物,其生物活性也很复杂,对人体生理功能可产生影响。不仅具有毒理作用,而且也具有药理作用,也被用作药物。可用作生物恐怖袭击战剂的生物毒素有:肉毒毒素、葡萄球菌肠毒素、产气荚膜梭菌毒素、志贺毒素、破伤风毒素、白喉杆菌毒素、蓖麻毒素、蓝藻毒素、西加毒素、河豚毒素、单端孢真菌毒素、疣孢漆斑菌毒素、相思豆毒素、石房蛤毒素等。

4. 立克次体

立克次体是一类专性寄生于真核细胞内的革兰氏阴性原核生物,是介于细菌与病毒之间,接近于细菌的一类原核生物。可能成为生物战剂的立克次体有 Q 热立克次体、立氏立克次体和普氏立克次体,可经呼吸道、消化道、皮肤、蚊虫叮咬传染,传染性强。

5. 其他

除上述几种生物战剂外,还有衣原体类生物战剂和真菌类生物战剂。前者主要有鹦鹉热衣原体,后者主要有粗球孢子菌、荚膜组织胞浆菌等。另外,随着生物技术的发展,过去不可能大量生产的病毒和毒素如今可以大量生产了,用生物工程技术,改变微生物的特性,把亚毒株变为有毒株,弱毒株变为强毒株,对原来有效的药物变为耐性,过去认为有潜在危险的生物因子可能成为更危险的生物战剂。特别是近年来新出现的人畜共患病,如艾滋病、埃博拉出血热、疯牛病、新型的大肠杆菌和禽流感病毒,都具备作为生物战剂的条件,应特别提高警惕[8]。

5.2.5 典型的危险病原体和毒素

历史上,病原微生物给人类带来的灾难有时甚至是毁灭性的。1347 年发生的黑死病几乎摧毁了整个欧洲。在此后的 80 年间,这种疾病一再肆虐,消灭了欧洲大约 75% 的人口,一些历史学家认为这场灾难甚至改变了欧洲文化。我国在历史上也多次暴发鼠疫,死亡率极高。

今天,一种新的瘟疫——艾滋病正在全球蔓延;乙肝病毒导致的乙型肝炎也正威胁着人类的健康和生命;许多已被征服的传染病,如肺结核、疟疾、霍乱等也有卷土重来之势。

据世界卫生组织统计,全球有近三分之一的人口感染了结核菌,随着环境污染日趋严重,一些以前从未见过的新疾病和病毒(如禽流感、军团病、埃博拉病毒、霍乱 O139 新菌型、大肠杆菌 O157 以及疯牛病等）又给人类带来了新的威胁。

2003 年，全球暴发的 SARS 疫情；2015 年，全球传播的中东呼吸综合征以及 2019 年全球暴发的 COVID－19 感染，同样需要我们警惕，这都是由冠状病毒引发的呼吸道疾病。

5.2.5.1 炭疽

1. 病原体

炭疽杆菌是一种能够形成芽孢并具有荚膜的杆状不活动细菌，德国诺贝尔奖得主罗伯特·科赫于 1876 年成功地验证了这种细菌与炭疽病之间的关系，他还发现炭疽杆菌会形成芽孢，而芽孢又会重新长成杆菌，这种芽孢对环境影响具有特强的抵抗力，在土壤中可存活数十年，炭疽芽孢只有进入人畜的血液或肌体组织内才会长成杆菌。

炭疽杆菌的荚膜是致病的决定性因素，它抑制构成人体免疫屏障的吞噬细胞，以使炭疽杆菌能在肌体组织内繁殖，进而侵入血液中，如果炭疽杆菌已侵入人体血液中，则会破坏中枢神经系统，这是导致患者死亡的主要原因。此外，炭疽杆菌会分泌有毒物质，即所谓的外毒素，它主要破坏肌体组织中的白细胞，使之失去细胞防御功能。

2. 传播方式

炭疽主要是食草动物的一种疾病，该种动物在牧场上吃了被炭疽杆菌污染的草料后很快发病，且症状严重乃至死亡，其脾肿大呈暗红色，像被烧焦一样，故此病有“炭疽”之名。

凡是温血动物都会感染炭疽病原体，人类亦不例外。现今，在兽医、畜产品加工人员、农牧场的劳工中常有患此炭疽病者。人在接触患此病动物的血液或带血肉块时，只要自身皮肤上有极小的伤口，炭疽杆菌就会乘虚而入，从而引起皮肤型炭疽。如果吃了未经充分煮熟的患病动物的肉或内脏，则会导致肠型炭疽。

症状最严重的炭疽要数肺型炭疽，人只要吸入带有炭疽芽孢的粉尘便会患病，但肺型炭疽一般不会直接在人与人之间传染。大批人群同时感染肺型炭疽只有在以气溶胶形式从飞机上大量散布炭疽芽孢的极端情况下才有可能，但所需的感染剂量很大，人均需 8000～50000 个炭疽芽孢。

3. 临床表现

根据炭疽杆菌入侵人体组织的方式进行分类可分为三型，即肺型、皮肤型与肠型，炭疽的潜伏期，即从感染到发病的时间通常为 1～7 天，但也有更长的，例如在吸入炭疽孢子的情况下潜伏期可长达 60 天。

（1）肺型炭疽：发病之初类似轻度流行性感冒，伴随体温上升、头痛、肢痛和干咳，在 2～4 天内体温急剧升高，患者自诉胸痛和呼吸困难，并伴有痰中带血，嘴唇毫无血色。此病发展到第二阶段时患者并发脑膜炎伴抽搐和休克症状，随即意识丧失，数小时后便会死亡。

(2)皮肤型炭疽:在皮肤感染炭疽杆菌的部位上会出现一个小红疙瘩,有瘙痒感。然后这种小疙瘩发展成通常没有痛感并覆盖焦痂的溃疡(即痈),其周围组织严重肿胀,淋巴结肿大疼痛。体温也因炭疽毒素的释放而升高,心脏血液循环受阻,最后出现败血症而导致呼吸麻痹。

(3)肠型炭疽:在进食被炭疽杆菌污染的食物后会引起腹痛、呕吐和腹泻伴血便,而后腹膜炎症导致败血症,最后破坏心脏血液循环。

4. 诊断

显微镜下观察,从皮肤溃疡或鼻咽腔提取的分泌物,血液、唾液或粪便中可见到炭疽杆菌,专科实验室还可以采用免疫诊断方法来检查血液中形成的对炭疽杆菌的抗体,在一天内可靠地检出病原体。炭疽病亦如各种罕见疾病一样,很多实验室的常规检验设备都很难正确识别炭疽杆菌,往往只能在专科实验室里才能确诊。不过,炭疽杆菌皮试方法也可以用于确诊急性和早期的炭疽病,皮试时把极少量的毒力弱化的炭疽病原体注射入皮下,如果出现皮肤反应,说明患者已传染上炭疽。

5. 治疗

对上述三型炭疽,为阻止病原菌在体内扩散,必须及早应用抗生素治疗,如果延迟数小时才给予治疗,尤其是肺型炭疽,治愈的概率就大为降低。因此,专家们建议在怀疑有炭疽传染的情况下,凡是体温升高或有轻度流感症状的患者一律用抗生素治疗,直到经实验室确认排除炭疽感染后才可停药。对此病用去氧土霉素和环丙沙星组合治疗最为有效,并且必须坚持60天以上,因为炭疽孢子抽芽期就可能有这么久,对于皮肤型炭疽,长久以来青霉素治疗一直有效,但据苏联科学家透露,苏联曾制造过针对青霉素和四环素具有耐药性的炭疽病原体。因此,即使已经确诊为炭疽,也要在实验室检验炭疽杆菌是否对抗生素具有耐药性。

6. 预后

染上肺型炭疽的患者如不经治疗则会引发败血症,并导致心肺血液循环障碍,而在短短几天内死亡,即使给予相应的治疗,患者死亡率也会达50%。

肠型炭疽的预后也很差,即使迅速给患者以抗生素治疗,仍约有半数难免一死。

至于皮肤型炭疽,如不经治疗,死亡率为5%~20%,但如给予相应的抗生素治疗,该型炭疽可以治愈。

7. 预防

对于被怀疑传染上炭疽的患者,建议用去氧土霉素或环丙沙星进行60天抗生素预防性治疗,直到排除怀疑后再停药。对于所有受到可能含有炭疽杆菌的气溶胶袭击的人群都应如此处置。

无须将患上炭疽或暴露在炭疽杆菌中的人隔离,因为炭疽不能在人与人之间传染。

对于炭疽，原则上可用灭活菌疫苗接种预防，但这种接种预防其效果究竟如何尚无定论。

5.2.5.2 鼠疫

1. 病原体

鼠疫病原体是一种无孢子细菌，因被瑞士细菌学家耶尔森发现而命名为耶尔森氏鼠疫杆菌。这种杆菌在干血中可存活数周，在跳蚤的粪便或潮湿的泥土中只要环境昏暗，温度在 10 ~25℃则可存活 1 个月以上，对热、紫外光及消毒剂的反应很敏感。

2. 传播方式

鼠疫杆菌的天然宿主是家鼠或野鼠等啮齿动物，在这种动物身上寄生着吸其血液的跳蚤。当跳蚤另觅宿主而吸其血时，已在跳蚤消化道里繁殖的鼠疫杆菌同时被排出，并传播到下一个动物或人身上，跳蚤自身并不得病，而老鼠则已患上此病。由此可以想象，如果直接接触患有鼠疫的啮齿动物，同样可能被传染。此外，由于鼠疫杆菌即使脱离宿主也能存活，人类如吸入含有该杆菌的空气也可能被传染。人群之间只要有人因患肺鼠疫而咳嗽，也会传染此病，这种传染方式称为飞沫传染。很遗憾，它可能被模仿，成为生物武器的袭击方式，若用喷洒装置喷出含有鼠疫杆菌的气溶胶，凡吸入被其污染的空气皆会得病。

3. 临床表现

人被染有鼠疫杆菌的跳蚤叮咬后，一般都会患上腺鼠疫。发病之初患者突然高热、头痛和肢体痛，患者自感病重，早期便在腹股沟和腋下出现淋巴结肿大，这就是鼠疫淋巴结炎，鼠疫杆菌在一周之内可经血液流动进入全身器官，特别是在肺部进行繁殖。有时，肿胀的淋巴结会破溃，流出传染性极强的脓液，人一旦吸入鼠疫杆菌，2 ~3 天内就会发展为极重型肺炎，并伴有呼吸困难，而且会咳出带血脓痰，此症即为肺鼠疫，由患者咳出的大量鼠疫杆菌乃是极其凶险的传染源。

4. 诊断

原则上可用显微镜观察或通过培养基培养，从患者的血液、唾液和淋巴结脓液中检出鼠疫杆菌。但对于现今的医生来说，由于缺乏这方面的经验，难以正确及时地辨别初期临床症状，而能找到鼠疫杆菌抗原的检测装置，目前也只在某些大学、政府或军队的专科实验室里才有。

几乎在所有的医学实验室里都能做普通抗体筛查试验，但同时也有一个重大缺点，即要从感染鼠疫的患者血液里找到抗体，往往费时多日乃至数周，这对于必须迅速确诊的患者来说为时已晚。

5. 治疗

对于鼠疫，只要及时确诊并立即进行抗生素治疗，效果一般很好，病程也很快结束。

6. 预后

腺鼠疫患者若不经治疗,其死亡率为30% ~40%。肺鼠疫则更为凶险,若不及时治疗,患者在2~3天内必死无疑。对这两型鼠疫只要及时治疗,死亡率便可降至5%左右。染上鼠疫的患者治愈后会产生免疫力,并维持较长时间,但也不是百分之百地不再重新染上鼠疫。

7. 预防

德国和奥地利现在不准供应疫苗。在1999年之前,美国尚有灭活菌疫苗,但对这种由被杀死的鼠疫杆菌制成的疫苗很有争议,至今尚无定论。其副作用是引起头痛乃至哮喘,再说也并不能可靠地预防肺鼠疫。凡是接触过肺鼠疫患者的健康人都应做所谓的暴露后预防,亦即给予7天抗生素治疗,并严密观察是否出现发烧或咳嗽。

5.2.5.3 天花

1. 病原体

天花是一种急性病毒性传染病,千百年以来一直是世界上最可怕的疾病之一。自世界卫生组织开展大规模接种牛痘运动后,天花已于1979年在全世界灭绝。现今只有2个官方实验室保留有天花病毒以备不时之需,其中一个在美国的亚特兰大,另一个在俄罗斯的莫斯科。

天花病毒是最大和最复杂的病毒之一,其形状呈长方六面体,耐干燥能力特别强,而且即使在-20℃的温度下保留多年仍具传染性,在室温下其传染性可达数月之久。天花病毒及病情较轻的类天花病毒的唯一天然宿主就是人。天花病毒的传染剂量很小,只要有10~100个天花病毒就足够了。

2. 传播方式

天花是一种传染性极强的疾病,在人与人之间一般通过飞沫传播,因此天花扩散很快。不过,若直接接触天花患者的唾液、尿等体液,或间接接触被天花病毒污染过的衣服,床上用品或尘土也可能染上此病,天花病毒的潜伏期为7~18天,轻型天花病毒的潜伏期最长为16天。

如果将天花病毒以喷雾方式实施恐怖袭击,则天花病毒的存活时间不长,最多2天便会失去活性,因为露天的自然环境对天花病毒来说是过热和过于潮湿的,但是只要一人感染上天花病毒就足以造成大面积疫情。

3. 临床表现

天花病毒经患者鼻咽腔侵入人体后,游移到附近部分淋巴结,并在其中繁殖,在人体感染后的第3天或第4天,病毒进入脾脏、骨髓和其他远端淋巴结,并继续在这些人体组织内繁殖,再经血液循环,扩散到全身各脏器。

过12~14天后,患者会突然发热、寒战,往往还伴有呕吐,显著症状是腰背部到骶骨发生剧痛。再过3~4天后患者体温下降，开始进入康复期，此时，在患者全身皮肤上会出现皮疹，并迅速转变为圆形丘疹深藏皮内，随后形成豌豆大小的天花疱疹，在本病程的第8或第9天，疱疹内液体变得浑浊，周围红晕明显且质硬，这种疱疹通常在头面部最为密集，鼻咽腔、肠道、泌尿系统和生殖器官等黏膜上的脓疱令患者深感疼痛。

此时，患者体温再度升高，并由于鼻咽部脓疱的形成而导致吞咽困难和呼吸不畅。到第11天和第12天时，脓疱按其先后形成的顺序逐渐干涸并结成黄褐色的痂皮，临床症状逐渐消退。随后痂皮脱落并遗留典型的疤痕。天花的整个病程并不复杂，大约延续4~6周。

患者感染类天花病毒时体温上升不高，经一两天后便退热，在病程的第三或第四天出现少数圆形丘疹，但罕有发展成脓疱，因而不会遗留疤痕，患者总的健康状况通常只受到轻微的不利影响。

4. 诊断

从患者鼻咽部提取的黏液、疱疹的内容物和血液中可以检测到天花病毒，此外，检查患者血液中的抗体也可以做出诊断。

5. 治疗

对于天花，不可能按其诱发原因进行治疗，只能局限于使患者镇静、减轻疼痛、皮肤和嘴唇护理，抗生素只能阻止别的细菌对天花脓疱造成再感染。

6. 预后

在暴发典型的流行性天花情况下，未经接种牛痘的患者死亡率约为50%，类天花患者的死亡率低于1%，天花患者通常在病程的第二个星期内死亡，凡接种过疫苗的人，接种时间越近，预防效果就越好。感染天花的患者病愈后可能会在面部留下破相的瘢痕，也可能造成失明、耳聋或瘫痪等后遗症。

7. 预防

鉴于天花是烈性传染病，凡患者及与之接触过的人都要隔离，患者或可能为感染者所住过的房间、房内家具、用过的物品、穿过的衣服等都必须用甲醛消毒，如果恐怖分子用天花病毒实施袭击，要采取这些必要的消毒措施，必将使公共卫生部门因难以组织大规模消毒而陷入困境，并会引起人心恐慌。

对于已感染天花病毒但尚未发病的人群，迄今尚无能保护他们抵抗天花病毒的对症药物，研究人员仅通过动物试验找到一种能够在感染天花病毒初期阻止病情发展的药物，称为西多福韦(Cidovir)，但它有严重损害肾脏的副作用。

对付天花唯有接种疫苗进行预防，即使在患者感染初期的几天内给予接种仍能见效，虽然无法阻止天花发病，但至少可以明显减弱病情发展的凶险程度。

在全世界根绝天花之后不久，原先人人都有接种义务的防疫活动就不再进行了。因此,凡是1982年以后出生的人都未经过接种预防,此前接种过天花疫苗者是否还有预防作用或能维持多久,现在难以确定。但是接种天花疫苗中普遍存在的难题是其副作用,而且在某些人身上表现得相当严重,有时甚至导致死亡。首次种痘者因引发脑膜炎而致死的概率为3%。因此,现在即使担心恐怖分子发动天花病毒袭击,专家们仍否定对全体民众接种疫苗这一做法。

5.2.5.4 肉毒中毒

1. 病原体

肉毒中毒是由肉毒梭状芽孢杆菌产生的肉毒杆菌毒素引起的中毒。这种毒素只要几微克就足以引起中毒,它是目前已知的最强烈的细菌毒素,一个体重70千克的人,如吸入0.7~0.9微克或吃进含有70微克毒素的食物就会死亡。

肉毒梭状芽孢杆菌早在1896年就被范·埃默格姆发现,称之为肉毒杆菌。因为他在检验一名食用了腐败变质的火腿而中毒的死者时,发现了这种病原体。这种细菌属于厌氧菌,只能在缺乏氧气的环境中生长。因此,真空包装肉食品并不能防止肉毒中毒,反而有助于肉毒杆菌生长,只有冷藏才可阻止其繁殖和产生毒素,因为该细菌不能耐受-3℃以下的低温。肉毒杆菌生成的抗热孢子能在水中存活,即使煮沸数小时仍能生存。在土壤中和海底都有这种孢子,要采集它并不难。但肉毒杆菌所分泌的毒素与孢子不同,对热敏感,煮沸15分钟即被破坏。

2. 传播方式

德国在1999年曾发生19例肉毒中毒,其中有2人死亡,这些中毒者都是吃了被肉毒梭状芽孢杆菌污染的食物后发病的。这种病原体的扩散面很广,肉毒杆菌的孢子可以随灰尘或其他不洁物品侵入食物中,即使在现今普遍讲究卫生的情况下,仍不能从根本上阻止其污染食物。

这种孢子在隔绝空气的条件下,例如在自制的罐头食品或真空包装的熏肉中只要有3~50℃的适当温度就会萌芽并产生大量毒素,但对此只需在家里两次煮沸便可解毒,至于熏制肉食品,一般只需冷藏就能有效防止产生肉毒素。

肉毒素适于作为生物武器的原因不仅是可用来向食品库或水库投毒,而且这种毒素无色、无臭、无味,很容易随气流扩散。幸而用肉毒素制成的气溶胶在空气中很不稳定,大约2天后就失去活性了。

肉毒中毒不会在人与人之间传染,由伤口感染肉毒芽孢杆菌的病例极为罕见,只要皮肤无创伤,肉毒杆菌就不可能侵入人体。

还有一种肉毒中毒称为婴儿肉毒中毒,只有一周岁以下的婴儿才会得此病,其肉毒杆菌孢子源往往是蜂蜜,为了让婴儿安静,哺乳期的母亲常常用蜂蜜保养护理乳头,或在婴儿食品中加入蜂蜜,因此就有可能造成婴儿中毒,较大的孩子和成人的肠道菌群会阻止肉毒孢子萌芽,但婴儿尚无此能力。因此,一周岁以上的婴儿就无此危险了,虽然迄今尚未发现婴儿肉毒中毒致死的病例,但也不排除婴儿突然死亡的若干病例中隐藏着肉毒中毒的因素。所以,专家们一般都建议不要对一周岁以下的婴儿喂食蜂蜜。

肉毒中毒的潜伏期为 12 小时至数天不等,视所摄入的肉毒素剂量而定,婴儿肉毒中毒的潜伏期目前还不清楚。

3. 临床表现

肉毒杆菌引起的典型食物中毒初期症状为恶心、呕吐、腹泻或便秘。此后,这种神经毒素导致口干、视力模糊、语言障碍、吞咽困难以及全身肌肉虚弱无力。患者在神志完全清醒的情况下,从头部开始往下全身肌肉因中毒而瘫痪。同时,呼吸肌也受累,若不采取强有力的抢救措施,则很快窒息而死。

至于婴儿肉毒中毒,这个年龄段的患儿病起时大多表现为吮食汁液能力减弱,这正是吞咽肌肉开始麻痹的征兆。婴儿中毒的发病过程与成人一样,也必须对其采取人工呼吸措施并辅之以强有力的医疗手段,这样方可挽救患儿生命,存活率可达 95% 。

4. 诊断

在患者的血液、呕吐物和食物采样中可检出肉毒素,不过这种检测比较麻烦,因此现在也采用通过实验室老鼠进行诊断的方法,如果把患者的少量血清给实验鼠注射后,它在 24 小时内死亡,这个典型症状就表明患者血液中含有内毒素。如此检测能迅速获得可靠结果。

5. 治疗

肉毒中毒对生命的直接威胁在于呼吸肌麻痹,因此,对疑为肉毒中毒的患者应尽快送往医院。患者送进医院后如果出现呼吸困难症状,则应立即施以人工呼吸或其他方式辅助呼吸。抗毒素对绝大多数的肉毒杆菌毒素具有阻止其在患者血液中循环的作用,只要处理及时就能减轻神经损害并缓和病程发展。

目前还没有针对肉毒素的药物治疗方法,肉毒中毒是一种纯粹的毒素中毒,用抗生素治疗根本不起作用。如果发生这种生物袭击,只能局限于使用抗毒素,但需经测试鉴定适用于何种肉毒素。

6. 预后

肉毒中毒的主要死因是呼吸麻痹,死亡率为 25% ~70% 。如果及早开始用抗毒素治疗并辅之以强化的医护措施,90% 的患者都能治愈,肉毒中毒治愈后的康复期通常为 1 个月。在极端情况下,即使治愈多年后仍会慢慢重新出现瘫痪症状。

7. 预防

肉毒中毒者无须隔离,该病不会在人与人之间传染。一般可用马抗毒血清作为疫苗被动免疫肉毒中毒,但这种抗毒素可供使用的种类不多,而且也未经可靠的安全性试验,因此专家建议对于可疑的肉毒中毒者,只有在其出现初期中毒症状时才可给予抗毒素治疗。

美国和英国目前正在临床试验一种所谓的类毒素疫苗。类毒素即为已解毒的毒素,它不会致病,但能使血液中形成可识别入侵的肉毒杆菌并将之消灭的特殊蛋白质 – 抗体,这种主动免疫的目的是让抗体杀死肉毒杆菌。对于可能已感染肉毒杆菌的患者,这种类毒素疫苗是不适用的,因为抗体形成时间比此病潜伏期长得多。

对于含有肉毒素的水可以加氯解毒,作用时间约为 20 分钟,对于食物中的肉毒素,至少要在 100℃下煮沸 15 分钟才能将其破坏。

5.2.6 生物恐怖袭击战剂的传播方式

生物恐怖主义的潜在影响取决于所使用的战剂、释放的数量、释放方法、释放条件、暴露人群先前存在的免疫力以及识别攻击的速度。生物战剂的共同特点包括:能够分散在 1 ~ 5mm 颗粒的气雾剂中,可以穿透远端细支气管;能够以简单的技术输送这些气雾剂,且如果从目标的上风向源输送,能够感染大量人群;能够快速传播并感染人群,带来民众恐慌。由于雾化生物制剂可以在短时间内感染或杀死许多人。即使是非雾化攻击,如炭疽菌攻击,也可能导致发病率和死亡率。这些生物战剂量很难检测到(通常为无色、无味),并且可以通过一种或多种方式传播。

1. 呼吸系统感染

呼吸系统吸入生物战剂是最为常见也是最为危险的,绝大多数生物战剂可通过气溶胶方式经呼吸道吸入体内。与水蒸气不同,一定大小的气溶胶粒子会随着时间在呼吸系统中积累。吸入生物制剂后,人们可能会发生类似流感症状,由于肺部有很大的表面积和气体交换功能,且黏膜对感染很敏感,症状会很快进展为肺部液化坏死及呼吸衰竭。如果体内吞噬细胞不能成功摧毁致病微生物,也可能会将生物战剂带到淋巴系统,在那里生物战剂会进一步增殖。

2. 消化系统感染

生物战剂不仅能够通过受污染的食物或饮用水进入消化系统感染人畜,在接触表面后通过手口接触,或在鼻子、喉咙和上呼吸道积聚较大的气溶胶颗粒后,通过吸道黏液等方式同样能够通过消化系统感染战剂。感染后会出现恶心、腹痛、发烧、呕吐等典型症状,在早期可使用抗生素进行治疗。在所有传播途径中,如果提前了解污染源,通过消化系统预防生物战剂是最为简单的。

3. 经皮肤伤口和黏膜感染

生物战剂可直接经皮肤伤口及眼、鼻等处的黏膜进入体内,形成渗透性感染。

4. 经虫媒感染

因携带生物恐怖剂的昆虫叮咬同样可引起感染。一般来说,皮肤越薄、血管越多、越潮湿,就越容易被生物战剂侵入。

5.2.7 生物恐怖袭击的特点

生物恐怖主义之所以能把整个世界笼罩在它的阴影之下,这与其特征密不可分。

1. 广泛的传染性、持久的危害性

20世纪70年代,世界卫生组织一个专家委员会曾经估计:50千克的炭疽杆菌经飞机在一个500万人口的都市上空施放后,如不经治疗,将会有10万人面临死亡。

从美国的炭疽邮件事件不难看出,由于恐怖分子使用了邮件传播的方法,使得炭疽菌能在邮件途径的每个地方留下"足迹"。再加上炭疽菌的存活率高,留下的"足迹"有可能很快就发展成为大面积的炭疽菌感染。另外,炭疽感染事件一直持续了2个多月,从国会大厦到平民邮局,只要邮件走到的地方,都有被炭疽菌感染的危险[9]。

生物攻击可以使任何一个国家,哪怕是最发达的国家陷入瘫痪。试想一下,每天都有关于新疾病和新感染者的情况,这一进程可能持续几个星期,社会开始为此不安,许多人不再出门上班,不敢打开信封,公司关门,游客减少,旅游业遭到沉重打击,社会活动和政治活动减少。这样,除了巨大的人员伤亡和经济损失外,还会造成居民的恐慌,产生严重的情感威胁,这也是恐怖分子特别钟情于生物恐怖袭击的原因。

2. 生产容易、成本低廉

可供生物恐怖分子所选用的生物战剂很多,属于烈性的生物战剂就有20多种。尽管许多国家对生物战剂的监控相当重视,但是这些生物战剂仍有流向社会的可能。

可怕的是,单个的人,只需要大学水平的生物学基础知识、不大的房间和一些必需的设备,即可生产出生物战剂来。这是因为这些微生物的结构、毒性、传代、培养等生物生理特性,早就被科学家们研究得清清楚楚。从事生物战剂的生产只需选准病原微生物,就可利用已经成熟的技术投入生产。用于生产病原微生物的营养物质主要是各种类型的培养基、培养液以及小型实验动物,它们来源广泛、价格低廉。生产技术难度小,可在任何地方进行研制和生产。病原微生物在营养、温度适宜的情况下,一般几十分钟到几个小时就可以繁殖一代,呈几何级数繁殖增长,一个月的生产量相当大。

3. 隐蔽性强、便于突然袭击

生物战剂的施放一般不需要特殊的设备,施放方式多种多样,这样就有可能做到十分隐蔽,实施者可以神不知鬼不觉地逃离现场。特别是生物制剂气溶胶无色、无臭、看不见、摸不着,人们即使在充满战剂气溶胶的环境中活动,也无法察觉。而且这种袭击可能发生在任何时间、任何地点,要想万无一失地进行有效防护几乎是不可能的[10]。

袭击常选用活的病原体,侵入人体后至发病有一定的潜伏期,一般不会立即造成杀伤作用,但由于它多具有传染性,往往能造成继发的传播和持续的危害及恐慌。

4. 缺乏有效的治疗和控制手段

由病原微生物所致人类疫病很多还没有特效药物,如艾滋病毒所致的艾滋病,人类经过 20 多年的研究,仍然没有找到极为有效的治疗和控制方法。尤其是疫病突然暴发时,是很难得到及时控制和治疗的[11]。

哪怕生物恐怖袭击所使用的生物战剂多是人类已根除或有着丰富治疗和控制经验的病原菌,但突然大面积流行,也会造成人们的措手不及。更为严重的是,恐怖分子利用基因工程的方法,对病菌基因进行改造和重组,可制造出使该病原菌传统的防治措施失效的超级病原微生物,具备常人无法想象的毁灭能力,并且具有研究和使用方便、隐蔽性极强、危害严重而难以消除等特点,因此,容易扩散到世界各国。

5.3 生物恐怖主义相关生物安全威胁的应对策略

5.3.1 防止生物恐怖主义生物泄漏的措施建议

生物恐怖主义的威胁每天都在增加,生物制剂和技术知识的容易生产和广泛获取,导致生物武器的进一步扩散。同时,在这个生物技术和纳米技术的时代,除了传统的细菌、病毒和毒素之外,人们可以很容易地获得更复杂的生物制剂。鉴于生物恐怖的隐蔽性、复杂性,对生物恐怖的防范必须采取以防为主的措施,从加强平时的监测工作做起,努力提高对各种可能生物恐怖事件的识别和处理能力。生物袭击的防护是综合性的系统工程,其理论基础是生物武器危害防护对策与技术。

1. 制定更加完善的法律法规和监管防御体系

制定和实施处理检疫和管辖问题的严格法律和监管法律,以遏制灾难性的生物恐怖袭击,惩罚具有非法意图的国家和恐怖组织。

建立健全报告制度,对生物恐怖主义实行全面警戒。公共卫生监测和流行病学调查在反生物恐怖中具有非常重要的作用。全国公共卫生监督所应当在信息和教育方面加大投资,发挥全国公共卫生监督所在当地的潜力。

生物恐怖袭击监测的两个主要目标是事件的早期检测以及疾病的追踪。相关的权威调查部门必须及时获得监测数据,监测计划必须指明监测信息如何被进一步调查,以及这些信息如何被及时传递到上级紧急应对部门。事件发生以后,需要加强监测机制管理疾病的暴发和进程,计划应该包括强化现有的监测机制、监测力量、监测报告以及信息管理能力。

面对日趋严峻的生物安全形势,发达国家相继组建了国家分级管理的生物防御体系,积极制定和出台相关政策法规,制订系统完整的生物防御计划,将生物危害防御纳入国家安全战略。美国、英国、德国、法国、意大利、日本、韩国、捷克等国家相继组建了国家分级管理的生物危害防御体系,使生物防御与国防建设统筹规划,同步研发、同步建设、同步数字化。生物威胁防御体系主要包括:组织指挥体系、实验网络体系、应急力量体系、国家储备体系、情报预警体系和规划预案体系。

2. 加大人力、物力投入,加强必要技术和物资储备

增加投入是十分重要的。经费的投入将获得抵抗生物恐怖活动的主动权:①监测医疗卫生反应,建立药物和供应储备,防止哄抢药品。②通过扩容,完善并加强国家公共卫生服务网络以及时监测并报告疾病的暴发,并指导流行病学调查,进行实验室检测以确定生物原,迅速通过电子技术交流所需资料和建议。③加强医学公共卫生应急能力,在主要城市建立医学应急队伍,提高局部地区的基础防御水平,从而处理生物恐怖活动所带来的后果。④大力加强预防医学护理和传染病控制能力,建立并维持国家民用药物和疫苗储备,以防遭受生物恐怖分子的袭击。⑤不断研究并探索快速诊断、药品和疫苗等,以便能够更加有效地消除生物恐怖分子所构成的威胁以及袭击后果。⑥继续有关最有可能被用作生物武器的微生物的基因序列分析工作,这样不但能够快速确定生物学原因,而且能进行有效的治疗。

比如2000年仅美国CDC在这方面的费用为1540万美元,加上相关药品的储备、州和地方能力建设、相关的独立研究项目,应对生物恐怖的总投入达1.5亿美元。所以在"9·11"及白色粉末邮件等恐怖事件发生后,美国能够作出迅速而有效的回应,使其危害降到了最低的限度。而如果这起事件发生在世界其他国家,很难将总病例数控制在20余例,甚至其后果将不堪设想[12]。尽管如此,"9·11"后,美国政府又增加拨款4.5亿美元给美国CDC,以改善该中心的设施和提升安全水平。我国应该从中得到启示,根据我国的实际情况,努力增加投入,以切实做好防范、平常监测与研究工作,真正做到防患于未然。

生物战剂种类繁多,而且新的传染病病原体还在不断涌现,这就给防范生物恐怖带来了极大的挑战。必须加强对各种病原体及其特性的研究,提高对各种生物制剂的检测和识别能力,开展各种早期诊断技术和诊断试剂、特异性诊断方法的攻关和积累。同时准备工作还需要加强公共卫生能力,储存充足的资源,包括药物、疫苗、预防药物、化学解毒剂、手套、口罩等个人防护措施,以及生物恐怖袭击事件中可能需要的设备,做到有备无患。

3. 加强疾病和生物恐怖事件监测力度

监测工作是疾病控制的重要方面,提高对不明原因疾病的警惕和准备,对于防范生物恐怖主义的公共卫生保护至关重要。在生物威胁(biothreat)的情况下,需要更复杂更综合的公共卫生应对措施,通过迅速地疾病监测、生物制剂准确的实验室诊断和表征来评估疫情,实施预防和治疗方案。

应对第一反应者进行疾病识别、生物大规模伤亡医院协议、感染控制和净化程序方面的培训，疾病的积极治疗、隔离、检疫、对受影响的个人实施旅行限制、对死亡受害者的安全管理以及传播公众对该事件的认识应该是紧急公共卫生响应的重点。

同时还应加强对生物恐怖事件的监测，而这种监测依赖于全社会的共同参与，以及对各种政治事件的高度敏感性和对社会的高度责任感，是一种更高要求的监测工作。

4. 加强专业队伍建设，提高应急反应能力

有效的生物恐怖主义规划、预防和应对需要执法部门和公共卫生部门之间的合作与协作，执法和公共卫生之间的协调和伙伴关系是在应急管理的每个阶段（准备、缓解、应对和恢复）规划和投资正确的培训和防御措施的先决条件。要识别潜在的隐蔽生物恐怖袭击，需要收集和分析医疗和症状监测信息的公共卫生，与获得威胁评估有关的情报和案件相关信息的执法部门之间进行协调，公共卫生将致力于制定有效的疾病预防和控制措施，执法部门将继续努力预防和威慑未来的袭击。在涉及疑似犯罪活动的公共卫生事件中，如隐蔽的生物恐怖袭击事件，及时发现的最佳方法是两个社区及早沟通，并通过联合调查认识到威胁的程度和来源。作为对公共卫生反应的补充，执法部门在疑似生物恐怖袭击中的作用是进行威胁识别和评估，包括情报收集和分析，执行与检疫、旅行限制和疏散有关的公共卫生命令；查找有意或无意传播疾病的感染者；保护医疗设施和公共卫生场所，如大规模疫苗接种或治疗场所；控制人群；保护国家疫苗或其他药物储备。为了应对生物恐怖主义和其他对公共卫生的威胁，促进公共卫生和执法之间的协调，法医流行病学的概念已成为美国公共卫生和执法官员正式联合调查培训的一部分。墨尔本大学开设了执法与公共卫生课程，旨在促进人们理解培养卫生和安全部门之间的伙伴关系，对于有效解决许多复杂的卫生和社会问题至关重要。

当前，我国对各种疫情和突发事件的反应能力还处于一个不平衡的水平，多数地区尚没有建立起有效的应急反应机制和精干的队伍，这样一旦有生物恐怖或其他恐怖事件发生，能否及时地识别、正确地应对、有效地控制将是一个十分严峻的挑战。尽管“和平、发展、稳定”是我们当前所处环境的主流，但国内外多种不安定的因素还客观存在，这是不容回避的现实。我们必须尽快建立一支招之即来、来之能战、战之能胜的应急反应队伍，加强处理各种疫情和突发事件的能力，这样就能以不变应万变，即使有生物恐怖事件发生，也能立于不败之地。

5. 将生物恐怖主义纳入国防教育体系

在西方发达国家，生物安全与防御基本和专业知识的教育已经纳入国防教育、公共卫生和医疗专业人员在校和继续教育的内容。形成了多部门组织、多种媒体配合，专业队伍、医疗卫生人员、民众等多层次的知识教育培训系统，集技术培训、演练评估、咨询帮助于一体，并通过重点城市防御和应对演练，磨合部门间、组织机构的协调性、检验预案，提高综合应对能力和救治水平。要教育公众，使其了解生物恐怖主义的真实性。

5.3.2　生物恐怖主义发生泄漏后的防疫措施

5.3.2.1　确定生物安全区范围

生物武器袭击造成的污染范围与当时的气象条件、地理地形、媒介物种类和使用方法等有密切关系，例如气溶胶的污染范围，是根据气溶胶团扩散纵深来确定；飞机直接喷洒或投掷发生气溶胶装置时，则以施放地点为中心，以不同距离测定空气中有无病原体的方法来确定污染范围。各种媒介污染范围，是以细菌弹爆炸后波及的范围和各种媒介物分布的面积来确定。如因发现不及时，致使昆虫有飞散可能时，就应根据昆虫可能活动的距离来确定。所有受染人员在未进行卫生整顿前，都应该认为传染区内及其其周围都具有传染的危险。

5.3.2.2　确定生物安全事故原因

正确地采集和送检各种标本，对保证迅速查明敌人所使用生物武器的种类和性质具有重要的实际意义。因此发现敌投物时，在封锁现场的同时，应立即采集标本送检，以便根据结果考虑相应的防护措施。至于采样的对象，应根据侦察的线索、流行病学指征及采样目的而定，一般包括空气、水、土壤的物体表面洗液或其他各类可疑的物品，在发现传染患者或病畜时，还须采集临床和尸体的标本。

5.3.2.3　控制暴发措施

预防控制措施需要根据疾病的传染源或危害源、传播或危害途径以及疾病的特征来确定。不明原因疾病的诊断需要在调查过程中逐渐明确疾病发生的原因。因此，在采取控制措施上，需要根据疾病的性质，决定应该采取的控制策略和措施，并随着调查的深入，不断修正、补充和完善控制策略与措施，遵循边控制、边调查、边完善的原则，力求最大限度地降低不明原因疾病的危害。

1. 对无传染性的不明原因疾病

(1)积极救治患者，减少死亡。

(2)对共同暴露者进行医学观察，一旦发现符合本次事件病例定义的患者，立即开展临床救治。

(3)移除可疑致病源。如怀疑为食物中毒，应立即封存可疑食物和制作原料，职业中毒应立即关闭作业场所；怀疑为过敏性、放射性的，应立即采取措施移除或隔开可疑的过敏原、放射源。

(4)尽快疏散可能继续受致病源威胁的群众。

(5)在对易感者采取有针对性保护措施时，应优先考虑高危人群。

(6)开展健康教育，提高居民自我保护意识，群策群力、群防群控。

2. 对有传染性的不明原因疾病

(1)如果有暴发或者扩散的可能,符合封锁标准的,要向当地政府提出封锁建议,封锁的范围根据流行病学调查结果来确定。发生在学校、工厂等人群密集区域的,如有必要应建议停课、停工、停业。

(2)现场处置人员进入疫区时,应采取保护性预防措施。

(3)对患者要采取“五早”措施,即早发现、早诊断、早报告、早隔离、早治疗。

①早期发现与诊断是控制传染病传播的首要措施。许多传染病在发病的早期传染性最强,如细菌性痢疾、流行性感冒等;有些传染病如麻疹、甲型病毒性肝炎等,在潜伏期末或潜伏期后半期就有传染性。早期发现与诊断对控制传播很重要,确诊和处理越早,越能有效地制止蔓延。尤其当发生烈性传染病或某些传染病在当地首次出现时,第一例的早期确诊,对控制流行极为重要;要充分利用临床、实验室和流行病学资料尽早确诊。

②传染病报告。迅速、全面而准确的报告是及时掌握疫情、及时采取措施、防止传染病蔓延的必要措施。根据《传染病防治法》规定,将法定报告的传染病分为甲、乙、丙3类,共35种,实行分类管理。对责任报告人、报告方法与时间都有具体要求。

③隔离和治疗。隔离是将传染病患者安置于专门病室,防止患者向外传播,便于集中消毒,同时使患者得到合理的治疗。隔离期限系根据该病的传染期而定。

(4)对接触者和易感人群的措施。接触者指曾接触传染源而有可能受染者,对接触者的措施就是检疫。其目的在于防止接触者在潜伏期成为传染源向外传播,同时给予适当处理,以防止发病或减轻病情,有利于早期诊断、隔离与治疗。检疫方式包括医学观察、留验和集体检疫。主要检疫措施要根据疾病种类与当时情况采取,如进行必要的病原学、血清学检查,卫生处理自动或被动免疫,药物预防等。检疫期限一般是自最后接触之日起,相当于该病的一个最长潜伏期。针对易感者采取的预防措施主要有预防接种、药物预防及个人防护。

(5)严格实施消毒,按照《传染病防治法》要求处理人、畜尸体,并按照《传染病患者或疑似传染病患者尸体解剖查验规定》开展尸检并采集相关样本。

(6)对可能被污染的物品、场所、环境、动植物等进行消毒、杀虫、灭鼠等卫生学处理。疫区内重点部位要开展经常性消毒。

(7)疫区内家禽、家畜应实行圈养。如有必要,报经当地政府同意后,对可能染疫的野生动物、家禽家畜进行控制或捕杀。

(8)开展健康教育,提高居民自我保护意识,做到群防群治。

(9)现场处理结束时要对疫源地进行终末消毒,妥善处理医疗废物和临时隔离点的物品。根据对控制措施效果评价,以及疾病原因的进一步调查结果,及时改进、补充和完善各项控制措施。一旦明确病因,即按照相关疾病的处置规范开展工作,暂时无规范的,应尽快组织人员制定。

5.3.3　生物安全证据与司法鉴定

生物恐怖因子是指最有可能用于生物恐怖的病原，是那些致病性强、获取方便、制备容易、毒性强、播撒后可导致人死亡和国家安全隐患的病原。及时、精确、有效的检测和确认生物危害因子，在确定是否遭受生物恐怖袭击，采取何种措施保障人民身体健康的过程中至关重要。

5.3.3.1　围绕病因假设，采集实验样品

根据病因假设线索，采集患者、疑似患者、外环境可疑污染和对照样品，当地使用或市面上能引起暴发疾病的物品，也可对健康者采集样本。同时，围绕病因假设进行相关人体外环境调查，进一步证实共同的危险因素。

1. 感染性疾病标本

标本采集应依据疾病的不同进程，进行多部位、多频次采集标本，对病死患者要求进行尸体解剖。所有的标本采集工作应遵循无菌操作的原则。标本采集、保存及运输时，应严格按照相关生物安全规定进行。

标本种类包括血液标本、呼吸道标本、消化道标本、尿液、脑脊液、疱疹液、淋巴结穿刺液、破溃组织、皮肤焦痂、尸体解剖等，以及媒介和动物标本。

2. 非感染性疾病

(1)食物中毒。在用药前采集患者的血液、尿液、呕吐物、粪便，以及剩余食物、食物原料、餐具、死者的胃、肠内容物等。尸体解剖时，应重点采集肝、肾、心血、尿液、胃内容物等。

(2)职业中毒。采集中毒者的血液、尿液，以及空气、水、土壤等环境标本。尸体解剖时，应根据毒物入侵途径和主要受损部位等，采集血液、肝、肾、骨等标本。

5.3.3.2　实验室检验，确定病因

如果是非感染性疾病，要依据病因分析的要求开展相应的检测项目。而感染性疾病，一般进行抗体检测、抗原检测、核酸检测、病原分离、形态学检测等检测项目，依据病原体的特异性可以进行一些特殊的检测项目。

1. 实验项目的确定

确定实验项目应同时考虑以下几点：①早期 IgM 和双份 IgG 血清学检验；②排泄物、分泌物、血液中的病原体分离鉴定，包括病原形态学、血清学鉴定和核酸分离检测；③人体外环境病原鉴定结果与人体内抗原、抗体的吻合、匹配；④毒力分析和动物实验模型佐证；⑤病原侵入与发病的时间顺序；⑥主导病原与并发病原的甄别；⑦查找病原时，应该

现场调查、个案调查、检验和实验同步进行。

2. 检验结果的判定

在进行结果的判定时，要考虑以下因素：①一致性。相应疾病患者中能检测出同一病原体或代谢产物、特异性生物标志物。②排他性。非病例样本或对照样本中不能检出该病原体。③综合性。应将实验室结果、临床特征、流行病学特征综合考虑。

5.3.4 立法与法律保障的现状

5.3.4.1 国外现状

1925 年签署的《日内瓦议定书》是一项国际法，禁止使用窒息性、毒性或其他气体和细菌作战方法。1972 年《生物和毒素武器公约》是第一个由大约 170 个国家签署的多边裁军条约，该条约禁止各国发展、生产、储存或以其他方式获取没有正当理由用于和平或防御目的的生物制剂或毒素。针对如邮件炭疽袭击事件所警示的事故性或蓄意性地释放病原微生物这一潜在的全球性威胁，WHO 在 2002 年 5 月的世界卫生大会上通过了《针对危害人类健康的生物、化学及放射性物质的自然发生，事故性泄出，或蓄意利用的全球预警应对计划》，该计划共包括 4 部分：①全球性准备。WHO 将对所有成员国提供技术和信息上的支持。②全球预警及应对。将反生物恐怖纳入全球疾病流行预警与应对体系之中。③国家准备。在技术、人员、物质上加强国家疾病监控体系的建设，将生物病原体的蓄意利用也纳入此体系之中，并强化实验室和流行病学研究和监控的能力。④有重点地特定监控一些与生物武器相关，并可能被用于生物恐怖主义的病原体，建立健全相应的预警与应对体系。2005 年 5 月的世界卫生大会还通过了《国际卫生条例》，旨在抵御传染病在全球传播，建立全球疾病流行预警与应对体系涵盖了所有的公共卫生事件，其中就包括因生物恐怖主义引发的突发性公共卫生事件。由此可见，防范并抵御生物恐怖主义的袭击，已成为世界公共卫生预警应急系统建设的重要课题之一。国家和地域的系统是及时发现并迅速应对疫情的第一线，是全球系统的基本组成部分，需要各地区和国家间的信息交流和紧密合作。美国在 2001 年，起草了《示范州紧急卫生权力法》，帮助美国各州立法机构修订公共卫生法律，以控制流行病和应对生物恐怖主义。《USA PATRIOT 法案》也于 2001 年签署成为法律。该法案的标题是一个 10 个字母的背景名称（USA PATRIOT），代表通过提供拦截和阻挠 2001 年恐怖主义法案所需的适当工具来团结和加强美国。美国于 2002 年通过了一项新的联邦法律——《公共卫生安全和生物恐怖主义防范和应对法案》。该法涉及国家对生物恐怖主义和其他公共卫生紧急情况的准备，加强对危险生物制剂和毒素的控制，保护食品和水供应的安全和保障，迅速批准对改善公众健康至关重要的安全有效的新药，以及审查人类药物应用和确保药物安全。2004

年,美国国会通过了生物防护工程法案,该法案资助政府购买和储存新的疫苗和药物,以对抗炭疽、天花和其他潜在的生物恐怖主义制剂。2007 年 3 月,印度国家危机管理委员会批准了预防和应对生物恐怖袭击的标准作业程序模式。根据这一模式,印度内政部(MHA)负责协调指挥、控制和准备措施以及攻击后应对机制,但应对攻击的主要责任在于州政府。在奥姆真理教地铁沙林事件之后,鉴于民间和国家双重安全保障的需要,日本也出台了一系列反生物恐怖主义的法律和方案。

5.3.4.2 国内现状

我国积极采取措施禁止发展、生产、储存或以其他方法获取或保有生物剂、毒素及相关的武器、设备或运载工具,制定了《国境卫生检疫法》《生物两用品及相关设备和技术出口管制条例》及大量相关法规,并对《中华人民共和国刑法》进行修正[13]。

2015 年发布的《中华人民共和国反恐怖主义法》(2018 年进行第二次修正)对恐怖活动组织和人员的认定、安全防范、情报信息、调查、应对处置、国际合作等进行了规定,并要求有关单位对传染病病原体实行严格的监督管理,严防扩散或流入非法渠道。一旦发生被盗、被抢、丢失或其他流失的情形,应当立即采取必要的控制措施,并立即向公安机关和主管部门报告[14]。

5.3.5 现存问题与未来方向

5.3.5.1 现存问题

生物恐怖袭击是生物安全领域需要重点关注的问题,但是目前的国内立法对上述领域很少涉及[15]。由于生物恐怖事件发生的不确定因素多,安全威胁的时间、方式、地域充满了随机性和偶然性,因此,任何决策的失误和处置的延误,都有可能丧失最佳防控时机和伤病员救治的最佳时机,从而导致更大的危害和更严重的危机。

在依法治国的大背景下,国家治理也要在法治的轨道上推进,我国"依法防疫、抗疫"的成功实践印证了法治在疫情治理中的有效性。疫情防控是对我国治理体系和治理能力的考验,同时也对后疫情时期的国家安全法律法规体系建设提出了要求,加快构建国家生物安全法律法规体系、制度保障体系[16]。

5.3.5.2 未来方向

我们必须随时做好应对多种安全威胁的应急准备。组建具有卫生流行病学侦查、微生物检验及急救和后勤等多维度综合素质的专业救援团队。建立完善的预警防御系统、急救系统。加强安全防范,制定反生物恐袭预案。加强防范生物恐袭的科研与开发。切实筑起一道我国生物安全防火墙。

（1）强化安全意识，加强疾病监测，提高预警能力，是发现隐匿型生物恐怖袭击的前提。

隐匿型生物恐怖袭击以患者的发现为信号。要整合国家现有的法定传染病报告系统和全国1%人口抽样的疾病监测，由部分医院实验室构成的病原体监测系统，增加监测点和监测报告方式，提高对人群疾病和症状发生、流行状态连续监测判断的能力，进而提升为生物恐怖袭击引发疾病的预警能力，特别要加强重点地区和重点医院为基础的症状监测报告，提高对发热、流感样病例的甄别和报告，从源头上保证隐匿型生物恐怖袭击早发现。

（2）建立应对处置专业队伍，是应急处置的组织基础。

只有建立掌握了处置程序和要点的应急反应队伍，在组织、人员、技术、行动预案和装备各方面落到实处，才能实现灵敏反应、快速机动，正确地采集标本，展开调查，进行合理处置。

（3）建立能力衔接、功能配套的检验系统和网络，是生物恐怖袭击确认的专业能力基础。

快速检验能指导现场应急处置，系统的实验室检验鉴定能为生物因子进行生物学溯源、甄别疫情性质和污染消除效果评估提供可靠依据。

（4）做好特需药品、试剂和装备等实物与技术储备，是应急处置的物资基础。

生物袭击使用的生物因子，可能是战剂，也可能是经过生物学技术改造的病原体或其产物等，往往会超出实验检验的内容与能力。恐怖袭击造成的突发污染，短时间内需要较多的消毒药械和防护装备。没有必要的物质保障，处置无法实施，效果无法保证。

（5）加快生物防御关键技术与装备研发，是解决制约能力形成与发展的关键。

建立健全生物恐怖袭击战剂基本信息数据库，汇集我国的致病微生物种类和毒力、抗性、遗传稳定性、变异等生物学特征信息，形成致病微生物生物学来源追溯判断的背景基础，研发生物医学防护决策支持系统，组建必要技术平台，形成较强生物因子识别鉴定技术基础和能力[17]。

（6）将生物恐怖袭击应对能力纳入国家安全战略，将生物恐怖袭击应对处置工作纳入危机管理。

从法规制度、计划预案、组织体制上，进一步确立生物恐怖袭击应对准备工作和处置活动的法律和社会地位。

（郑吉龙　李涛）

参考文献

[1] 姜庆五. 生物恐怖的威胁及其对策[J]. 疾病控制杂志,2003(1):1 -6.

[2] 奇云. 生物恐怖主义世界和平和人类健康的新威胁[J]. 城市与减灾,2012(4):19 -25.

[3] 杨建军,王宗贤,杜凯音. 生物威胁因子检测方法进展[J]. 中国卫生检验杂志,2008(4):759 -762.

[4] DIVASHREE S,AMBRISH M,VILAS N. Bioterrorism: Law enforcement, public health & role of oral and maxillofacial surgeon in emergency preparedness[J]. Journal of Maxillofacial and Oral Surgery, 2016,15(2):137 -143.

[5] 薛杨,俞晗之. 前沿生物技术发展的安全威胁:应对与展望[J]. 国际安全研究,2020,38(4):136 -156,160.

[6] GREEN M S, LeDUC J, COHEN D, et al. Confronting the threat of bioterrorism: realities, challenges, and defensive strategies[J]. Lancet Infect Dis. 2019, 19(1): e2 -e13.

[7] 廖延雄. 炭疽邮件——发生于美国的恐怖主义事件[J]. 畜牧与兽医,2003(7):1 -2.

[8] 于恩庶,刘岱伟,黄丰. 生物恐怖主义与人兽共患病[J]. 中国人兽共患病杂志,2003(1):1 -3.

[9] CONFIDENCE A A,STELLA B A,JANET S A,et al. Nurses´and Medical Officers´knowledge, attitude, and preparedness toward potential bioterrorism attacks[J]. SAGE Open Nursing,2019,5:437 -438.

[10] 盖若琰,黄勇,徐凌忠,等. 浅谈生物恐怖主义及病原特点与国家公共卫生预警应急系统建设[J]. 中国病原生物学杂志,2007(6):401 -403.

[11] WICKRAMASINGHE D, VIDANAGE P, ATHTHANAYAKA A, et al. Effect of sustained antibiotic stewardship programme in a tertiary care hospital in Sri Lanka to reduce the threat of antibiotic resistance[J]. International Journal of Antimicrobial Agents, 2021,58(9).

[12] 杨博,赵辉,蒲思丞. 美国反生物恐怖主义政策评析及其启示[J]. 中国人民公安大学学报(社会科学版),2020,36(3):10 -16.

[13] 何蕊,田金强,潘子奇,张连祺. 我国生物安全立法现状与展望[J]. 第二军医大学学报,2019,40(9):937 -944.

[14] 薛杨,王景林.《禁止生物武器公约》形势分析及中国未来履约对策研究[J]. 军事医学,2017,41(11):917 -922.

[15] HUANG Y Z. Managing biosecurity threats in China. [J]. Biosecurity & Bioterrorism

Biodefense Strategy Practice & Science, 2011,9(1):31 -40.

[16] 王林.我国生物安全法律法规体系建构研究[J].河南警察学院学报,2021,30(2):5 -12.

[17] LIONEL K, ANNE - AURELIE L, AVELINA M,et al. Natural outbreaks and bioterrorism: How to deal with the two sides of the same coin? [J]. Journal of global health, 2020, 10(2):020317.

第 6 章
微生物耐药与生物安全

抗微生物药物是广泛用于治疗、预防各种感染性疾病的药物，具有杀灭或抑制微生物活性的作用，包括抗细菌、抗真菌和抗病毒等药物，如抗生素、抗微生物化学合成药与中草药等。抗生素是由微生物（包括细菌、真菌、放线菌属）或高等动植物在生命过程中所产生的具有抗病原体或其他活性的一类次级代谢产物，能干扰其他细胞发育功能。自从这种抗生物质被人类发现，并研制成各种抗生素用于治疗感染性疾病以来，微生物接触了某种抗生素，也会尽可能地适应和耐受这种抗生素的作用，这就形成了微生物的耐药性。耐药性的形成过程是每种药物迟早发生的自然生物过程[1]。当前微生物耐药问题已经成为世界性的重大公共卫生问题。随着抗微生物药物在人类、动物健康领域，以及农业生产领域的广泛应用，耐药微生物也随之产生。抗微生物药物耐药性（antimicrobial resistance，AMR）指细菌、病毒、寄生虫和真菌等微生物，对曾经有效治疗感染的抗微生物药物不再敏感的一种自然现象。AMR 问题事关人类健康、食品安全、人与自然的和谐共存，共同应对抗微生物药物耐药性问题已经成为共建人类命运共同体进程中的重要命题。全球 AMR 形势日趋严峻，病原菌多重耐药现象的产生推动了“后抗生素时代”的到来。

由于耐药性的存在，当人们遭受微生物感染时，盲目滥用抗生素的概率上升，患者病情被延误，感染率和死亡率逐年升高，医疗费用日益攀升，所能选择的药物越来越少，从而使人类在治疗感染性疾病时，陷入了有史以来最艰难的困境。据有关材料显示，全球每年约 20 万新生儿因缺乏有效抗生素而死亡，耐多药伤寒菌在非洲迅速传播，耐药结核菌已在 100 多个国家和地区被发现，大湄公河地区抗疟疾药物耐药问题日益紧迫，新型耐药基因正在全球快速传播。抗生素耐药性现在是全球主要死因,甚至超过了死于艾滋病毒或疟疾的人数。2019 年,全球有 127 万人直接死于抗生素耐药性,495 万人的死亡与抗生素耐药性感染有关[2]。美国疾病控制与预防中心 2019 年发布的美国抗生素耐药性威胁报告显示,抗生素耐药性细菌和真菌每年在美国导致超过 280 万人感染和 35000 人死亡。这意味着,在美国平均每 11 秒就有一人感染抗生素耐药性感染,每 15 分钟就有一人死亡。根据世界粮农组织的数据,每年约有 70 万人死于抗微生物耐药感染。该组织估算了抗微生物药物耐药性对健康和经济的影响,预计到 2050 年,每年将造成 1000 万人死亡,各国 GDP 平均减少 2% ~3.5%,造成的经济损失可能高达 100 万亿美元,其真正带来的巨大危害尚且无法估算。

1950 年,美国食品与药品管理局(FDA)首次批准抗生素可作为饲料添加剂。自此,抗生素被全面推广应用于动物养殖业,在预防和治疗动物传染性疾病,促进动物生长及提高饲料转化率等方面发挥了重要作用。我国是畜禽养殖大国,也是动物用抗微生物药物生产和使用大国,但与世界上其他国家和地区一样,近年来,我国部分地区畜禽分离食源性病原菌耐药性持续升高。多种病原已经对抗生素产生耐药性,如多重耐药的空肠弯曲杆菌、耐多四环素沙门氏菌以及多重耐药的大肠杆菌等。2015 年,沈建忠院士等报道了黏菌素的耐药性的产生机制,并阐述其沿食物链传播的可能。黏菌素耐药性在不同肠道病原菌和动物品种间的比较结果显示:沙门氏菌比大肠杆菌严重;鸡比猪严重。大肠杆菌对于恩诺沙星和氟苯尼考的耐药性均高达 50% ~70%。研究者通过对亚洲水产养殖和渔业抗微生物药物耐药的 20 年趋势研究发现,在水产养殖业,耐药性超过 50%,在食源性病原体中,对青霉素(60.4%)、大环内酯类(34.2%)、磺胺类(32.9%)和四环素类(21.5%)的耐药性最高。

目前重要的致病微生物大多存在严重的耐药问题,微生物产生耐药性仅需几个小时甚至几十分钟,但是人类开发一种新药往往要投资昂贵经费,从研发到临床应用要耗时 10 ~15 年。即便如此,在过去 30 年里,人类并没有开发出能有效杀灭耐药结核菌的新型抗结核药物,而耐药结核杆菌感染的患者却逐年增加,耐药结核杆菌的感染在我国已达 46%,耐药问题的严重程度由此可见一般。我国作为抗生素的生产和消费大国,由于长期的不合理使用及监管缺乏,导致微生物耐药性问题十分严峻,亟须从国家生物安全战略高度加以重视,采取积极有效的应对策略,解决微生物耐药性带来的威胁,维护人类健康和生态系统安全。基于此,本章希望展示微生物耐药性基本知识、演变历史、发展现状、未来趋势、应对策略等,提高社会公众对微生物耐药性的认识水平,有效遏制微生物耐药带来的生物安全威胁。

6.1 微生物耐药引发的生物威胁案例

6.1.1 美国出现首例“超级细菌”感染者，所有抗生素都无效

2016年5月26日，美国疾病控制和预防中心主任汤姆·弗里登(Tom Frieden)证实，美国发现首例“超级细菌”病例，对现阶段全部抗生素都具有耐药性，一旦这种超级细菌传播，可能造成日常感染的严重危险。该病例是宾夕法尼亚州一名49岁女性尿路感染者，这名女性在发病前5个月内没有外出旅行史。弗里登称，就专门被用来对抗“噩梦细菌”的黏杆菌素(colistin)也没有控制住该病例的感染。沃尔特·里德陆军医疗中心在美国微生物学会刊物《抗菌剂与化疗》刊登了关于该感染病例的研究报告。报告称这种超级细菌自身首先是被质粒(plasmid)的小DNA分子感染，质粒携带可对黏杆菌素产生抗性的基因mcr-1，这表明出现了真正的泛耐药细菌。

6.1.2 超级真菌——耳念珠菌

据《纽约时报》2019年4月6日的报道，纽约市西奈山医院在2018年5月为一名老年男性做腹部手术时，发现他感染了一种“神秘而致命”的真菌，医院迅速将其隔离在重症监护室。90天后，该男子在院内死亡，但这种致命的真菌却顽强地存活了下来，院方为此对墙壁、病床、门、水槽、电话都进行了特殊消毒，甚至拆除了部分天花板和地板。这种超级真菌叫耳念珠菌，目前，耳念珠菌已在纽约、新泽西和伊利诺伊等12个州流行。美国疾病控制与预防中心已将耳念珠菌列入“紧急威胁”名单。据其官网最新通报，全美感染病例已上升到587宗，近50%的感染者在90天内身亡。

6.2 微生物耐药性的基本概念和产生历史

6.2.1 微生物耐药性的基本概念

当药物治疗病原微生物感染时，临床医生对耐药性的定义是病原体对通常用药方案的治疗产生了低反应性，即常规剂量的药物不能杀死或抑制感染微生物的状态称为“耐药”。微生物学家对耐药性的定义则是基于大量的监测和研究获得的，即指某些菌株的DNA发生改变，使该菌株对抗菌药物的最低抑制浓度(MIC)比野生株增高。DNA的改变如携带了耐药性质粒，或改变药物的作用靶位，或药物外排泵过表达等。最初耐药性的概念仅指细菌对抗生素的耐药，现在看来具有耐药性的生物不仅是细菌，其他微生物如病毒、支原体、衣原体、真菌、原虫等，甚至肿瘤细胞都存在耐药性，所耐受的药物也不仅

是抗生素,还包括其他抗感染药物、消毒剂及抗肿瘤药物等。

突变对一些抗菌药物的耐药起到重要的作用,一般是通过改变酶的特异性或减少致命靶位的结合。耐药性是基于罕见的基因突变的概念,也有通过两种药物协同给药可能预防产生耐药的概念,多种药物联用成功治疗结核病是这一观点的最好证明。在耐药性研究和临床应用中,抗药性(resistance)与耐药性(tolerance 或 persistance)一直混用。一般认为抗药性的表型分为抗药性和耐药性,“耐药性”常局限于内用的抗感染药物,多指生理性适应就采用“tolerance”;而“抗药性”则认为是基因组序列突变就采用“resistance”。但临床遇到的耐药性问题不可能立即就分辨是基因突变,还是生理性自适应,由于这些概念的本质特性并无差异,即便是基因突变机制,人们也常用“耐药”基因、“耐药性”质粒等词。临床上常提到“微生物耐药”,就是指微生物对抗感染药物和消毒剂的耐药性;提到“某抗感染药物或消毒剂耐药”,也是指微生物对该药物和消毒剂的耐药[3]。

早期的实验研究,关注的是获得性耐药是否代表微生物对药物的一种适应性反应,如将研究对象生长在含有抑制剂的培养物中,采用浓度梯度增高的连续培养法,可理解为耐受抑制剂的“培训”式培养。为了用药物筛选耐药株,1952 年兰登伯革通过影印培养试验(replica plating)复制出耐链霉素的大肠埃希菌的菌落,但该菌株在未接触链霉素之前就已具有对链霉素的抗性。影印培养试验证明突变是自发的、随机的,是细菌在接触抗生素之前已经发生,抗生素仅起筛选抗性突变株的作用,而且突变发生越早,产生的抗性突变株就越多。虽然这些微生物的生物特性各不相同,但耐药机制却有共同规律。当前耐药研究正从多层次多角度展开,逐渐成为一个重要的研究领域,耐药研究的基本内容主要包括以下四个方面:①耐药机制研究;②耐药的流行病学研究;③耐药的检测方法研究;④耐药对策研究。

耐药性在早期就已分类为先天固有和后天获得两种类型,据说越不敏感的微生物就是天然耐药,就革兰染色而言,天然抵抗结晶紫染色的特性就是革兰阴性菌的固有属性,革兰阴性菌对染料和其他药物的天然耐药是由阴性菌的外膜屏障和特异性外排泵等机制所致;微生物以前对某药物有较高的敏感性,由于获得性耐药机制降低了微生物的敏感性,由于医院是滋生耐药菌群的地方,所以医院内感染可能逐渐被更多的耐药微生物替换。

6.2.2 微生物耐药性产生的历史

磺胺类药物在 20 世纪 30 年代末上市,该药物在青霉素应用之前,一直被广泛用于治疗和预防感染。二次世界大战期间,磺胺嘧啶在多数军事基地用来预防上呼吸道感染,但随后出现了 β-溶血性链球菌的耐药菌株。1950 年,日本报道 80% ~90% 的志贺痢疾杆菌对磺胺类药物耐药,尤其是宋内志贺菌;也有报道在应用磺胺类药治疗淋病过程中,很快出现治疗失效和耐磺胺类的淋病奈瑟菌的扩散;与其相似的是,用磺胺类药物治疗化脓性脑膜炎，出现耐药性脑膜炎奈瑟菌。但在前磺胺类时代，淋病或脑膜炎奈瑟菌在未接触磺胺的两类奈瑟菌培养物中，就已发现有磺胺类耐药菌株的存在，但这些耐药性是先天固有还是后天获得的并不清楚。曾见报道用磺胺嘧啶治疗肺炎链球菌肺炎或脑膜炎时，在恢复期患者中分离到耐磺胺嘧啶的肺炎链球菌。后来人们知悉对氨基苯甲酸(PABA)是细菌代谢链中的一种基本代谢产物，并于 1940 年研究发现 PABA 能阻止磺胺类药物的作用，设想磺胺类的药效是模仿 PABA 的化学结构并能与其竞争而阻止细菌对 PABA 的利用，达到抑菌和杀菌的作用。很快就在耐药性肺炎链球菌的提取物中发现有大量的磺酰胺抑制剂，对肺炎链球菌并无作用，实际上是因肺炎链球菌持续生产过剩的 PABA 而获得耐药。但在耐磺胺类大肠埃希菌中没有发现多余的 PABA，发现的是耐磺胺类的酶类，这些酶可在叶酸生物合成的早期利用 PABA。

1940 年，青霉素 G 问世后，青霉素耐药出现在抗生素使用的第一个 10 年。耐药性细菌主要是金黄色葡萄球菌和肠道革兰氏阴性杆菌。1940 年，科学家首次从临床分离的大肠埃希菌中发现了一种灭活青霉素的酶，即 β - 内酰胺酶，能使青霉素类和头孢菌素类的抗菌作用下降。1942 年，又发现该酶来自青霉素治疗患者身上分离的金黄色葡萄球菌；1944 年在从未接触过青霉素的患者身上分离的耐药性金黄色葡萄球菌中也提取到了该酶。1946 年英国 Hammersmith 医院分离的耐青霉素金黄色葡萄球菌的比例为 14%，一年后迅速增至 38%，1948 年高达 59%。到 1952 年，英国各地医院分离的耐青霉素金黄色葡萄球菌占 75%，耐药菌株最终稳定在 90% 左右。为克服青霉素耐药，科学家研究出一种新的能耐青霉素酶的半合成青霉素，即甲氧西林(methicillin)，1959 年该药应用于临床后，曾有效地控制了金黄色葡萄球菌产酶株的感染。1961 年，英国人杰弗斯(Jevons)发现了首例耐甲氧西林金黄色葡萄球菌(MRSA)，很快 MRSA 的感染几乎遍及全球，已成为院内和社区感染的重要病原菌之一。1975 年美国 MRSA 的检出率仅为 2.4%，1991 年时已增至 24.8%。在欧洲，1417 家医院 ICU 病房在 1993 年分离的 MRSA 达 60%；在我国，MRSA 发现于 20 世纪 70 年代。上海 1978 年 MRSA 的检出率为 5%，1988 年升至 24%，1996 年达 72%。近年，我国 MRSA 检出率基本趋于平稳，据全国细菌耐药监测网(CARSS)2019 年 10 月至 2020 年 9 月的监测数据显示：甲氧西林耐药金黄色葡萄球菌全国平均检出率为 29.4%，较 2019 年下降 0.8%；MRSA 检出率地区间有一定的差别，其中西藏自治区最高，为 46%，山西省最低，为 15.2%。

链霉素产生耐药的机制在很长一段时间内是个谜，链霉素耐药性突变株在许多种属的细菌中低频率出现，突变株不仅能引起高水平的耐药，甚至会出现细菌的生长对链霉素产生依赖性，这种赖药性是一种奇特类型的耐药。当观察细菌暴露在链霉素下产生的各种生化变化，还有大肠埃希菌在链霉素低浓度下产生的链霉素赖药突变体，均导致菌体蛋白质浓度的减少和 RNA 量的增加。有学者认为，链霉素能抑制敏感细菌的蛋白质合成，但需要适量 mRNA 附着在耐药菌株的核糖体上。不久之后在无细胞系统找到链霉素影响氨基酸的直接证据，当链霉素的浓度降至 10^6 mol/L 时，可抑制聚合尿甘酸直接结合苯丙氨酸，但如果要证明链霉素耐药菌株的蛋白质合成受到抑制，则需将链霉素的浓度提高至无细胞系统实验浓度的 1000 倍。此外，发现链霉素可导致细菌基因密码的误译，可催化聚合尿苷酸错误插入异亮氨酸和其他氨基酸。

耐药性质粒对耐药性的产生和研究是一个重要概念的进展，这不仅导致更好理解耐药性的获得和传播，而且最终发展了 DNA 重组和生物技术的运用。1959 年，人们就发现耐药的可转移性，随后在世界各地的几乎所有被检测的细菌种属中（如肠杆菌科、假单胞菌属、不动杆菌属、葡萄球菌属、肠球菌属、拟杆菌属、梭状芽孢杆菌等）都发现有耐药性质粒（R－质粒）。有一些 R－质粒具有非常广泛的宿主范围，而另一些则仅限于革兰氏阳性菌、革兰氏阴性菌、厌氧菌，甚至是更小的细菌亚种；并逐渐开发了 R－质粒的转移、分离和分类技术；又发现了转座子，允许耐药性基因从一个 DNA 位点转移到另一个，而整合子则允许耐药基因在质粒上被捕获并有效地表达。限制性内切酶的介导，促进了对质粒结构的分析和允许 DNA 片段的克隆。抗生素耐药性的基因学理论和技术成为可管控的并大量贡献于分子生物学的新兴学科。

从临床分离的大肠埃希菌中发现的 R－质粒，携带 β－内酰胺酶（特指 TEM），导致这种耐药机制可向其他大肠埃希菌和其他种属传播。不久之后，TEM 型 β－内酰胺酶也从耐氨苄西林的流感嗜血杆菌和耐青霉素的淋病奈瑟菌中被发现。头孢孟多的应用使我们认识到 β－内酰胺酶的脱抑制可提供某些微生物的耐药性，并随着广谱头孢菌素类的临床应用，使广谱和其他的 β－内酰胺酶激增。质粒携带针对许多抗菌药物的耐药基因。一些基因能编码药物的修饰酶或灭活酶，有一些酶能改变细胞上的药物靶点或提供生物合成的旁路途径。发现抗生素（如氯霉素、四环素）的外排基因是质粒决定的，但外排介导的耐药性也发生于染色体突变，改变涉及外膜蛋白质的表达来控制摄取抗生素所形成的孔蛋白通道。在对前抗生素时代收集的细菌进行研究表明，质粒在组编、表达和传递耐药性上均早于抗生素的临床应用。耐药性基因本身可能来自不同的起源，插入到先前存有的质粒 DNA 中形成了 R－质粒。质粒对基因转移来说并不是唯一的传递工具。肺炎链球菌、脑膜炎奈瑟菌、淋病奈瑟菌和流感嗜血杆菌等病原体与近缘种属密切相关的成员，可通过自然转化交换染色体基因，包括青霉素结合蛋白（PBP）和拓扑异构酶基因，提供对青霉素或喹诺酮类的耐药性。

抗微生物药物发现的高潮时期跨越了 1955—1985 年，超过 100 种在临床试验过，并有至少 60 种在临床应用。20 世纪 50 年代早期揭示了四环素的结构，直接导致了多西环素、米诺环素和半合成四环素的生产，效果都明显优于原始的自然产物。这个时期发现了新类型抗生素，包括万古霉素（糖肽类抗生素）、利福霉素、氟喹诺酮类、头孢菌素类、林克酰胺类抗生素和β-内酰胺酶抑制剂。这段时间也使之前发现的抗生素类型出现了惊人的扩增,如氨基糖苷类(如妥布霉素、庆大霉素、卡那霉素)、大环内酯类(如克拉霉素、阿奇霉素)、青霉素类(如哌拉西林),尤其是头孢菌素类的换代。但一种药物引进后不久便在较短时间内出现了耐药性,耐药性是抗微生物药物应用的一个不可避免的结果。同样,对抗病毒和抗寄生虫等新药的耐药性也充分说明了这一普遍现象。R-质粒能促进对超广谱β-内酰胺类(如头孢吡肟、头孢噻肟、头孢他啶、头孢曲松、氨曲南),氨基糖苷类抗生素(如阿米卡星)和四环素(如替加霉素)等药的开发,以及对克拉维酸、舒巴坦和他唑巴坦等类似耐药抑制剂的研发。耐药性依然存在许多谜,如金黄色葡萄球菌和铜绿假单胞菌等为什么特别易获耐药性?又如数十年应用青霉素G治疗梅毒螺旋体和化脓性链球菌等感染,梅毒螺旋体和化脓性链球菌等仍对青霉素G保留充分的敏感性也是一个谜。各种药物耐药性发展的速度也在显著的变化,一种药物引进后不久或要经过多年可能就出现耐药性(表6.1)。在英国,耐甲氧西林金黄色葡萄球菌是药物被引进几年内分离的,但20年之后分离的肺炎链球菌只是对青霉素的敏感性降低,耐万古霉素的肺炎链球菌花了更长时间才出现。在产生β-内酰胺酶的细菌中,淋病奈瑟菌中达到10%~30%,流感嗜血杆菌达到15%~35%,大肠埃希菌达到30%~40%,卡他莫拉菌属达到75%,金黄色葡萄球菌达到90%,但决定这些不同水平的因素是什么却知之甚少。通过谨慎使用抗生素来预防耐药性仍然是控制的关键,控制抗生素在动物饲料中的使用也是一项重要的措施。

表6.1 抗生素的发现、应用和产生耐药性的时间表

抗生素	发现或报告时间(年)	临床应用时间(年)	耐药性明确时间(年)	微生物
磺胺类	1935	1936	1939	肺炎链球菌
青霉素G	1928	1941	1942	金黄色葡萄球菌
	1940	—	1965	肺炎链球菌
甲氧西林	1960	1960	1961	耐甲氧西林金葡菌(MRSA)
β-内酰胺类	1978	1978	1983	肺炎克雷伯菌
	—	—	1988	大肠埃希菌(TEM3型ESBL)
	—	—	1990	β-内酰胺酶阴性耐氨苄西林流感嗜血杆菌(BLNAR)
链霉素	1944	1946	1946	大肠埃希菌
四环素	1948	1952	1959	痢疾志贺菌
红霉素	1952	1955	1957	金黄色葡萄球菌
万古霉素	1956	1958	1987	耐万古霉素屎肠球菌(VRE)
	—	—	2002	耐万古霉素金葡菌(VRSA)
庆大霉素	1963	1967	1970	肺炎克雷伯菌
	—	—	—	铜绿假单胞菌

6.2.3 重要的几种耐药微生物

6.2.3.1 耐药性细菌

1. 耐甲氧西林金黄色葡萄球菌

耐甲氧西林金黄色葡萄球菌是临床上常见的毒性较强的细菌,这种细菌对 β - 内酰胺类、大环内酯类、克林霉素、四环素和氟喹诺酮类等均耐药,临床治疗只能用万古霉素。MRSA 主要的耐药机制就是特有的 mecA 基因大量编码对 β - 内酰胺类抗生素低亲和力结合的青霉素结合蛋白 PBP2a,从而导致 β - 内酰胺类抗生素产生耐药性。目前临床分离的金黄色葡萄球菌中 MRSA 占 30% ~80%。2002 年出现了耐万古霉素的金黄色葡萄球菌(VRSA)和中介耐万古霉素的金黄色葡萄球菌,都是由 MRSA 演变而来。

2. 多重耐药结核分枝杆菌

耐药结核病是目前结核病控制中遇到的重大挑战和主要障碍。1882 年的柏林生理学大会上,德国科学家罗伯特·考(Robert Koch)宣布发现了引起结核病的元凶:结核分枝杆菌(Mtb),并将其分为人型、牛型、鸟型和鼠型 4 型,其中人型菌株是人类结核病的主要病原体。结核分枝杆菌是一种“顽强而狡猾”的致病菌,具有编码调控其潜伏性、持留性、突变性及致病性等特性的多种基因,结核分枝杆菌的形态、菌落、毒力及耐药性等均可发生变异,来对抗、削弱人类在控制结核病所采取的各种措施。结核分枝杆菌对抗结核药物较易产生耐药性,形成多重耐药菌株,给治疗带来难度和挑战。目前世界上有 1/3 的人感染了结核,有 5000 万人携带耐药菌。2002—2006 年,WHO 在组织了迄今为止最大规模的结核调查(anti - tuberculosis drug resistance in the world),证实多重耐药结核杆菌(MDR - TB)正在全球迅速蔓延。2004 年,全球 MDR - TB 感染患者估计共 424203 例,占新发和既往接受治疗结核病例总数的 4.3%。其中,中国、印度和俄罗斯 3 个国家的 MDR - TB 感染者达 261362 例,占全球的 62%。WHO 数据表明,2018 年,全球约 50 万例耐利福平结核病新病例,其中绝大多数患有多重耐药结核病,目前已有 100 多个国家报告了广泛耐药结核病,这显示出严重的耐药结核病在全球流行情况的紧急状态。

3. 耐药肠球菌

肠球菌为革兰氏阳性球菌,广泛分布于自然环境及人和动物消化道内。20 世纪 80 年代以来,肠球菌在大量广谱抗菌药物使用的压力下,肠球菌的固有耐药和获得性耐药使许多常用抗菌药物在治疗肠球菌感染时失败,使得肠球菌严重感染的发生率和病死率明显升高,该细菌已经成为院内感染的重要病原菌。肠球菌的耐药特点是对 β - 内酰胺类、氨基糖苷类表现出低水平天然耐药。对青霉素耐药的肠球菌多由 β - 内酰胺酶引起,部分是由于产生了过量的慢反应结合蛋白(PRS),还有一些肠球菌对氨基糖苷类的 MIC

>2000mg/L,被称为氨基糖苷类高水平耐药菌(HLAR)。人们又发现了耐糖肽类肠球菌(GRE)和耐万古霉素的肠球菌(VRE)。上述几种耐药肠球菌引起的感染近年来都呈上升趋势。

4. 耐药性非发酵革兰氏阴性杆菌

近年来,非发酵革兰氏阴性杆菌在医院感染中呈上升趋势,铜绿假单胞菌为医院感染致病菌的第一位,占非发酵革兰氏阴性杆菌感染的46.9%,不动杆菌占31.0%,嗜麦芽窄食单胞菌占9.2%。由于铜绿假单胞菌的临床治疗十分困难,死亡率较高。WHO把铜绿假单胞菌、粪肠球菌和结核杆菌并列为威胁人类生命的三种细菌。铜绿假单胞菌与其他革兰氏阴性菌比较,该菌的外膜通透性很低,又很易发生基因转移,常对β-内酰胺类、氯霉素类、喹诺酮类、磺胺类等多种抗菌药物呈现耐药性;不动杆菌对常用抗生素的耐药率居高不下,对头孢噻肟、头孢曲松、头孢他啶、头孢哌酮的敏感性均在40%~55%不等。对头孢哌酮/舒巴坦的敏感率也降至69%;嗜麦芽窄食单胞菌由于多种耐药机制使其对大部分常用抗生素耐药率极高,由于产生L1金属β-内酰胺酶而对亚胺培南天然耐药。对环丙沙星、庆大霉素、阿米卡星的敏感性分别为35.7%、14.3%和21.4%。

5. 产超广谱β-内酰胺酶的细菌

这类细菌以肠杆菌科的克雷伯菌和大肠埃希菌为主,1988年出现产超广谱β-内酰胺酶(TEM3型ESBL)的大肠埃希菌,对青霉素类、头孢菌素类及氨曲南耐药,只能用头霉素类(cephamycins)、碳青霉烯类(carbapenem)和氨基糖苷类治疗,临床上这类细菌已占到14%~35%,给治疗带来很大困难。2010年,有学者报道携带碳青霉烯类耐药基因(NDM-1)的"超级细菌"表现为对多黏菌素和替加环素以外的抗菌药物呈泛耐药性,该菌除携带NDM-1型金属β-内酰胺酶基因外,同时还携带一种至多种的β-内酰胺酶基因,对β-内酰胺类抗生素、碳青霉烯类抗生素均表现为耐药。并证实NDM-1基因存在于细菌质粒上,可在不同种属的细菌间转移,造成耐药性的播散。"超级细菌"不是一个学术概念,只是媒体上对多重耐药菌的一种称谓,目前常说的超级细菌主要有耐甲氧西林金黄色葡萄球菌、耐万古霉素金黄色葡萄球菌、耐万古霉素肠球菌、多重耐药鲍曼不动杆菌(multidrug-resistant A. baumannii, MRAB)、泛耐药铜绿假单胞菌、多重耐药结核菌、产新德里金属酶的肠杆菌科细菌等。

6.2.3.2 耐药性真菌

1. 耐药性假丝酵母菌

近十几年来,耐药真菌不断出现,增加了治疗的难度,当前主要的耐药真菌是假丝酵母菌,国内临床分离的假丝酵母菌对唑类药物的耐药率已达10%~25%。据统计,约50%的HIV感染者最终因侵袭性真菌病而死亡。真菌耐药常发生于艾滋病、应用免疫抑制剂及危重病患者。一项研究对收集自HIV感染者口咽部及食管的假丝酵母菌进行体外抗真菌药敏试验,结果显示白假丝酵母菌对氟康唑34.07%耐药,对伏立康唑10.99%耐药,对酮康唑7.69%耐药,对伊曲康唑6.59%耐药,对克霉唑2.19%耐药,对两性霉素B 1.09%耐药。国内报道白假丝酵母菌的氟康唑的体外敏感试验中,耐药菌株有5%~13.4%,对氟康唑耐药的白假丝酵母菌同时存在对伊曲康唑交叉耐药的约占17.5%。

2. 耐药性曲霉

致病性真菌的耐药率越来越高,报道最多的是曲霉对唑类药物的耐药。目前治疗侵袭性曲霉菌的药物主要有4类:多烯类,如两性霉素B;唑类,如伊曲康唑、伏立康唑等;棘白霉素类,如卡泊芬净、米卡芬净等;烯丙胺类,如特比萘芬。其中,只有唑类对曲霉菌的药物敏感试验的标准化方法确定了判读折点,其他抗真菌药的药敏终点判定的标准化工作还在进行中。在曲霉菌中,除土曲霉对多烯类药物中的两性霉素B天然耐药外,其继发性耐药很少见,有关耐唑类药物烟曲霉的报道较多。致病性曲霉对唑类药物的耐药机制主要有外排泵基因表达致外排泵作用增强、曲霉中唑类药物靶酶基因突变(如cyp51A和cyp51B)、形成生物膜以及热休克蛋白90(Hsp90)介导的信号通路参与而导致的耐药等。目前临床耐棘白霉素类和烯丙胺类药物的曲霉仍少见。

6.2.3.3 耐药性病毒

病毒侵入机体后在细胞内寄生,为一般药物作用所不及,所以真正有效的抗病毒药物极少,而且因为药物靶位均是病毒复制周期中的某一环节,故对不复制的潜伏感染病毒无效。不论对在非洲暴发的埃博拉病毒和引起中东急性呼吸道综合征(MARS)的冠状病毒无药可治,就是对平时常见的绝大多数病毒感染,也是无药可治。加之病毒的复制突变率极高,较易产生耐药毒株。

1. 耐药 HIV 病毒

艾滋病(acquired immunedeficiency syndrome, AIDS)是由人免疫缺陷病毒(human immunodeficiency virus, HIV)感染引起的一种慢性传染病,目前尚无彻底治愈的方法。联合国艾滋病规划署(UNAIDS)2021年发布的数据显示:2020年,全球约有3770万艾滋病毒感染者,新感染艾滋病毒的人数为150万人,死于艾滋病毒相关原因的人数为68万人。中国疾病预防控制中心2020年的报告显示,2020年,全国新报告艾滋病病毒感染者13.1万,当年全国现存活病例估计约136万。目前高效抗逆转录病毒治疗(highly active anti-retroviral therapy, HAART)是目前防治AIDS最有效的方法之一,它不但可以显著降低AIDS的病死率,提高患者的生存质量,还可以降低AIDS传染性,使其成为一种可治的慢性疾病。但是随着抗病毒治疗的推广,HIV病毒耐药性问题日益突显,逐渐成为影响AIDS防控工作成败的关键。目前我国流行的HIV主要为HIV-1,其耐药问题极为普遍,且多处于较高水平。2017年对上海新发现感染者进行抽样调查,发现原发性耐药率高达 17.4%，其中非核苷类逆转录酶抑制剂耐药率为 16.4%。研究还显示，患者体内病毒发生耐药性突变的概率从 8.0% 上升至 22.7%，多重耐药性突变的概率也从 3.8% 上升至 10.2%。药物抑制非耐药性病毒的时间平均为 56 天，而抑制耐药性病毒的时间增至 88 天。另有研究在每毫升病毒载量 >1000 拷贝的 95 例 PCR 阳性患者对病毒进行了耐药性检测，未治疗、终止治疗和正在进行治疗的总耐药率分别为 10.3%、25% 和 53.3%。当前抗 HIV－1 药物以抑制病毒复制为主，这些药物均无法杀灭或完全清除体内的 HIV－1，这就使得HIV－1耐药问题成为必然。鉴于 HIV－1 的快速进化及高度变异的特点，其在全球范围内广泛流行的现状和对 HIV－1 生物学研究认知水平及其相关药物研发技术的局限，HIV－1 耐药问题将在未来很长一段时期内广泛存在，且可能演变成 AIDS 防治领域的突出难题。

2. 肝炎病毒

长期以来，乙型肝炎(HBV)严重困扰着人类的身心健康，但至今没有发现一种能彻底根除体内病毒的药物，主要原因是在持续的治疗过程中 HBV 会发生变异而引起耐药。拉米夫定(lamivudine，LAM)因其具有迅速抑制 HBV 复制、降低病毒载量、促进 HBeAg 血清转阴、改善肝组织炎症病变、延缓肝纤维化进程等作用，是第一个获美国食品药品管理局批准的口服抗 HBV 药物，已被广泛应用于临床。但在临床应用几年后就出现了耐药性。体内外实验证明，耐药性的产生与 P 基因变异有关，不同的核苷(酸)类似物耐药株的变异位点并不一致，如拉米夫定耐药相关突变位点为 M204V/I、L180M 等，阿德福韦酯(adefovir dipivoxil)相关突变位点为 N236T 等，替比夫定为 M204I，病毒对这三种药只需有 1 个位点突变就可发生对这些药物耐药，而恩替卡韦(entecavir)耐药相关突变位点为 L180M、M204V/I 和 T184(或 S202 或 M250)的 3 个位点突变，而在恩替卡韦耐药的 3 个突变位点中，有 2 个拉米夫定的耐药突变位点，即拉米夫定耐药是恩替卡韦耐药的基础，拉米夫定治疗既可选出拉米夫定耐药位点突变，又能选出恩替卡韦耐药位点突变。拉米夫定治疗 5 年的耐药率接近 70%，阿德福韦酯治疗出现耐药的时间要晚于拉米夫定，但治疗 5 年时，HBeAg 阴性的初治患者基因型耐药率达 29%，HBeAg 阳性患者耐药导致的病毒反弹发生率为 20%；替比夫定治疗 1 年时，初治患者(HBeAg 阳性)发生的耐药率为 4.4%、HBeAg 阴性者为 2.7%，应用 2 年时则分别上升至 21.6% 和 8.6%。恩替卡韦治疗 3 年耐药数据显示，3 年因耐药导致的病毒学反弹 <1%，耐药率低的原因首先归因于恩替卡韦具有强效抗病毒作用，其次是具有很高的耐药基因屏障，需要 3 个位点同时突变才能产生耐药。

3. 流感病毒

目前临床上主要抗流感病毒化学治疗药物为神经氨酸酶抑制剂(neuraminidase inhibitor，NAI)，包括奥司他韦、扎那米韦、帕拉米韦和拉尼那米韦等。近年来，流感病毒 NA

基因变异等易引起流感毒株对该类药物敏感性下降，NAI 耐药率逐年上升。欧洲地区的研究发现，甲型 H1N1 流感病毒耐药率由 2014—2015 年流行季的 0.4% 上升到 2015—2016 年流行季的 0.9% 和 2017—2018 年流行季的 1.9%，耐药流感毒株的总体流行率为 0.3% ~0.9%[4]。中国疾控中心病毒所国家流感中心（Chinese National Influenza Center, CNIC）在 2018—2019 年冬春季节性流感流行期间（2018 年 12 月 10 日—2019 年 3 月 31 日）监测数据显示，甲型 H1N1 耐药检出率为 0.76%，小于全球甲型 H1N1 对 NAI 的耐药检出率（1.76%）。NAI 与病毒结合的区域是有可能出现与耐药相关的氨基酸位点突变，因而对流感病毒持续性的耐药监测，并与临床信息相结合，对流感防控和治疗意义重大。

6.2.4 耐药微生物的主要传播途径

人体、动物体和环境均是耐药微生物和基因的天然储存库，过量、频繁使用抗微生物药物进行生产活动，可以对细菌施加选择压力而使耐药菌株流行。耐药微生物及耐药基因（质粒、转座子）能够通过食物链在人、动物和环境间循环传播。耐药基因在病原菌中的传播方式分为垂直传播和水平传播两种方式。第一种传播方式由于耐药基因位于菌株染色体上，耐药性仅能随着菌株的繁殖由亲代传给子代；而第二种传播方式由于质粒、转座子等可移动元件的存在，使得耐药基因可在不同菌种、不同菌属、不同菌株间互相传播，导致耐药性的广泛扩散。

6.2.4.1 耐药微生物通过食物链向人类传播

食物链是耐药微生物向人类传播的主要途径，成为危害公共安全的重大隐患。随着畜牧业、水产养殖和农业等迅速发展，添加低剂量的抗菌药物作为生长促进剂在许多国家都十分常见，不断使用的抗菌剂促进并加剧了耐药菌的出现。人类肠道被认为是抗生素耐药基因的储存库，耐药微生物和耐药基因会破坏肠道菌群的稳定，改变菌群组成，进而对人体健康造成影响。在所有食品中，动物源性食品耐药传播主要有两种方式：一是过量抗生素会导致动物肠道菌群等耐药微生物增加，二是生产加工、运输储存和零售消费的各个阶段都可造成耐药微生物的交叉污染，人类通过接触或食用动物源性食品而感染耐药微生物。植物源性耐药微生物主要来源于农场环境，可由动物粪便、污水灌溉导致农田中耐药微生物的种类和丰度显著增加，进而转移到蔬菜，再转移到人体。近年来，不同国家和地区食品中检测出抗生素耐药菌种类和数量逐年上升。在我国，食源性耐药菌的污染与传播同样不容忽视，其中肉类和水产食品被耐药菌污染最为严重，最高可达到 59%。研究数据表明，发展中国家禽类食品中检测的沙门菌阳性菌株比例较高，南美地区阳性样本数量为 13% ~39%，非洲地区检测到阳性样品比例约为 35%，亚洲地区检测到阳性样品比例为 35% ~60%，而在美国、英国等发达国家食品中检测到的抗生素耐药菌明显较低。1996 年，日本发生食物中毒事件，其原因是饲料中经常使用抗生素，致使其致病力变强，对多种抗生素耐药的大肠杆菌O157变异菌株增殖流行，经由动物粪便等途径污染水源和食品，造成流行性食物中毒的暴发。

6.2.4.2 耐药微生物在人、动物、环境中的循环传播和遗传机制

我国是抗生素的生产和消费大国，由于政策的限制，从2011年来我国抗生素产量总体呈下降趋势，到2016年降至近年最低点，但近年来又呈逐渐上升趋势。2018年，我国抗生素产量达到20.5万吨，同比增长6.77%，2019年达到21.8万吨，同比增长6.34%。2020年疫情暴发后，多版本新型冠状病毒感染治疗方案均将抗生素药物作为治疗手段之一，众多抗生素药物在此次新型冠状病毒感染中不仅被用于重型和危重型患者，也被用于很多轻型和普通型患者。世界卫生组织的调查表明，当前增加人和动物感染风险的抗生素基本属于同一类。据预测，我国养殖业抗生素占全球消费总量的比重将从2010年的23%升至2030年的30%。在美国，兽用抗生素甚至是人用的4倍。由于抗生素在医疗以及养殖业中的大量使用，导致环境中出现了大量抗性污染热点区，抗性基因可以通过多种直接或间接的传播途径在其间扩散并最终进入水体和土壤。其中，城市污水处理厂和集约化养殖场是最为关键和主要的传播途径。

医疗行业、动物养殖、自然环境三者在耐药微生物的传播和发展中是相互影响、互相作用的有机整体(图6.1)[5]。抗生素耐药性的产生在人与动物中愈演愈烈，动物身上的微生物对抗生素耐药会直接影响到它们的健康，食用动物可能是耐药微生物和相关耐药基因的一个聚集库。携带 *mcr-1* 的肠杆菌科细菌可以很好地适应各种宿主，并在环境、动物和人类之间传播。2015年，首次在我国动物体内分离出携带 *mcr-1* 基因的质粒介导的黏菌素耐药菌株。不仅是动物，近年来陆续从人体内分离到携带 *mcr-1* 基因的质粒介导的黏菌素耐药菌株。同样，我们赖以生存的环境中也检测到了携带 *mcr-1* 基因的黏菌素耐药菌株。在食用家禽养殖场周围的环境中，几种不常见的肠杆菌科细菌存在 *mcr-1* 及其突变体。研究发现 *mcr-1* 位于这些细菌大小不同的质粒上，而质粒一旦进入大肠埃希菌宿主，则可转移性增加，加速 *mcr-1* 的传播。这些环境中不常见的肠杆菌科细菌可以作为 *mcr-1* 的储存库，对人类的健康以及畜牧业都带来巨大的风险。对山东农村地区的人群-环境-动物流行病调查发现，在山东农村的井水中也存在携带 *mcr-1* 基因的质粒介导的大肠埃希菌菌株，而且在同一地区的井水中还发现了携带 *bla*KPC-2 的解尿氨酸拉乌尔菌。不仅如此，通过观察来自农田土壤的53株(22.6%)产ESBL的肠杆菌科细菌，发现来自牲畜密集区的6株 *mcr-1* 阳性大肠埃希菌菌株。

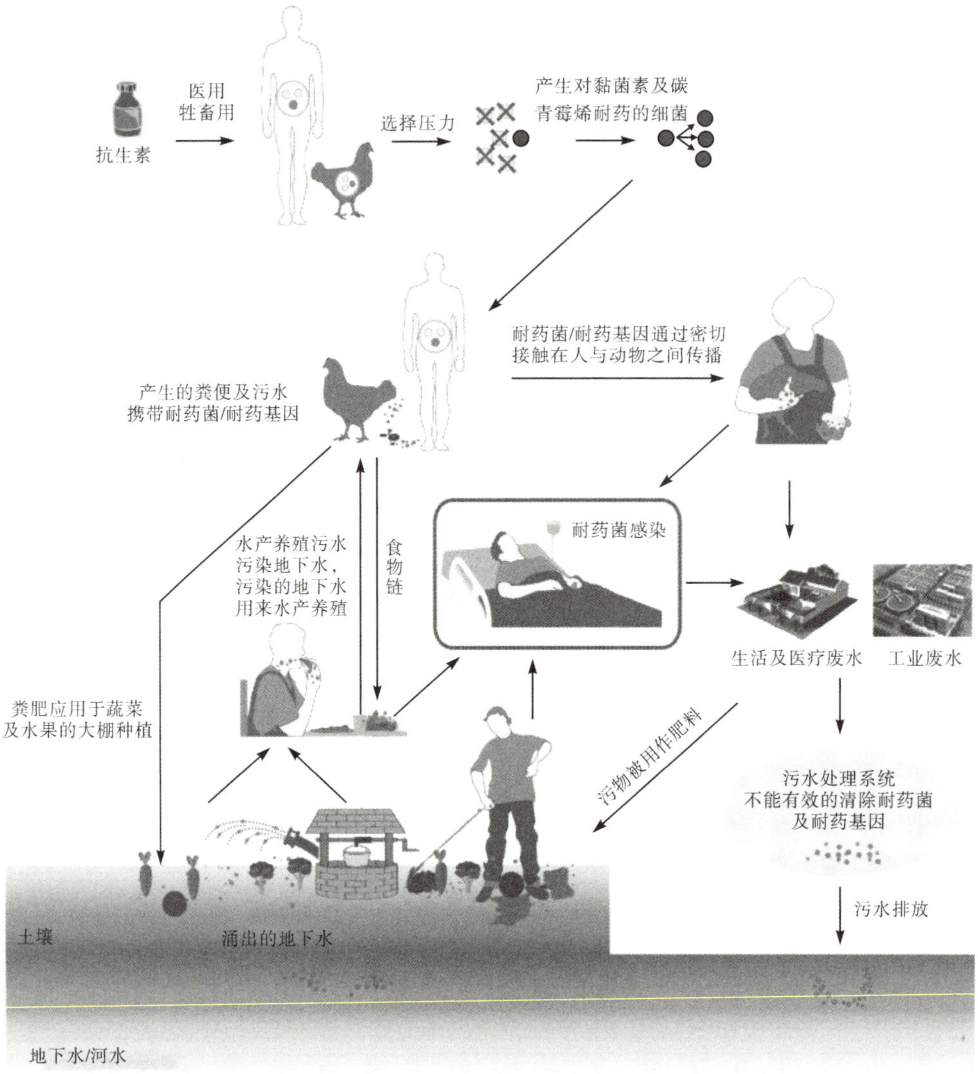

图 6.1　耐药菌/耐药基因在人 – 动物 – 环境中的传播途径

在我国的农村地区，地下水和河水是人和家畜的灌溉用水和饮用水的主要来源。地下水和河水容易受到人类活动的影响，会增加耐抗生素细菌从环境传播到人类和动物的风险。而且，在我国动物养殖区，由于缺少畜禽粪便的处理设施，导致粪便直接排放到土壤环境中，同时耐药菌也跟随畜禽粪便一同进入土壤，从而污染地下水。因此，在我国目前的养殖模式下，对畜禽废弃物的不恰当处置会导致周边环境介质中出现携带 *mcr* – *1* 基因的质粒介导的黏菌素耐药菌株。此外，研究发现，从井水中分离的携带 *mcr* – *1* 和 *bla CTX* – *M*基因的两株大肠埃希菌属于 ST10，ST10 复合体是我国东南部人类便中发现的最常见的大肠埃希菌序列型。ST10 也是人群、动物及环境等各介质中的肠杆菌科细菌的主要序列型别，且该型别与人类和动物感染密切有关，从而间接证明了人体内的耐药菌可污染环境，而水体则是耐药菌储存及传播过程中的重要环境介质。具有黏菌素抗性的菌株在人群中的流行率也不容小觑，研究人员多次从患者体内分离到同时携带黏菌素抗性基因 *mcr-1* 以及碳青霉烯酶抗性基因 *blaNDM* 的耐药菌。2016 年从一名急性肝损伤的患者体内分离出来同时携带 mcr-1 以及 *blaNDM-5* 的大肠埃希菌，且 MLST 分型为 ST206。从杭州市环境水样中分离出了产 MCR-1 的大肠埃希菌 ST206 菌株。由此可见，环境与临床菌株联系紧密，临床使用黏菌素对环境等的影响仍然需要密切关注。

近年来，mcr-2、mcr-3、mcr-4、mcr-5 以及 mcr-7 等 mcr-1 的多种突变体也相继被发现。mcr-2 与 mcr-1 一样，可通过磷酸乙醇胺转移酶催化磷酸乙醇胺添加到脂质 A4 位上的磷酸基团导致黏菌素耐药。随着 mcr-1 不断被检出，人们发现多个可移动元件包括质粒、转座子、插入序列都与 mcr-1 的转移有着密切的联系。至今发现的可携带mcr-1的质粒类型主要包括 IncI2、IncX4、IncHI2 等，IncX3-IncX4 和 IncI2-IncFIB 等杂合质粒也参与其中，甚至在染色体上携带的 mcr-1 也有诸多报道。此外，携带 mcr-1 的质粒非常稳定，即使没有黏菌素的选择性压力，也会稳定存在并广泛传播。以 IncX4 质粒为主线，系统分析 mcr-1 的基因环境，发现 mcr-1 的转座与 ISApl1 密切相关。此外，IncX4 与 IncI2 型质粒为人群中携带 mcr-1 的主要型别质粒，且有研究证实这两种型别的质粒可在人体肠道内稳定遗传并表达，对控制 mcr-1 的传播有巨大影响。而且，有研究人员在单一分离株中检测到同时出现两个独特的携带 mcr-1 的质粒 IncI2 和 IncX4，这可能加速了环境选择压力下 mcr-1 的传播。IncF 和 IncN 型质粒也有在人体的检出报道，因此，所有携带 mcr-1 的质粒类型都需要得到重视。通过对 GenBank 中携带 mcr-1 的序列进行分析，研究者发现转座子 Tn6330 在 mcr-1 的传播过程中发挥重要作用。

6.2.5 抗微生物耐药性的研究进展

随着近年来微生物耐药性严重危害人类健康，各国科学家们开始致力于通过多种策略来抗击耐药性。这些策略主要包括大力挖掘和筛选新型抗生素及抗菌药物、研究新的作用靶点、研发抗生素佐剂等。

6.2.5.1 新型抗菌药物及作用靶位

抗菌药物可分为天然结构的抗生素和人工合成的抗菌药物。20 世纪 40 至 60 年代是微生物学家发现抗生素的“黄金时代”，经过多年的密集筛选，天然结构抗生素的发现进入瓶颈。近年来随着微生物培养技术、宏基因组学、代谢组学以及高通量筛选方法的发展，使得人们再次将目光聚焦于从天然产物中发现新型抗生素。土壤中有约 99% 的微生物尚未被培养，这使得人们难以获得其产生的活性物质，而通过采用新兴的 ichip 培养技术，美国与德国科学家从土壤中尚未被培养的微生物中筛选出一种新型抗生素 Teixobactin，该抗生素可通过与肽聚糖前体 Lipid Ⅱ和磷壁酸的前体 Lipid Ⅲ结合抑制细胞壁的合成，从而杀死多种病原菌，并且细菌很难对该抗生素产生耐药性。宏基因组学技术是人们获得未被培养微生物资源的重要手段之一，采用该技术，Brady 小组从 type - Ⅱ polyketide 合成基因簇超表达产物中分离纯化到一种新型抗生素 Tetarimycin A，对耐甲氧西林金黄色葡萄球菌（MRSA）具有抗菌活性。除了传统的抗生素外，Timothy 小组采用 CRISPR - Cas 技术开发出一类以 RNA 引导的核酸酶（RNA - guided nuclease，RGN），RGN 可在 DNA 水平以特异的 DNA 序列，如抗性基因或细菌毒力因子为目标，通过噬菌体或质粒进入病原菌体内使特异的目标基因失活。

除了开发新型抗菌药物外，科学家们还致力于寻找新的作用靶位蛋白。目前采用晶体学方法已鉴定出多种细菌膜蛋白的晶体结构和功能机制，这些膜蛋白包括病原菌福氏志贺菌的脂多糖转运（Lpt）蛋白、广泛存在于革兰氏阳性病原菌的能量转运蛋白，以及革兰氏阴性菌的分泌独立因子的关键蛋白。这些蛋白晶体结构的解析为针对这类蛋白筛选或设计新的抗菌药提供了理论基础。

6.2.5.2 抗生素佐剂

抗生素佐剂是指一类本身并不具有抗菌功能，但可与抗生素协同作用，促进抗生素对细菌尤其是抗性细菌的杀菌活性的化合物。抗生素佐剂的研制和使用可以大大延长现有抗生素的使用寿命，这类化合物可以分为针对细菌抗性基因或细菌毒力因子的药物。

怀特小组从 1065 种现有的非抗生素药物中筛选出 69 种可与二甲胺四环素协同作用的药物，这些药物可显著降低二甲胺四环素的最小抑制浓度，并在体内和体外实验中均表现出对多重耐药菌株的抗菌活性；该小组还筛选出多种抗生素抗性激酶抑制剂，其中黄酮醇槲皮素表现出最强的广谱活性，可抑制由蛋白激酶引起的抗生素耐药性。最近他们还从一株真菌 Aspergillus versicolor 的代谢产物中筛选出一个可抑制金属 β - 内酰胺酶（MBL）活性的化合物 Aspergillomarasmine A。该化合物可抑制包括超级细菌的抗性基因 *NDM - 1* 在内的耐药活性，从而恢复碳青霉烯抗生素的杀菌活性。此外，人们还发现多种可抑制细菌外排泵的化合物，通过降低细菌外排泵的活性、增加抗生素在细菌体内的浓度而杀死细菌。

与传统抗菌药物不同，抗菌独立因子的药物可直接使病原菌特异的毒力因子失活，使其丧失致病能力，病原菌在这种状态下将更容易被抗生素杀死，而且人体的免疫系统和有益微生物将更容易杀死这类病原菌。科蒂斯等人采用高通量筛选从 15 万种小分子化合物中筛选出一种化合物 LED209，该化合物可与多种重要病原菌毒力因子表达的信号受体 QseC 结合，从而使病原菌不能表达毒力因子。脂多糖是许多病原菌内毒素的成分，LpxC 是其合成的关键酶，针对 LpxC 的抑制剂可抑制毒性脂多糖的合成，从而降低鲍氏不动杆菌的致病性。

6.2.5.3 细胞壁合成的抑制剂

肽聚糖细胞壁合成已经成为流行的靶标，高度交联的晶格结构为细菌提供刚性，因此其对于细菌是至关重要的。肽聚糖的合成涉及约30种酶，它是异二聚体的聚合物。其单体之一是与五肽链（*L*－丙氨酸－*D*－谷氨酸－*L*－赖氨酸－*D*－丙氨酸－*D*－丙氨酸）连接的乙酰胞壁酸，另一种糖是乙酰－葡糖胺。具有酶性质的蛋白质青霉素结合蛋白－2（PBP－2）催化2个步骤：葡萄糖基转移酶作用，其中这两个糖连接在一起形成二聚体，然后聚合成长链和转肽酶反应，其交联桥接附的五肽通过另一个5－甘氨酸桥键合到两个相邻聚合物的乙酰基胞壁酸。万古霉素结合新生二聚体的*D*－ala－*D*－ala末端，该位点不同于PBP，防止交联/转肽化。其活性谱包括MRSA和其他革兰氏阳性生物体，包括艰难梭菌。通过获得用*D*－ala－*D*－乳酸取代*D*－ala－*D*－ala的van－A质粒来发生抗性。MRSA通过从粪肠球菌中获得van－A质粒，已经将其状态"更新"为耐万古霉素金黄色葡萄球菌（VRSA）。替考拉宁是6种密切相关的化合物的混合物，半衰期为100小时，与蛋白的结合为90%～95%。达巴万星作为替考拉宁的衍生物，具有破坏细菌的膜电位的能力。它也是高度蛋白质结合的，因此可以每周1次，静脉内给药2周。它对MRSA、厌氧链球菌、梭菌和棒状杆菌均有活性，其中达巴万星的效力是万古霉素、达托霉素或利奈唑胺的4～32倍。

6.2.5.4 靶向假单胞菌外膜蛋白的肽模拟物

许多物质由较低或较高级生物体分泌，作为抵抗入侵微生物的天然防御。其中之一是肽protegrin－I，除了直接的抗菌活性，还具有免疫调节的作用。假单胞菌属的外膜蛋白（LptD）和许多其他革兰氏阴性菌具有将脂多糖（LPS）转运到外膜的外叶的功能，抑制LPS的运输，损害细胞的通透性屏障。Protegrin－I可结合LptD并抑制其功能，现已经开发了该肽的模拟物，仅对假单胞菌具有特异性，并通过非膜溶解作用机制抑制其生长。

6.2.5.5 糖基转移酶作为靶标的新抗研究

糖基转移酶与用于合成细胞壁的肽基转移酶一样重要，其作为靶标原因如下：抑制可能引起类似于由青霉素引起的杀菌作用；糖基转移酶的功能在所有细菌中都是保守的，没有任何真核对应物；在技术上，研究人员已经完全理解该酶的结构、底物及其反应。因此，通过预测结构活性关系可以合成糖基转移酶抑制剂。

6.2.5.6 RNA和蛋白质合成抑制剂研究

在肽基转移酶位点附近结合50S核糖体RNA并阻断肽链延伸。酮内酯与大环内酯的不同之处在于通过用3－酮基取代糖基部分，这种结构差异使得它们对于大环内酯抗性的外排和甲基化酶介导的机制较不敏感，酮内酯则对大环内酯抗性菌株有活性。非达霉素于2011年被批准为抑制革兰氏阳性菌(如艰难梭菌)的RNA聚合酶类药物。它抗菌谱窄,并且不可被口服吸收,常被用于治疗假膜性结肠炎。索利霉素是一种新的氟酮内酯类药物,可用于口服和静脉注射。它对呼吸道病原体(如肺炎球菌、军团菌、莫拉菌和流感嗜血菌)有活性,也被证明具有抗炎作用。在针对妊娠期母羊的研究中发现,索利霉素表现出良好的子宫内富集,可能证明该种抗生素在治疗胎儿/羊膜感染中是有价值的。索利霉素已被FDA批准为QIDP状态,于2013年进入第三阶段试验,用于治疗抗性肺炎球菌导致的CAP。

6.2.5.7 DNA复制抑制剂

与较早的喹诺酮相比,德拉沙星对革兰氏阳性生物体也具有活性。由于其在细胞内积累,并在酸性环境下具有更大的作用,使其成为抗金黄色葡萄球菌的潜在药物。与替加环素相比,德拉沙星显示相当的功效(92%)和改善的耐受性。研究表明,70%的金黄色葡萄球菌分离株是MRSA,其中63%存在左氧氟沙星耐药。

6.2.5.8 新靶标的研究

1. tRNA合酶

氨酰tRNA合酶是一类参与将氨基酸结合到其对应的tRNA上的过程的酶。氨基酸连接到t-RNA的3′末端的腺苷。然后将该负载的氨酰t-RNA连接到核糖体用于蛋白质合成。GSK′052是含硼药物,通过硼原子形成对t-RNA的3′末端的加合物,并抑制蛋白质合成。在早期研究中,它显示出抗革兰氏阴性菌的活性,并于2012年进入第二阶段试验,但现已经停止开发。

2. 肽基脱甲酰酶抑制剂

蛋白质合成过程中加入的第一个氨基酸是真核生物中的甲硫氨酸和原核生物中的甲酰基甲硫氨酸。肽基变性酶可在原核生物蛋白质合成的肽延伸过程中从甲硫氨酸中除去甲酰基。GSK322是一种新的肽剂,其通过抑制该酶活性发挥作用,现已完成Ⅰ期和Ⅱ期试验。它对常见的呼吸道病原体(如肺炎链球菌、流感嗜血菌、化脓链球菌和金黄色葡萄球菌)具有活性。从链霉菌属获得的肌动蛋白,多年前已被发现具有这种功能,现今迫切需要新的抗生素使研究人员寻找放线素的类似物。

除了上述几方面的研究外,目前关于抗击抗生素抗性的研究还包括:①捕食性微生物的研究;②抗菌肽的开发;③噬菌体;④通过基因编码技术发展新的酶;⑤金属离子,如铜和银制剂的开发等。

6.2.6 微生物耐药性的流行及发展趋势

微生物耐药是当今社会最危险的健康威胁之一,必须现在就采取行动,才能确保未来不受其负面影响。造成微生物耐药的主要原因是在人类和动物身上过度和不当的使用抗微生物药物，而遏制这一问题则需要多方共同努力。微生物耐药工作已经不再是某个行业、某个专业领域的工作，而是上升到了国家安全和重大战略的高度。当前，各种传染性疾病在全球大流行，人类生命健康遭遇严峻挑战，这更加突显了提高抗微生物药物认识的重要意义。

著名微生物学家、诺贝尔奖获得者乔舒亚·莱德伯格曾说过："我们正生活在与微生物、细菌和病毒进化竞争之中，而人类未必是赢家。"自 1940 年 Ernst Boris Chain 等首次发现耐青霉素因子 β-内酰胺酶之后，不同抗菌药的耐药菌相继被发现，使许多过去疗效良好的抗菌药效能不断降低。随着医学科学技术水平的不断提高，新的抗菌类药物不断面世，人类仿佛看到了战胜微生物的曙光，但是全球性抗微生物药物的大量应用和滥用促使耐药菌株不断增加。因为药源丰富和使用方便，使得某些医生对用药指征掌握不严，且使用的疗程长、剂量大及更换频繁，不能严格按照疾病的病原学诊断及药敏试验用药，也是引起细菌耐药株不断增加的主要原因之一。除此之外，细菌本身的不断变异、人体菌群的失调、二重感染以及抗菌药物的毒副作用，这些问题的存在，轻者给患者造成痛苦，使住院时间延长，增加了患者经济负担；重者引起死亡，同时也给社会和国家带来了沉重的负担。

6.2.6.1 微生物耐药性的流行现状

1. 微生物耐药性的时间分布

微生物的耐药性是微生物的本性之一，并不是因为抗生素的问世，微生物才具备耐药性的。仅以哌拉西林/他唑巴坦为例，介绍微生物耐药性的时间分布：2011—2013 年期间各种微生物对哌拉西林/他唑巴坦的耐药率逐年增加，大肠埃希菌对哌拉西林/他唑巴坦的耐药率从 20.21% 上升到 73.85%；肺炎克雷伯菌从 33.1% 上升到 38.9%；鲍曼不动杆菌从 83.1% 上升到 83.8%；铜绿假单胞菌从 19% 上升到 20%。对于其他抗生素，随着时间的推移，细菌对抗生素的耐药性也在不断提高，主要是临床医生过度使用抗生素，人们对抗生素滥用问题的认识不足所致。

近年来临床发现耐药细菌的变迁特点如下：

(1)耐甲氧西林的金葡菌(MRSA)感染率增高。

(2)凝固酶阴性葡萄球菌(CNS)引起的感染增多。

(3)耐青霉素肺炎链球菌(PRP)在世界范围，包括许多国家和地区传播。

(4)出现耐万古霉素屎肠球菌(VRE)感染。

(5)耐青霉素和头孢菌素的草绿色链球菌(PRS)出现。

(6)超广谱 β-内酰胺酶(ESBL)耐药细菌产生变异。

2. 微生物耐药性的人群分布

几乎所有人群都面临着微生物耐药性的问题，但是在儿童、老人、ICU 患者及免疫力低下等特殊人群中，微生物的耐药性问题尤为严重。根据全国细菌耐药监测网(CARSS) 2019—2020 数据显示，全国新生儿(≤28 天)CR－KPN、CTX/CRO－R－KPN 及 PRSP 的检出率高于其他年龄组人群，全国老年人群(＞65 岁)CR－PAE、CTX/CRO－R－ECO、CR－ECO、QNR－ECO、MRSA 及 VREM 的检出率高于其他年龄组人群，儿童(29 天～14 岁)CTX/CRO－R－KPN 和 ERSP 的检出率高于成人及老年人[12]。

截至 2017 年 9 月 30 日，全国抗菌药物临床应用监测网统计了全部入网三甲综合医院数据显示，近年来住院患者抗菌药使用率呈逐年下降趋势，2017 年为 38%，其中非手术组抗菌药使用率为 27.7%，手术组抗菌药使用率为 61.4%。从数据分析，如纳入未入网的各级医院，我国住院患者抗菌药使用率远高于 38% 的平均使用率[6]。

3. 微生物耐药性的地区分布

由于各国、各地区的社会经济发展水平不同，以及各国家、各地区存在巨大的文化风俗差异，各种抗菌药物的生产能力也存在差异，抗菌药物的使用方法及习惯也各不相同。因此，不同国家、不同地区在临床工作中所面临的抗菌药物选择规律是不同的，由此造成了细菌耐药性的地区之间的差异。下面分别以几种典型细菌为例说明微生物耐药性的地区分布特征。有研究显示，在我国肺炎链球菌对红霉素、克林霉素、四环素及复方新诺明的耐药率较高，分别为 97.5%、95.5%、84.2% 和 75.5%。肺炎链球菌对红霉素的耐药率远超过在美国和绝大多数欧洲国家(如英国、德国和意大利)。

我国革兰氏阳性菌对大环内酯类及克林霉素的耐药率显著高于国外报道，造成如此大差异的主要原因是我国肺炎链球菌对红霉素的耐药机制有别于其他国家。在我国头孢噻肟的使用时间和以往的使用量均远远超过头孢他啶，这与大多数欧美国家不同，因此，我国的超广谱 β－内酰胺酶(extended spectrum acta－mases，ESBL)流行情况也有别于欧美地区。国外的调查结果显示，欧洲和北美地区流行的 ESBL 亚型主要为 TEM 型，其次为 SHV 型；我国周边的韩国和日本流行的 ESBL 亚型主要为 SHV 型，其次为 TEM 型；我国流行的主要 ESBL 亚型既不是 TEM 型，也不是 SHV 型，而是一种国外比较少见的 ESBL 亚型－CTX2M 型，由此造成了我国和其他地区之间大肠埃希菌、肺炎克雷伯氏菌和阴沟肠杆菌耐药性的分布差异。

4. 微生物耐药性与牲畜、家禽

由于全球人口的扩张，食物需求量增加，导致了将抗菌药作为牲畜和家禽的助长剂或预防用药而常规使用，如抗生素广泛用作兽药及饲料添加剂，有些养殖场过量使用抗生素提高饲料利用率。这种做法也同样导致了耐药菌的出现，这些微生物可以从动物传播到人。2013 年，中国科学院曾进行了一项研究，从我国 3 个城郊大型养猪场及周边地区分别采集了猪粪、猪粪堆肥和施用堆肥的土壤样品，对耐药微生物的抗性基因进行了测定，结果显示：在样品中检测到 149 种抗生素抗性基因，这些抗性基因涵盖了目前已知的主要抗性类型,其中有63种抗性基因丰度显著高于没有施用抗生素的对照样品。这是因为农民轻信大剂量使用抗生素能够快速增加动物体重,从而导致抗生素蓄积中毒。目前,某些地区过量使用抗生素添加剂饲料的现象令人担忧。据有关方面报道,抽查市场上销售的某些肉、蛋、乳及鱼类产品中抗生素水平严重超标。大量证据表明:在食用动物中使用抗生素与病原体出现耐药性之间存在必然的联系。

为了避免由畜用抗生素滥用导致的微生物耐药性问题的恶化,通常采取如下措施:

(1)慎重选择使用抗生素饲料,严格限制使用对象、使用期限和使用剂量。

(2)研制畜禽专用抗生素,使其与人用抗生素分开。

(3)针对某些人畜共用抗生素,只允许用于动物短期治疗而不能长期用于预防给药。

6.2.6.2 微生物耐药性的新趋势

在过去几十年,耐药微生物的发展已经加速,在增加了感染病例的同时,扩大了对抗菌药的需求,也增加了不正确使用抗菌药的机会。城市化及其带来的人口过于聚集、卫生环境差,加剧了伤寒、呼吸道感染以及肺炎等疾病的蔓延。污染、环境恶化以及气候的改变,这些可以影响到感染性疾病的发生及分布,特别是那些通过昆虫等媒介传播的疾病(如疟疾等);人口学变化导致需要基于医院干预的老龄人口比例增加,继而是医疗机构内高度耐药病原体暴露风险的增加。艾滋病的流行,极大地加大了免疫缺失患者多重感染的风险,这些感染中有许多是先前少见的;一些旧传染病(如疟疾、结核病等)的死灰复燃,导致了每年数以百万计的感染发生。全球贸易和交通的极速发展,加速了感染性疾病以及耐药菌的国际间传播速度。

6.2.6.3 微生物耐药性:国际公共卫生问题

微生物耐药性已经成为全球都要面临的问题,且越来越严重。如有的医疗设备上存在一些感染生物体的细菌,这些细菌现在已经完全抵抗所有常用的抗菌药物。细菌耐药性,以前是经常在急症护理部门发现,最近则出现在保健设施、门诊手术单位、家庭医疗保健和其他医疗保健设施。细菌耐药性在社区中,尤其是发展中国家的社区中也同样重要。非细菌性微生物的耐药问题同样是我们面临的一项公共卫生问题,主要表现在广泛出现的艾滋病病毒的耐药性、耐多药肺结核及恶性疟原虫疟疾等。

值得广泛关注的是,耐药性的流行情况在全世界有所增加,这不仅对感染者的生命造成威胁,还影响了医疗费用。例如,抗菌药物的耐药性已经对患者的死亡率和发病率造成了影响,还对经济造成影响。即使在全国范围内建立医疗系统的国家,在这方面的花费亦是相当大的。随着社区耐药微生物比例的增加,内科医生必须用新的、更昂贵的药物替代旧的、低廉的药物。在美国,这样的费用仅部分由第三方支付,大部分抗感染的费用必须由医疗系统本身承担。随着耐多药微生物流行率的增加,这些额外费用对医疗系统所造成的影响将会逐渐增大。

公共卫生的研究领域在于整个人群,关注点在于如何确保人群的健康。这有别于临床医学关注于个体的疾病或治疗。公共卫生这一社会视角,是以社会福利为目标,包含整个人群,无论是农村、城市,国家甚至是全世界。因此,从公共卫生视角出发,为实现人群健康最大化这一目标必须要有一个长期的设计评估。抗生素提高了对感染的预防和治疗,因此它是一个有价值的资源。但由于耐药性,使得这些资源利用减少,因此有必要减少耐药性的产生。抗生素耐药性的影响包括死亡率、发病率和患者感染相同有机体的敏感菌株后额外的成本。因此,影响包括附加的死亡率,过度使用医疗资源(来自耐药感染的护理、预防传播、最大化的适当的抗生素治疗和耐药性监测),过剩的生产力损失和多余的无形成本(患者和医生对治疗失败的焦虑、疼痛、痛苦和不便)。此外,抗菌药物市场可能会受到耐药性的影响,通常表现为市场支持更新的药物(通常更昂贵和广谱),传统的药物(通常更便宜和窄谱)向新药妥协。

6.2.6.4 微生物耐药性控制策略

来自抗菌药物使用的生态压力是微生物耐药性出现的主要驱动力,而耐药微生物的传播促进了耐药性传播,这些因素都影响了细菌耐药的增长速度。控制耐药性需要多种策略,而这些策略需要医疗人员甚至是各个国家、各个机构协同努力。人类与微生物耐药性的斗争是个长期的过程,人类将面对这一严峻的挑战,包括不断的研发新药、制定法规、采取限用措施,以及不断增加用药量,才能在这场斗争中获取最终胜利。微生物耐药性问题的不断加剧主要是人类不合理使用抗生素所致,其结果必将造成人类和微生物之间的平衡失调,促使微生物不断改变自身的结构来对抗人类制造的抗生素,所以寻找一种使人类和微生物之间的平衡方法,是解决问题的关键所在。面对新世纪人类的这一挑战,2001 年, WHO 制定了《遏制抗微生物药物耐药性的全球战略》,提供了一个延缓耐药菌出现和减少耐药菌扩散的干预框架,主要措施有:减少疾病的负担和感染的传播;完善获取合格抗菌药物的途径;改善抗菌药物的使用;加强卫生系统及其监控能力;加强规章制度和立法;鼓励开发合适的新药和疫苗。这项战略充分体现了以人为本的原则,其干预的对象均是与耐药性问题相关的、并需参与解决这一问题的人群,包括医师、药剂师、兽医、消费者以及医院、公共卫生和农业、专业社团和制药产业等的决策者们。

1. 医务人员、地区医疗机构及医院

从事医疗卫生工作的人员,不仅在服务中应该具有防范耐药微生物产生的意识,而且还应该教育他们的患者也提高这种意识。作为一名合格的医生应该能够正确判断出在什么情况下患者需要使用抗微生物药物,什么情况下可以不用抗微生物药物,除此还应该告知他的患者为什么要这么做。根据感染的类型和患者社会条件,如果有需要,医疗人员应主动为患者进行隔离和检疫。医疗机构应主动参与并提供有关微生物耐药性相关知识的教育,提高医务人员和患者的认识水平,使得他们在生活、工作中能够做到合理使用抗微生物药物。此外,医生还应适当掌握抗微生物药物的监测手段,尽可能做到及时发现耐药性产生的潜在风险,并进行早期干预。为了促进监测,需要医务人员提供一定方法来进行药敏测验。如就结核病而言,监测目的一方面需要培养结核分枝杆菌,另一方面就是要对阳性的标本进行药敏测试。监测范围应由当地医疗部门与整个地区和国家医疗部门协商后确定。在资源配置充足的情况下,监测应是患者个体水平,然而受到某些重要资源的限制,监测是在人群水平下进行的。政府相关部门有责任定期向从事一线临床工作的医务人员、社区以及当地的医疗部门进行报告耐药性的流行现状。当地医疗部门应根据整个地区及国家指导方针提供相应的治疗和预防方法,并加强对患者及密切接触者均应进行追踪观察。

2. 农牧水产养殖业

首先,要从源头减少抗微生物药物的使用。抗耐药性微生物产生的源头在养殖环节,提高动物健康养殖水平是治本之策。目前我国农牧水产养殖业发展迅速、饲养模式多样、管理水平参差不齐。气候变化、人员交通物流加剧、畜禽长距离运输频繁等客观因素增加了动物疫病发生风险,抗微生物药物是最有效和最主要的防治手段,因此需要实施的畜牧业绿色发展政策、动物疫病净化行动和动物用抗微生物药物减量化使用行动。并用传统的中兽药替代抗微生物药物使用,防止耐药性产生方面具有独特优势。同时应积极推广使用高效、低毒、低残留的中兽药、益生菌等可替代抗微生物药物的产品,在动物养殖中推广绿色健康治疗方案。其次,要建立农牧水产养殖业耐药性监测网络,统一制订采样方案,统一监测方法,统一判定标准,提高信息采集、传输、汇总、分析和评估能力,尤其是动物用抗微生物药物的生产和经营环节以及动物用抗微生物药物在畜禽养殖、屠宰等环节的使用。提升抗微生物耐药性检测、兽药残留检测和操作标准等实验室能力,不断提高动物疫病诊断和合理用药技术水平,开展兽药残留和细菌耐药性风险评估。最后,要加强对公众的宣教行动。特别是对农牧水产养殖业、兽医部门、兽药生产制造业等从业人员及利益相关方,如餐饮企业、经营动物产品的超市等[7]。

3. 地区、国家及国际医疗组织

人类迁徙、动物和带菌者移动及食物的市场销售等,这些都有可能促进抗菌微生物耐药性在任何地理和政治范围内蔓延。例如,西班牙最初描述的肺炎链球菌(23F－1)迅速蔓延到欧洲和非洲地区,之后还到达美国、东亚的许多地区;耐药的沙门菌通过进口猪肉由加拿大进入丹麦。等耐药现象在地理范围内不断增大,这些现象为全球抵制耐药性问题提出了新的挑战,为更好地迎接这些挑战,自然就需要我们各个国家不仅在健康领域,而且在各个领域都要共同参与并努力才能解决这一全球关注的公共卫生问题。同时,我们还要加强多国合作,建立国际合作伙伴和国际规范条例等,发展公共卫生对各国有效控制微生物耐药性问题是最值得关注的,并应为之做出努力。在 WHO《遏制抗微生物药物耐药性的全球战略》中，提出了一些遏制耐药性的国际性干预措施，鼓励在政府、非政府组织、专业团体和国际机构之间加强合作，建立相关的监测网络、国际数据库和国际调查小组，加强国际监督。所有的这些组织均应共同承担起控制微生物耐药性产生的责任。各级组织不仅要定期总结和发布监测报告，而且还要对开展监测、治疗和预防以及对指导方针的发展和科研活动给予财政支持。同样，这些工作也需得到政府的主动参与以及恰当的立法等支持。

国际组织应不断完善和促进有效控制全球微生物耐药性产生综合指导方针，将这些指导方针以表格等形式展现出来以形成可利用的资源。例如，对于结核病管理部门而言，其指导方针应该是及时发现，对于个案病例应做好预防，防止传播，追踪接触者，抗结核药物的定期供应及合理使用等。所有的组织都应联合起来共同对抗贫困及促进健康，缩小医疗护理差距。此外，国际组织还应控制抗菌微生物的生产与分配以及抗菌微生物在农业、水产业及其他工业的使用；应对各个国家所做的努力给予支持帮助，进而提高国际支持与科研合作水平。

4. 常见耐药微生物检测手段

MRSA：对受试葡萄球菌使用头孢西丁纸片法药敏试验，或头孢西丁或苯唑西林稀释法药敏试验，也可使用苯唑西林盐琼脂筛选 MRSA。一些商品化的显色培养基也可用于 MRSA 的筛查。由于绝大多数 MRSA 携带 mecA 基因，可采用 PCR 扩增 mecA 基因检测 MRSA，也可采用乳胶凝集法测定 PBP2a 检测 MRSA，其检测灵敏度和特异度分别可达 100% 和 97.1%。

耐万古霉素肠球菌（VRE）：采用纸片扩散法、E－test 法、脑心浸液琼脂筛选法和显色培养基法等。脑心浸液琼脂筛选法测定万古霉素 MIC 和动力试验及色素产生，可区别万古霉素获得性耐药（如 VanA 和 VanB）与固有、中介水平耐药（VanC），万古霉素对鹑鸡肠球菌和铅黄肠球菌最低抑菌浓度（MICs）8～16μg/mL 属于固有、中介水平耐药，而对获得性耐药的 VRE 进行筛查，则是以预防感染为目的。

产 ESBLs 肠杆菌目细菌：可使用纸片扩散法或微量肉汤稀释法进行 ESBLs 的初筛及确证，相应操作和判读标准可参考 CLSI M100 文件。此外，三维试验、双纸片协同试验、E－test法和显色培养基法也可检测 ESBLs。也可使用分子生物学方法检测 *bla*CTX－M、*bla*SHV 和 *bla*TEM 等 ESBLs 基因。

耐碳青霉烯类革兰阴性杆菌：主要包括耐碳青霉烯类肠杆菌目细菌（CRE）、耐碳青霉烯类鲍曼不动杆菌（CRAB）和耐碳青霉烯类铜绿假单胞菌（CRPA），可采用纸片扩散法、自动化仪器法、微量稀释法或 E－test 法及显色培养基法等，也可采用分子生物学方法检测 *bla*NDM、*bla*KPC、*bla*IMP、*bla*OXA－48 等耐药基因。目前，实验室检测碳青霉烯酶的方法众多，主要包括 CarbaNP 试验、改良碳青霉烯灭活试验（mCIM）、碳青霉烯酶抑制剂增强试验、免疫层析试验以及分子生物学方法等。其中酶抑制剂增强试验使用3－氨基苯硼酸和EDTA可判断被测菌株是否产生A类碳青霉烯酶(主要为KPC酶)、B类金属酶或同时产两种类型的碳青霉烯酶,操作简单、结果易读。免疫层析试验采用抗原抗体反应的技术,可在15分钟内快速检测碳青霉烯酶并可分型,总体灵敏度和特异度可分别达97.31%和99.75%。

多重耐药艰难梭菌:可采用环丝氨酸－头孢西丁－果糖琼脂(CCFA)培养基或艰难梭菌鉴定(CDIF)培养基对艰难梭菌(CD)进行培养,但单纯的细菌培养不能用于诊断CD的感染,仅用于菌株分型和耐药性的后续检测。实验室常使用酶联免疫法或层析法测定CD毒素、CD高水平表达的代谢谷氨酸脱氢酶(GDH)以及分子生物学方法测定毒素基因的两步法或三步法联合检测CD的感染。亦可使用分子生物学方法检测*tcd*A、*tcd*B、*cdt*A、*cdt*B等毒素基因。CD的耐药性检测可采用琼脂稀释法或E－test。

多重耐药耳念珠菌:多重耐药耳念珠菌可采用表型鉴定、分子生物学及基质辅助激光解吸电离飞行时间质谱(MALDI－TOF)等方法进行鉴定,但基于表型的检测方法可能将耳念珠菌鉴定为希木龙假丝酵母菌或其他假丝酵母菌。药敏的检测通常采用CLSI M60推荐的微量肉汤稀释法。亦可检测ERG基因是否存在突变或缺失,从而导致对唑类药物耐药;检测FKS基因是否存在突变,而导致棘白霉素类药物耐药[8]。

6.3　微生物耐药的立法与法律保障现状

6.3.1　《抗菌药物临床应用管理办法》

微生物耐药已经成为全球公共健康领域面临的一项重大挑战,引起了我国及国际社会的广泛关注。世界卫生组织、世界动物卫生组织,以及欧盟、美国、英国等国际组织、国家纷纷采取了积极措施加以应对。世界卫生组织发出呼吁,将2011年世界卫生日的主题确定为"控制细菌耐药——今天不行动,明天将无药可用"。我国政府历来高度重视抗菌药物不合理使用问题。2012年,卫生部出台被称为"史上最严限抗令"的《抗菌药物临床应用管理办法》。建立了抗菌药物临床应用分级管理制度,将抗菌药物分为非限制使用、限制使用与特殊使用3级管理,并明确了医疗机构抗菌药物遴选、采购、临床使用、监测和预警、干预与退出全流程工作机制,并加大干预力度和责任落实。特别是第五章法律责任中对医疗机构、医务人员违反管理办法的各种行为将进行严厉的处罚。

尽管《抗菌药物临床应用管理办法》颁布实施后一定程度上有效地遏制了抗菌药物不合理使用问题,但我国医疗机构的类别和数量较多,伴随着地域和经济社会发展差异,抗菌药物临床应用管理存在不同地域之间、医疗机构之间发展不平衡的问题,医务人员的能力水平也存在较大差距。特别是在基层、农村地区,抗菌药物不合理使用的现象较为突出。具体表现在以下 6 个方面:①抗菌药物临床应用管理还不够健全,基层医疗机构抗菌药物管理机制尚未建立。②医师用药水平整体不高,尤其是部分基层医师没有很好地执行《抗菌药物临床应用指导原则》。③抗菌药物临床合理使用队伍建设不够健全,具备细菌、真菌感染性疾病诊治能力的感染科医师数量和能力不足,尤其在儿科,不能很好发挥对其他科室医护人员的指导作用。④微生物检验过程仍然历时较长,报告发出较晚,常不能满足临床需要,尽管有些医院已实行了细菌检验的初步报告,但就全国而言尚未形成制度。微生物标本的采集、保存、运送不够规范,质控不够严谨,导致微生物检验的报告准确率还不够高。⑤临床药师人才数量不足且地区分布失衡。虽然,我国临床药师队伍不断壮大。但是,与实际工作需求相比,我国临床药师特别是注册临床药师的缺口仍然很大。就地区分布来说,我国一半以上的注册临床药师集中在东部地区。⑥患者与公众的宣传教育不足,患者、公众合理用药意识不强。

6.3.2 《遏制细菌耐药国家行动计划(2016—2020 年)》

尽管国家卫生计生委、农业农村部等部门在抗菌药物管理方面已经开展了大量工作,并且取得了一定成效,但是造成细菌耐药的因素及其后果却是多领域的,涉及多部门。如果不及时采取行动加以控制,可能使人类再次面临感染性疾病的威胁,带来生物安全威胁加大、环境污染加剧、经济发展制约等不利影响,迫切需要加强多领域协同谋划、共同应对。为此,2016 年 1 月,国家卫生计生委、发展改革委、教育部、科技部、工业和信息化部、国土资源部、环境保护部、农业部、文化部、食品药品监管总局、中医药管理局、中央军委后勤保障部等十几个部门,共同成立了应对细菌耐药联防联控工作机制。各部门就开展的工作达成了一致,通过实施综合治理策略和措施,应对细菌耐药带来的挑战,最终于 2016 年 8 月制订并出台《遏制细菌耐药国家行动计划(2016—2020 年)》,农业农村部随后于 2017 年 6 月单独制定了《全国遏制动物源细菌耐药行动计划(2017—2020 年)》,从国家层面多个领域打出组合拳,有效遏制细菌耐药,维护人民群众身体健康,促进经济社会可持续发展。该计划确立了明确的目标,即从国家层面实施综合治理策略和措施,对抗菌药物的研发、生产、流通、应用、环境保护等各个环节加强监管,加强宣传教育和国际交流合作,应对细菌耐药带来的风险挑战。到 2020 年,实现在新药研发、凭处方售药、监测和评价、临床应用、兽药使用和培训教育共 6 个方面的具体指标。明确了各部门的工作职责,提出了细菌耐药防控工作的主要措施包括 9 大方面:一是发挥联防联控优势,履行部门职责;二是加大抗菌药物相关研发力度;三是加强抗菌药物供应保障管理;四是加强抗菌药物应用和耐药控制体系建设;五是完善抗菌药物应用和细菌耐药监测体系;六是提高专业人员细菌耐药防控能力;七是加强抗菌药物环境污染防治;八是加大公众宣传教育力度;九是广泛开展国际交流与合作。各部分内容均提出了明确的工作措施,且部门归口清晰,便于各地贯彻实施。明确了开展细菌耐药控制相关设施、设备及人员培训等投入;提出成立咨询专家委员会,为抗菌药物管理与耐药控制工作提供咨询意见和政策建议;对地方在督导检查、落实任务目标方面提出了要求。

应对细菌耐药联防联控机制定期进行分析和研判,在遏制微生物耐药方面做了大量工作。国家卫健委自2018年起连续发文加强全国医疗机构抗菌药物的合理使用,并加强全国抗菌药物临床应用监测网、全国细菌耐药监测网、全国真菌病监测网"三网"监测。农业农村部高度重视兽用抗菌药治理、遏制动物源细菌耐药工作。全面谋划遏制细菌耐药工作,推动实施"六大行动",引导从业人员"产好药、用好药、少用药";针对抗菌药物确立了"四不批一鼓励"准入原则,组织实施了兽药风险评价和再评估;严格实施兽药GMP,确保产品质量安全;针对生产中"三废"排放,要求企业严格遵守环保部门有关规定进行处理,做到无污染排放;稳步推进兽用抗菌药使用减量化行动试点工作,目前已有148家兽用抗菌药使用减量化达标;加大养殖环节安全用药工作指导力度,发布兽用处方药目录,促进养殖者规范合理用药。国家药监局高度重视对抗生素类药品的监管,将抗生素作为处方药和非处方药分类管理工作重点,自2003年起,连续印发《关于加强零售药店抗菌药销售监管促进合理用药的通知》《关于做好处方药与非处方药分类管理实施工作的通知》《药品流通监督管理办法》《关于印发〈全国抗菌药物联合整治工作方案〉的通知》。2021年,部署开展药品流通环节专项检查,将处方药销售情况纳入药品零售企业检查重点,强化落实药品零售企业主体责任,进一步加强对药品零售企业销售抗生素等处方药品的监管。从2016年起,已经连续6年与世界卫生组织同步举办"提高抗微生物药物认识周"活动。通过连续多年监测发现,我国抗微生物药物主要监测指标都趋于好转,微生物耐药的形势也稳中向好。

6.3.3 《中华人民共和国生物安全法》

习近平总书记2020年2月14日在中央全面深化改革委员会第十二次会议上强调:要从保护人民健康、保障国家安全、维护国家长治久安的高度,把生物安全纳入国家安全体系,系统规划国家生物安全风险防控和治理体系建设,全面提高国家生物安全治理能力。2020年10月全国人大常委会审议通过了《中华人民共和国生物安全法》,将应对微生物耐药作为生物安全的八大领域之一,对各级政府有关部门都提出了要求。微生物耐药工作已经不再是某个行业、某个专业领域的工作,而是上升到了国家安全和重大战略的高度。《生物安全法》的施行,从法律层面防范和应对生物安全风险,保障人民生命健康,保护生物资源和生态环境,促进生物技术健康发展,推动构建人类命运共同体,实现人类与自然和谐共生。

目前微生物耐药性问题已十分严重,微生物耐药性正在对全球生物安全构成新的威胁,应对微生物耐药性、保障生物安全需要全社会共同付出行动。

（蔡杰　王博）

参考文献

[1] 刘昌孝. 全球关注:重视抗生素发展与耐药风险的对策[J]. 中国抗生素杂志,2019,44(1):1-8.

[2] GUO X P, ZI H, REN J H, et al. Global burden of bacterial antimicrobial resist-ance in 2019:a systematic analysis. Lancet[J]. 2023,32(5):629 - 655.

[3] 张卓然,张凤民,夏梦岩. 微生物耐药的基础与临床[M]. 2 版. 北京:人民卫生出版社. 2017.

[4] BRAGSTAD K, HUNGNES O, LITLESKARE I, et al. "C ommunity spread and late season increased incidence of os-eltamivir-resistant influenza A(H1N1) viruses in Norway 2016[J]. Influenza and other respiratory viruses vol, 2019,13(4):372-381.

[5]迟小惠,冯友军,郑焙文. 耐药菌在人-动物-环境中的传播和遗传机制[J]. 微生物学通报,2019,46(2):311-318.

[6] 国家卫生健康委. 中国抗菌药物管理和细菌耐药现状报告(2018)[M]. 北京:中国协和医科大学出版社,2018.

[7] 陈光华,赵晓丹,王子恒,等. 共同应对抗微生物药耐药性共建人类命运共同体[J]. 世界农业,2018(7):20-24.

[8]杨启文,吴安华,胡必杰,等. 临床重要耐药菌感染传播防控策略专家共识[J]. 中国感染控制杂志,2021 ,20(1):1-14.

第 7 章 实验室与生物安全威胁

近年来实验室获得性感染事故频发，病原微生物泄漏情况屡见不鲜，动物源性传染病的暴发式增长趋势抬头。从国际经验看，实验室生物安全风险不容低估。美国甘尼特报业(Gannett company)旗下的今日美国网(USA Today)，从 2014 年开始调查全美 50 个州超过 200 个高防护生物实验室，揭露了近年来数百起意外事故。此外还有美国国防部犹他州达格威试验场某实验室活炭疽杆菌样本泄漏事件。法国巴斯德研究所非法进口中东呼吸综合征(MERS)病毒样本等，均为与实验室相关的生物安全威胁，需要引起相关研究人员的重视。

7.1 实验室引发的生物安全威胁案例

自 20 世纪 40 至 50 年代提出了生物安全的概念，之后到 20 世纪 50 至 60 年代在美国出现了生物安全实验室，标志着在世界范围内对于生物安全的重视逐渐增加。自此，生物安全实验室也逐渐增多，人们在普通实验室中的安全观念也越发深入完善。这些观念的形成离不开实验室引发的生物安全案例带给人类的惨痛教训，实验室引发的生物泄漏在一定程度上会给人类带来经济损失、人员伤亡、科研成果失效等多方面的损失[1]。

7.1.1 活性炭疽杆菌样本多次泄漏

2015 年，美国达格威试验场使用商业送货服务向多个实验室运送了一批活的炭疽样本，并导致部分实验室相关人员暴露在可疑炭疽样本之下。同样在 2015 年，路易斯安那州的一个研究中心发生了实验室类鼻疽杆菌泄漏的生物安全事件，此次事件的结果为部分动物因泄漏而死亡,且给周围环境和社会都留下了一定的生物安全隐患。随着社会在科技领域探索范围的不断扩大,涉及各类型生物的实验数量也显著增多,在目前还有许多来自企业、高校、军事基地等实验室的生物泄漏或样品丢失事件,这些生物安全事件都会对人类社会造成或大或小的损害和损失,并且留下一定的生物安全隐患。

7.1.2 天花病毒绝迹后复燃

实验室安全威胁可能会由实验室人员安全操作不严谨所产生。1978 年,英国的亨利·贝德森医学研究员在申请到天花病毒研究后,其实验室楼上的其他实验人员被发现感染了绝迹多年的天花病毒。后在调查中虽未发现感染途径,但普遍认为这次感染原因为研究员未严格遵守实验室的安全防护协议。

7.1.3 动物实验存在多重风险

对无论是否携带有传染性病原体的动物进行动物实验时,都存在实验动物风险。2004 年,美国 USAMRIID 的研究人员,在实验室内进行动物实验时,实验小鼠踢中注射器,导致腹腔注射器针头刺穿实验人员手套,造成实验人员安全受到威胁。2013 年在美国高校发生带有 SARS 病毒和甲型 H1N1 病毒的小鼠逃逸事件。同年,美国北卡罗来纳大学发生感染病原体小鼠逃跑事件。2014 年美国科罗拉多州立大学实验室发生带有登革热病毒的转基因蚊子叮咬人员事件。这些事故在一定程度上对实验人员和环境都造成了威胁。

以上的生物安全案例均为对实验室的生物安全操作不严谨或是未严格遵守实验室安全规定所致,反映了建立各个等级的生物安全实验室和制定严格完善的实验室生物安全管理条例的重要性。在流行性传染病反复流行,生物恐怖主义越演越烈的国际形势下,制度完善、质量达标且及时检修的硬件设施和具有良好专业素质的实验人员的组合才能够有效地防止实验室生物安全事故的发生,以此更好地发展生物安全实验室,达到更加高效安全的研究环境,也是安全有序的科技发展的重要保障。

7.2 实验室相关生物安全基本知识

根据世界卫生组织发布的《实验室生物安全手册》规定,实验室生物安全(laboratory biosafety)是用以防止病原体或毒素无意中暴露及意外释放的防护原则、技术及实践[2]。实验室生物安全保障(laboratory biosecurity)是指单位和个人为防止病原体或毒素丢失、被窃、滥用、转移或有意释放而采取的安全措施。实验室生物安全根据定义来说,包括了实验室生物安全保障等一系列的能够保障实验室安全的原则和措施。

7.2.1 实验室生物安全

实验室生物安全是用以防止病原体或毒素无意中暴露及意外释放的防护原则、技术及实践。它在避免各类实验所需病原微生物或毒素对人体和环境造成污染和损害的同时，还确保了实验样品的完整性和实验的严谨性，无论是在环境、人类健康还是科学技术发展上都有着至关重要的作用。完善实验室生物安全保障、建立规范完善的实验室管理制度和条例、提高从事实验相关人员操作水平和生物安全防护水平，是保障实验室生物安全的有效手段。实验室生物安全需要足够的实验理论基础为支撑，在理论基础上制定符合理论逻辑的实验室生物安全标准，创造出较标准更高的实验室生物安全环境。在实际操作中，实验室安全风险通常是由生物危险物质的泄漏或者生物危险物质的意外接触所造成。实验室生物安全泄漏或是实验室生物安全隐患常常与病原体直接相关，故明确实验所需要的病原体及其病原体的生理作用、传播方式、感染后的临床表现和病理参数，是良好的防控病原体感染和在感染后即时控制形势的重要理论基础。实验室生物安全不是特指某一项风险防范措施，而是由实验室安全保障、实验室管理条例、实验人员技术和知识水平所共同构成的。每个实验室的生物安全管理方式和方案会因为各个实验室的特殊性具有个体性的差别，但其主要宗旨都是维护实验室生物安全，防止实验室生物安全隐患造成危害。实验室工作具有严格的工作流程和标准化操作程序，涉及实验室生物安全的风险防范措施几乎包含整个实验室工作流程。

7.2.2 实验室生物安全保障

实验室生物安全保障是指单位和个人为防止病原体或毒素丢失、被窃、滥用、转移或有意释放而采取的安全措施。实验室生物安保措施包括物理安保、信息安保、人员培训、生物安全规范的制定与实施等，每一项在实验室生物安保中都发挥着不可或缺的作用。WHO 于 2006 年出版了《生物风险管理：实验室生物安保指南》，该指南首次明确提出了生物安保的概念，还特别针对性地提出"生物风险管理"的概念。通过各类预防性措施，可有效避免极端分子盗用或是滥用各类具有生物安全意义的实验室相关信息，或者是实验人员操作不规范所导致的生物信息泄漏，从而排除由于危险性病原微生物的泄漏、滥用或蓄意释放对人类和动物健康、自然环境、科学研究以及经济利益所构成的潜在威胁和巨大损失。

7.2.2.1 实验室生物安全规范

生物安全管理体系文件包括生物安全管理手册、实验室生物安全规范等纲领性文件，标准生物安全操作规程（standard operating procedure，SOP）、作业指导书等技术支持性文件，各类实验报告、记录等证实性文件及其他一系列文件，要求生物安全管理体系本身在符合上述法规、标准和技术规范的同时，还必须满足实际工作需求，兼具可行性。

其中,标准生物安全操作规程是为了在有限的时间与资源内,为了执行复杂的日常事务或实验所涉及的内部程序,其能够缩短对于标准操作流程的学习时间且减少工作和实验中的失误概率,是保证生物安全规范性的良好辅助手段。其主要由组织内自行制定,是保证实验室实验质量的不可或缺的部分,也是检验实验人员工作规范性的依据性文件。生物安全实验室标准生物安全操作规程包括进入规定、个人防护、实验工作三个方面。

实验室作业指导书是指为了实验室工作安全而专门编写的指导性文件。生物安全实验室作业指导书可根据指导的具体工作分为 4 类:①仪器设备的操作流程;②样品的制备、处理规程;③检测、操作方法及补充文件;④导则、规则类文件。

实验报告是指在科学研究中人们为了检验某种科学理论或学科假设,通过实验中的观察、操作、记录、分析、讨论、判断等实验过程,得出实验结论并将所进行的实验全过程如实文字记录下来的书面材料。实验报告能够起到实验数据交流以及资料保存的作用。生物安全实验室实验报告包括:①实验目的;②实验器材;③实验原理;④实验步骤;⑤实验数据及分析;⑥讨论及分析;⑦实验结论。

完善、全面、有效的生物安全规范是实验室生物安全保障的根本,实验室各项安全保障工作需要以合理的实验室安全规范作为前提。实验室安全规范条例的制定需要遵循矛盾的普遍性与特殊性原则,针对适用于所有生物实验室的安全条例,需要明确能够保证每个实验室安全的最低标准,在拥有最低标准的前提条件之下,再根据各类实验室甚至是单个实验室的特点,制定其相对应的具体标准。在制定标准的过程当中,实验过程的操作是需要重点规划的部分,既要保证在规定的条件之下,实验能够正常进行,也要保证实验室的生物安全。其中,与每个实验室人员相关的是生物安全保障以法律或者条例的方式来要求实验室研究人员、工作人员加强生物安全保障的意识,自觉培养高度的生物安全责任感和警觉性,严控并防范病原微生物实验室特别是高等级生物防护实验室及其所在生物医学研究机构内部的管制生物剂、毒素和烈性病原体的泄漏、滥用和被盗等影响社会生物安全的事件,在条例中还要建立严格、明确的责任问责制度,在道德和制度上双重规范实验室实验人员和工作人员,以加强实验工作的安全性。

WHO 于 1983 年出版了《实验室生物安全手册》第一版,作为生物安全实验室的规范条例,它的出版标志着在世界范围内对实验室的生物安全有了统一的标准和基本指导原则。于 2004 年 WHO 修订了且出台了《实验室生物安全手册》第三版,该手册从微生物风险度评估、各级实验室操作规范、设计、设施、设备、实验室技术等方面对实验室的生物安全做出了具体的解释和规范,该手册目前作为国际上普遍认可和遵守的生物安全条例发挥了巨大的作用。WHO 的《实验室生物安全手册》第三版和《生物风险管理:实验室生物安保指南》因其良好的普适性、实践性和权威性,可作为各个国家针对性实验室生物安全条例的参考。

在生物安全规范行列，我国落后于国外一些国家。美国在实验室生物安全管理方面长期处于世界前列，我国按照我国的特殊国情和具体的实验室生物安全状况，可以有针对性的学习和借鉴美国在此方面的成功经验和做法。美国本土的生物安全实验室数量众多，且几乎所有的生物实验室都设有相应的生物安全管理团队，这支团队的绝大部分职责就是生物有关风险控制，且由这支专业的团队来进行专业的生物安全条例制定、生物安全条例执行、实验室相关风险评估等。由几十年来的生物安全实验状态表明：上述的管理制度在经过严格实施之后，可以在很大程度上保证实验室的生物安全。

随着国内科学技术的发展，国内的实验室生物安全管理系统也更加完善，在法规化体系、现代化管理技术、关键防护装备等方面均有体现。良法是善治的前提，2004 年国务院出台了《病原微生物实验室生物安全条例》，标志着实验室生物安全管理法制化的开始。国务院于 1988 年发布的《实验动物管理条例》并在 2017 年进行了修订，其与《病原微生物实验室生物安全条例》都是实验室生物安全的重要法规。2020 年 10 月正式颁布《中华人民共和国生物安全法》。在 2020 年习近平总书记强调要“把生物安全纳入国家安全体系，系统规划国家生物安全风险防控和治理体系建设，全面提高国家生物安全治理能力”[3]，这一要求也加快了我国在生物安全立法和完善上的进程，能够有效提高我国的生物安全治理能力。目前我国生物安全法规上主要存在的问题为法规不够系统完善，没有有效地将立法与司法相衔接，这些问题还需有效解决，以提升实验室生物安全管理水平。

7.2.2.2 实验室生物安全关键设备

实验室的生物安全关键设备是保障实验室生物安全的物质前提。高等级病原微生物实验室的安全防护主要通过两级屏障得以实现，一级屏障为实验操作人员和被操作对象之间的隔离，包括防护头罩、防护口罩、正压防护服等个人防护装备以及Ⅱ、Ⅲ级生物安全柜、动物负压解剖台等隔离设备；二级屏障指一级屏障的外围设施，是实验室内与外部环境的隔离，常用“三区两缓”来概括，三区分别为清洁区、半污染区、污染区，两缓为两个缓冲间，缓冲间为设备在各个实验室相邻区域内的具有通风系统和互锁功能门的过渡密闭空间，两个缓冲间的主要功能为空气隔离、更衣换鞋、去污染消毒和淋浴。其中，构成一级屏障和二级屏障的主要设备都属于生物安全关键设备[4]。以下为常见的关键生物安全设备。

1. 生物安全柜

生物安全柜是生物安全实验室中极为重要的设备，是防止实验操作过程中含有危害性或未知性生物气溶胶散逸的空气净化安全装置。生物安全柜根据其过滤膜、气密性、防泄漏能力、气流流速等各方面的防护性能被分为Ⅰ、Ⅱ、Ⅲ级。Ⅰ级生物安全柜的防护性能有限，并不能有效地保护样品，但可以保护实验人员以及环境免受侵害。Ⅱ级生物安全柜在目前应用最为广泛，经过高效空气过滤器(high efficiency particulate air filter, HEPA)过滤的垂直层流气流从安全柜顶部吹下，下沉气流不断吹过安全柜的工作区域，可以避免生物安全柜中的实验试剂或其他实验物品受外界污染。Ⅲ级生物安全柜为安全防护等级最高的生物安全柜，其专门为 BSL－4 实验室所设计。

2. 正压防护服

正压防护服通常使用于高等级生物安全实验室的实验人员防护中，对于实验人员来说，正压防护服是维持个体免受气溶胶、实验病原体等威胁的最重要的关键防护设备，其保存、穿戴、使用都有着极其严格要求。实验室人员所穿戴的正压防护服须配套相应的生命支持系统来维持实验人员的适宜环境，生命支持系统可为正压防护服提供适宜的压力和具有足够品质的空气。

3. 高效空气过滤器

高效空气过滤器是保证实验室所产生的气溶胶不会对外界环境产生危害或保证不影响生物安全柜中稳定环境的关键设备。Ⅲ级和Ⅳ级生物安全实验室都应安装高效空气过滤器，并且定期进行消毒和检漏。

4. 负压隔离器

负压隔离器在高等级生物安全实验室中也是必不可少的关键设备之一，它是指隔离器内压力低于外部大气压力，由此所产生的密封性能可以应用于传染性物体隔离的一种硬件设施(图 7.1)。

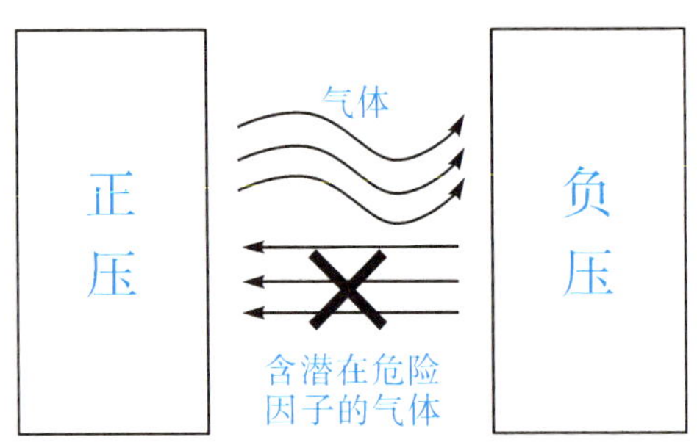

7.1　正/负压关键防护设备基本原理图

5. 废水处理系统

废水处理系统可将实验室用水回收且集中灭活，避免污水排入周围环境的设备。污水处理系统包括多种灭活方式，如高温连续流灭活、化学灭活、高压湿热灭活等。

6. 气密传递舱

气密传递舱为实验室人员常用物品传递设备，可以实现清洁区与非清洁区之间小物品的传递。其配备的双门互锁装置可以保证清洁区与非清洁区的阻隔，减少在传递物品过程中发生污染的可能性。在气密传递舱中，还需配备传递舱消毒设施，包括紫外线消毒和气体消毒两种方式。

7. 动物隔离器

动物隔离器主要适用于动物生物安全实验室，保证动物隔离器内部环境与外界环境处于有效隔离状态，内部环境空气经高效空气过滤器过滤后进入，再同样经高效空气过滤器过滤后排除，防止气溶胶逸出所导致的感染。

8. 换笼工作台

换笼工作台适用于动物生物安全实验室动物笼的更换、实验室动物的实验操作，可以有效地防止工作区域内的实验动物受到外界空气的污染。

9. 动物残体处理系统

动物残体处理系统是对生物安全实验室内感染性动物的残体进行炼制、碱水解、焚化等技术手段进行处理，并通过生物灭菌效果测试的实验室生物安全关键防护设备。

10. 气体消毒装置

高等级生物安全实验室内，主要采用的气体消毒方法为化学消毒剂熏蒸法，通常采用的试剂有过氧化氢、二氧化氯、甲醛等消毒试剂。

实验室关键设备的采购和日常维修都需要严格参照国际规划的标准，高质量的生物安全关键设备可以使实验安全操作的容错率更高，并在硬件设施上加强实验室的生物安全。实验室生物安全防护装备是高等级生物安全实验室建设的关键因素，目前，我国在实验室关键防护装备上已迈入国际化阶段，其生产和应用能够满足高等级生物安全实验室的需要。

信息化管理也是生物安全管理的一部分，因科学技术的发展，信息化管理在实验室生物安全管理中也发挥着日益重要的作用，如广东省建立的“BSL－1、BSL－2 实验室备案管理系统”等信息化备案方法不仅缩短了备案时效，也使实验室生物安全管理更加规范化，在一定程度上减少了实验室生物安全隐患。信息化管理包括对实验室数据、实验室人员、实验室安全和运行状况、关键实验设备、准入系统的管理等，实验室的信息化平台需要做到对实验室的全方位、多角度的管理。

7.2.2.3　气溶胶的生物安全保障

在实验设备的应用中，生物安全方面最需要考量的为设备对于阻断气溶胶传播的能力。气溶胶是指悬浮在气体介质中的粒径通常在 0.01 ~ 10μm 的固态或液态的微小颗粒，其中含有病毒或细菌等病原体的气溶胶称为微生物气溶胶，微生物气溶胶在经空气传播后有导致传染病发生的可能性，流感、腮腺炎、麻疹等疾病都有通过气溶胶传播而感染的可能。

气溶胶具有以下特点：①容易吸入性感染，无色无味，难以防护。②传播距离远。

③症状不典型,患者表现与自然感染具有差异性。④易引起生物间传播。

故阻断气溶胶的产生和传播以及人体的暴露和吸入是有效切断微生物气溶胶传染的重要措施。

除使用生物安全柜之类的围场操作,采用屏障隔离、定向气流、过滤系统的有效拦截等措施也是防止气溶胶所产生的生物安全威胁的有效手段。

1. **围场操作**

围场操作是将传染性微生物局限在具体的空间内进行实验操作,以避免其与实验人员的直接接触,并保证与空气隔离,具体的围场操作包括使用生物安全柜等措施。

2. **屏障隔离**

屏障隔离是在围场操作失效或不完善的情况下,气溶胶突破围场后的第二层防护,通常也是最有效的隔离方式,包括缓冲间等生物安全措施。

3. **定向气流**

定向气流是指控制实验室内空气的流动方向,确保实验室内空气流动满足以下条件:①实验室外空气只能向实验室内流动。②实验室内清洁区域空气只能向污染区域流动。③实验室内污染轻的空气只能向污染重的区域流动。定向气流的控制主要通过实验室各区域的气压来调节,一般被应用于生物安全三级以上的实验室,在实验室中须保持核心实验区的气压较半污染区气压低 20Pa。

4. **有效拦截**

是在围场内空气对外排出时,对外排的空气进行净化,具体的有效拦截操作包括采用以高校粒子空气为主的材料进行过滤等。

7.2.2.4 实验室生物风险管理

实验室生物风险管理是人们对于实验室内潜在的风险进行识别、评估,并根据具体的评估结果进行相应的风险处理措施,以达到化解风险、减少意外损失等目的的过程。实验室生物风险管理包括风险分析、风险评价和风险控制三个过程。

其中风险分析、风险评价属于生物安全风险评估,是风险控制的基础和依据。风险评价主要包括对潜在风险评价、威胁评价、安全弱点评价等方面。潜在风险评价又需要涵盖实验室危害因素带来的损害、可能导致的疾病、社会经济利益、道德伦理及文化价值取向等方面。风险评价中的威胁评价针对实验室生物安保,侧重于实验室的物理安全威胁。实验室生物安全弱点评价主要针对实验室的现有状况是否满足实验室所设立的标准。生物安全风险控制的主要方法包括风险转移、风险回避、风险降低等手段。

有效的实验室生物风险管理体系由 PDCA 循环管理方法,即 P(Plan)表示计划,为制订实验室生物风险管理的前期目标和明确生物安全管理方法;D(Do)表示执行,执行实验室生物安全培训等任务;C(Check)表示检查,同时包括对于实验室的监督和纠正;A

(Act)表示行动,为对实验室生物安全管理任务的复查和创新(图 7.2)。

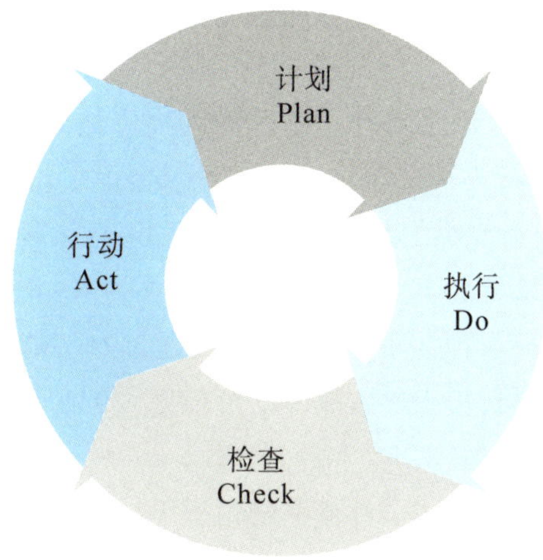

图 7.2　实验室生物安全 PDCA 循环管理方法

7.2.2.5　实验室生物安全风险评估

风险评估是指评估风险大小以及确定是否可容许的全过程,是风险管理的基础和依据,包括风险识别、风险分析以及风险评价。我国国家标准《实验室生物安全通用要求》中对实验室生物危害评估的规定为:"当实验室活动涉及传染或潜在传染性生物因子时,应进行危害程度评估。危害程度评估应至少包括:生物因子的种类(已知的、未知的、基因修饰的或未知传染性的生物材料)、来源、传染性、致病性、传播途径、在环境中的稳定性、感染剂量、浓度、动物实验数据、预防和治疗。"[5]在目前正在修订中的第四版《实验室生物安全手册》中,风险评估被列为重点。

对于生物实验室的生物安全风险评估,可以参照欧洲标准化委员会《实验室生物风险管理》和 WHO 文件《生物风险管理:实验室生物安全保障指南》来进行相应实验室的生物安全风险评估。

生物安全的危险度评估是生物安全工作的核心,在评估过程中需要借助许多量表、仪器和相关领域的专业人员。其中,最重要的是具有极高专业度的科研人员的专业判断,专业人员的判断可以在量表、仪器定期评估前发现实验仪器所存在的问题,更加及时的发现生物安全相关隐患。

生物安全风险评估包括 5 个过程,分别为收集信息、评估风险、制定风险策略、选择并实施控制策略、风险复查和控制措施,在评估风险过程中,最重要的部分为确定风险是否可以接受或是否可控,这是实验室所需进行的实验是否能够正常开展的必要指标。在风险评估过程中,明确实验情况、明确实验风险、描述实验风险、评估风险且规避风险是实验风险评估所要达成的目的。

风险评估过程中，主要采用的评估技术包括德尔菲法、检查表法、风险矩阵、头脑风暴法及结构化访谈、情景分析法、人因可靠性分析、事件树分析、故障树分析等 8 种方法。故障树分析、事件树分析、人因可靠性分析主要适用于关键实验室生物安全设备的风险评估，应由专业机电人员进行评估测量。在几种风险评估方法中，风险矩阵、故障树分析、事件树分析为半定量分析方法，其余为定性分析方法。

风险矩阵为通过对危险有害因素的风险概率 P 和风险影响程度 C 进行定量评估，从而得到危险有害因素的风险等级 R，其之间的计算方法为 $R=P\cdot C$。

故障树分析方法为一种自顶向下的分析方法，通过对可能造成系统故障的硬件、软件、人为因素进行一系列分析，得出导致故障的可能原因的组合方式和其发生概率，由总体到分支，逐层细化的分析方法。

事故树方法是指在不考虑基本事件概率的情况下，从事故树的结构上进行基本事件对顶上事件的重要程度进行评价。

通过生物风险评估，可为管理者提供最可靠的安全监管依据。需特别注意的是，生物风险评估既要有科学的方案作支撑，也要有特定的目标做引导，明确实验所需要达到的生物安全标准，再进行个体化的分析评估。风险评估应由根据实验室具体状况和实验的危险性程度进行周期性评估（表 7.1）。在《微生物学与生物医学实验室生物安全手册》中指出，生物风险评估还需要对实验人员的知识和技能进行工作的风险评估。

表 7.1 生物风险危险性分级及标准

危险度分级	危害性	对应实验室
危险度Ⅰ级，RG1	个体和群体危害低	于普通高校和科研院所开展
危险度Ⅱ级，RG2	个体危害中等、群体危害低	于普通高校和科研院所进行综合评估后可开展
危险度Ⅲ级，RG3	个体危害高、群体危害低	只能在防护级别 3 级以上实验室开展
危险度Ⅳ级，RG4	个体危害高、群体危害高	

综上所述，生物安全风险评估需要包括对仪器设备、病原体、实验人员进行全方位的综合评估，并根据具体实验室所能承受的生物安全风险等级，制订风险评估量表的个体化标准，以明确实验能否在保证生物安全的情况下正常开展。

7.2.3 生物安全实验室及其分级

7.2.3.1 生物安全实验室的概念

生物安全实验室（biosafety laboratory）是通过防护屏障和管理措施，能够避免或控制被操作的有害生物因子危害，达到生物安全要求的生物实验室和动物实验室。在生物安全实验室中，进行主要实验活动的被称为主实验室（main room），也是生物安全实验室中感染风险最高的房间。不同危险度等级的病原微生物必须在不同的物理性防护条件下进行操作。

7.2.3.2 病原微生物的分类

微生物为没有灭活的生物因子，包括能够复制或传递基因物质的细胞或非细胞的微小生物实体，其中包括致病和非致病的微生物，主要包括细菌、真菌、病毒和部分寄生虫。

感染性微生物疾病通常有接触传播、空气传播、飞沫传播等途径，按照我国的《病原微生物实验室生物安全管理条例》，根据病原微生物本身的传染性和感染后对个体或者群体的危害程度，将病原微生物分为四类（表7.2）。其中第一类、第二类病原微生物统称为高致病性病原微生物。按照国际分类标准，目前属于高致病性病原微生物的有天花病毒、HIV、SARS－CoV、结核、炭疽、霍乱、鼠疫杆菌、高致病性禽流感等。是否会进行高致病性病原微生物实验也是生物安全实验室分类的重要根据之一。

表7.2 根据《病原微生物实验室生物安全管理条例》对病原微生物的分类

病原微生物分类	分类标准
第一类	能够引起人类或者动物非常严重疾病的微生物，以及我国尚未发现或者已经宣布消灭的微生物
第二类	能够引起人类或者动物严重疾病，比较容易直接或者间接在人与人、动物与人、动物与动物间传播的微生物
第三类	能够引起人类或者动物疾病，但一般情况下对人、动物或者环境不构成严重危害，传播风险有限，实验室感染后很少引起严重疾病，并且具备有效治疗和预防措施的微生物
第四类	在通常情况下不会引起人类或者动物疾病的微生物

7.2.3.3 实验动物的分类

实验动物（laboratory animal）是由人工培育，对其携带的微生物实行控制，遗传背景明确或来源清楚，用于科学研究、教学、生产、检定以及其他科学实验的动物。常用实验动物包括兔、小鼠、大鼠、豚鼠、地鼠、小型猪、猴等。可根据遗传学控制和微生物控制方法进行分类，在生物安全实验室中，主要根据微生物控制方法来对实验动物进行分类，根据其是否携带致病性病原体及病原体的危害程度将实验动物分为四类（表7.3，表7.4）。实验动物等级越高，所携带的病原体越少，取得的科研实验结果的干扰因素越小[6]。

表7.3 实验动物微生物学分类

分类	分类依据
Ⅰ类	主要的人畜共患病病原体
Ⅱ类	动物的烈性传染病病原体
Ⅲ类	动物的弱致病性病原体
Ⅳ类	能引起动物隐性感染和潜伏感染的病原体
Ⅴ类	非病原体

表 7.4 按微生物学控制方法对实验动物进行分类

实验动物分类	种类	分类标准
一级	普通动物	饲养于开放系统或简易屏障系统,未经积极的微生物控制的带菌动物。不同于非实验用通常动物,不得带有人畜共患病原体和严重危害动物种群的微生物和寄生虫
二级	清洁动物	饲养于简易屏障系统或屏障系统,其饲料、垫料、用具、空气、人员服装均已消毒处理,在一级动物微生物控制基础上排除了危害本动物种群的微生物和寄生虫
三级	无特定病原体动物	动物机体内无特定的微生物和寄生虫允许存在的动物,由无菌动物而来,原则上不允许存在病原体,较二级动物控制要求更加严格
四级	无菌动物	饲养于隔离系统,集体内无任何用现代监测手段可检出的寄生物(微生物和寄生虫)或所有非植入的微生物和寄生虫的动物;在自然界中不存在,必须使用人为方法培育而成

在动物生物安全实验室中,对实验动物通常实施饲养、采样、解剖等实验操作,在操作过程中,也会同微生物实验操作一样,产生感染性病原体气溶胶、动物性过敏原气溶胶、动物排泄物等物质,具有很高的潜在生物安全风险。由于实验室所用动物须满足对实验反应灵敏,干扰因素少等特点,故规定一般除高等教学动物可使用一级动物,其余实验室所进行研究均需使用二级及二级以上实验动物。

一级动物即普通动物,由于其自身培育要求低,所取得实验成果受干扰因素多,一般只应用于预实验或教学过程中,不应用于所需实验结果精确的科研研究中。二级动物即清洁动物,为目前国内科学研究主要采用的实验动物,清洁动物在保证成本的同时可以满足国内大多数生物科研实验室的实验要求。三级动物即无特定病原体动物为国际标准实验室动物,在国际交流课题中,须采用无特定病原体动物进行科学研究。四级动物即无菌动物培育条件高,实验成本高,通常适用于微生物与宿主相互作用及免疫机制等方面的特殊实验研究。

7.2.3.4 生物安全实验室的分级

生物安全实验室可分为用细胞研究为主的实验室和用实验动物研究为主的实验室,生物安全实验室的分级通常由实验室所进行实验的危险程度和实验室主要承担的功能来分为四级,其中一级的危险程度和生物安全隔离要求最低,并且依次递增。以细胞研究为主的生物安全实验室一般用 BSL-1、BSL-2、BSL-3、BSL-4 来代表,BSL 的含义为 Biological Safety Level。BSL-1、BSL-2 这两者安全等级较低的实验室称为基础生物安全实验室,BSL-3 实验室被称为屏障生物安全实验室,而 BSL-4 则被称为最高屏障或是最高等级生物安全实验室。该分级方法为国际上广泛接受,我国对于生物安全实验室的具体分级如表7.5，主要的分级依据为实验室内所贮存和操作病原微生物等感染性因子的生物危险程度。

表7.5　我国对于生物安全实验室的分级

分级	简称	危害程度	处理对象
一级	BSL-1	低个体危害，低群体危害	具有非常低的个体危害与群体危害，几乎不会对人、动物及周边带来任何安全隐患
二级	BSL-2	一般个体危害，可控群体危害	病原体对人或动物个体能够感染诱发疾病，但是无法对周边环境造成危害性传播。病原体的疾病控制已经具有有效的手段，该病原体在群体中广泛传播的可能性较小
三级	BSL-3	高个体危害，低群体危害	病原体对人或动物个体的致病性较强，但是主要集中在个体症状，其传染性有限，很难发生大面积扩散传播，同时对于该病原体致病的症状能够对其进行有效的控制
四级	BSL-4	高个体危害，高群体危害	病原体对人或动物个体具有严重致病性且病死率极高，同时还极易在群体内发生交叉感染，且现阶段并不能够对该病原体引发的症状进行有效控制。不具备有效的预防和治疗措施

根据WHO规定，4个等级的生物安全实验室还可以用P1、P2、P3、P4来代表，即BSL-1实验室也称P1实验室（图7.3）。WHO的分类标准与国内分类标准略有不同，但是对应实验室所能进行的实验活动的危险程度是相近的，见表7.6。

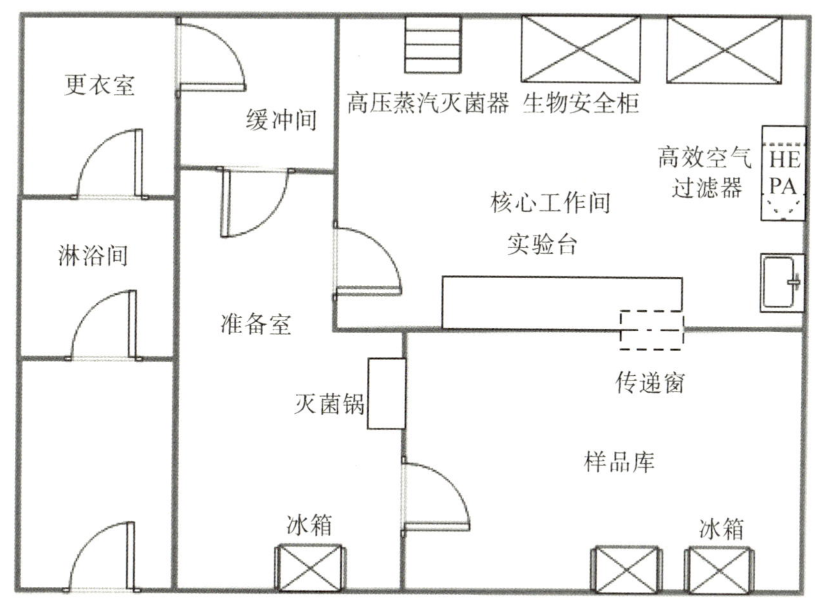

图7.3　基础生物安全实验室基本构造

表 7.6 WHO 对生物安全实验室的分类及相应应用范围和处理对象

分级	简称	应用范围	处理对象
一级	P1	基础的教学、研究	较低的生物环境安全的危险性,基本不存在致病性病原体
二级	P2	初级卫生服务;诊断、研究	中等或潜在的生物环境安全的危险性,可能会造成人或动物的一些症状,但是基本不会对周围环境造成影响,具备有效的预防和治疗措施
三级	P3	特殊的诊断、研究	高度的生物环境安全的危险性,可以通过多种途径在人或动物之间进行病原体的传播,对个人或动物会传声严重的疾病症状,通常有预防治疗措施
四级	P4	危险病原体研究	极高的生物环境安全危险性,极其传播,传播途径未知、病原体未知,且可能对人或动物带来致命性的危害,同时缺乏有效的预防和治疗手段

以动物研究为主的实验室用 ABSL-1、ABSL-2、ABSL-3、ABSL-4 来标识,其危险等级与以细胞研究为主的实验室相对应。在以动物研究为主的实验室中,对于实验室内进行动物相关实验所涉及的各类微生物,需要特别关注以下几个方面:①普通传染方式;②微生物样本用量及其浓度;③接种方式;④是否代谢及代谢方式。实验过程中涉及的实验动物,还应当同时关注以下几点要素:①动物习性,是否对人类具有异常反应和攻击行为;②动物体内外寄生虫;③感染性较强的动物疾病;④极具传染力的过敏原。

以细胞为主的生物安全实验室和以动物为主的生物安全实验室有着防护设备上的区别,本章主要介绍的为以细胞为主的生物安全实验室,即 BSL 实验室。

7.2.4 生物安全 4 级实验室(BSL-4)及其功能

7.2.4.1 生物安全 4 级实验室(BSL-4)的定义

生物安全 4 级实验室(Biosafety Level 4 Laboratory, BSL-4)是最高等级的生物安全实验室。我国《实验室生物安全通用要求》(GB19489-2008)将 BSL-4 实验室分类为"可有效利用生物安全柜等安全隔离装置操作常规量经空气传播致病性生物因子的实验室"和"利用具有生命支持系统的一体式正压防护服,操作常规量经空气传播致病性生物因子的实验室"。

生物安全 4 级实验室执行促进公共卫生和遏制生物恐怖主义等重要工作。由于其生物防护级别最高,抵御突发生物安全事件的能力最强,研究人员在其中所进行的实验对象通常为高致病性病原微生物,其中被研究的病原微生物均具有极高的生物环境安全危险性,极易传播,传播途径未知、病原体未知,且可能对人或动物带来致命性的危害,同时缺乏有效的预防和治疗手段。在过去的几十年中,众所周知的埃博拉病毒、SARS 病毒、出血热病毒、天花病毒、拉萨热病毒等在世界各地的不同 BSL-4 实验室中被贮存和研究。由于研究的危险性强,故 BSL-4 实验室无论是从选址、建立、投入使用、实验过程和日常管理等方面都较一般实验室更为严格,且在实验室数量方面也较其他实验室大为减少。目前,在很多国家还不具备建造和运营 BSL-4 实验室的科技水平和经济能力。

7.2.4.2 生物安全 4 级实验室的特殊性

由于生物安全4 级实验室所处理病原体的传染性强、危险程度高,故在实验室的关键防护设备、实验人员、实验管理等方面都较基础生物安全实验室特殊,具有更严格的生物安全标准。

在实验设备方面,更加严格的防护设备是区分生物安全 4 级实验室与其他实验室的主要硬件标志。其中,一级防护屏障和二级防护屏障是 BSL-4 实验室最为关键性的安全防护措施。在 BSL-4 实验室中,一级防护屏障主要包括个人防护装备和生物安全柜。在 BSL-4 实验室中,二级和三级生物安全柜因具有更高的防护能力而被使用。其中,三级生物安全柜是专门为 BSL-4 实验室所设计,具有完全气密的柜体,通过双门的传递箱可以确保实验用品在进出时免受污染,防护性能远远高于一、二级生物安全柜。二级防护屏障主要是实验室内与外部环境的隔离,包括三区两缓,即清洁区、半污染区、污染区和两个缓冲间。实验室始终维持着负压的状态,可以防止实验室的气体泄漏而造成的环境和人员危害。BSL-4 实验室中高效空气过滤器(HEPA)的检测和更换都具有更高的标准。

在实验人员方面,根据实验人员的具体工作内容以及工作性质,可将实验人员分为实验室管理人员、运行和设备维护人员、实验室技术人员以及科学研究人员。可以进入 BSL-4 实验室的实验人员往往具有不同的实验背景,但都需要具备基本的处理传染性病原体的能力。这就意味着所有进入 BSL-4 实验室的实验人员都需要通过相关的资质考核,具有充分的专业技能,且均能够严格遵守安全标准和实验室安全协定。根据不同性质的人员,给予相应的等级权限。在进行部分高致病性病原微生物的实验活动前,实验人员还需要接种实验病原体的相关疫苗,以保证自身和社会的生物安全。

在实验管理方面,由于生物安全四级实验室的数量少、危险性高,故需要以 WHO 的《实验室生物安全》和《生物风险管理:实验室生物安保指南》为指南和标准,来制定针对更加严格、针对性强的管理条例,同时需要更信息化的管理。

正因生物安全四级实验室的以上特殊性,使生物安全实验室具备了应对类似突发传染病的严重生物安全事件的能力。

7.3 实验室相关生物安全的应对策略

实验室相关生物安全问题,主要由实验室生物泄漏产生,故提升实验人员安全操作水平、提高关键设备防护能力，制订合理规范的生物安全管理条例，以防止实验室生物泄漏以及泄漏后的及时预防，即可大大减少实验室带来的生物安全威胁。

7.3.1 防止生物实验室生物泄漏的措施建议

生物实验室生物泄漏的主要原因有以下几点。

7.3.1.1 生物实验操作不当

根据以往的实验室生物泄漏案例的总结，大部分的实验室生物泄漏都是由于实验人员不严谨的实验操作所造成的。

7.3.1.2 实验关键防护设备破损或故障

生物安全柜、生物防护服等防护设备的破损或故障会影响实验室生物安全防护的一级屏障的有效性；高效空气过滤系统的破碎或故障会影响二级屏障的有效性。

7.3.1.3 高危实验样本的丢失和传播

实验样本通常为携带病原体最多的实验室物品，在实验室中为最需重点关注的物品。若发生高危实验样本的丢失，会对实验室以外的环境和人员造成巨大的安全隐患。

7.3.1.4 实验动物风险

在生物安全实验室中，动物实验通常为活体实验，相较于微生物实验来说，具有更大的不可控性，负压解剖台、换笼工作台、动物隔离器等更多的是为保护实验动物，在动物生物安全实验室内使用。在仪器保护实验动物安全和防止气溶胶感染的同时，实验人员在活体实验时更注意对个体和环境的防护。

7.3.1.5 建设规范的生物安全实验室，未定期为关键防护设备检修

在实验操作过程中，许多步骤均可产生的气溶胶，而气溶胶是引起实验室感染的最重要因素。因此，建设规范的级别实验室和生物安全柜，并保证其负压、高效空气过滤系统的正常运行，是保证实验顺利进行，满足实验对象的环境要求，防止生物泄漏，保障实验人员安全的前提和保障。严格控制生物安全实验室的“四个流动”，包括人流、物流、水流、气流。尽量减少气溶胶的扩散能够有效控制气溶胶的感染，除使用生物安全柜之类的围场操作，采用屏障隔离、定向气流、过滤系统的有效拦截等措施也是防止气溶胶所产生的生物安全威胁的有效手段。为防止感染或者泄漏造成的影响，在同一独立安全区域内，只能同时从事一种高致病性病原微生物的实验活动。此外，对关键防护设备进行定期的检修也是必不可少的，如对高效空气过滤装置进行定期的滤芯阻力检测，对生物安全柜进行定期更换滤膜等。

实验室生物泄漏不仅可能会造成实验人员的感染，还可能会造成环境的污染或是科研成果的丢失。故为防止实验室生物泄漏，应认真做好以下几方面工作。

1. 加强生物安全培训，提高实验人员安全意识

据有关统计，在实验室相关感染中，大多数的实验室获得性感染时与感染性气溶胶相关，在原因明确的感染中，大多数都时由实验人员操作失误所导致。加强实验室人员的生物安全培训，是减少生物安全感染的有效举措。对于具备实验室常规操作知识的实验人员，还需要给其培训生物安全和生物防护的基本原则、个人防护设备和仪器设备的使用、各种生物安全相关法律法规以及发生意外时的实验室应急程序等内容。加强实验人员对于实验室的各个方面的安全意识及安全知识储备。

2. 完善管理制度，明确安全职责

完善的实验室管理制度，是实现生物安全的重要保障。在我国，实验室相关操作需要严格参照我国《病原微生物实验室生物安全管理条例》和《微生物和生物医学实验室生物安全通用准则》以及国际上《实验室生物安全手册》（第三版）和《生物风险管理：实验室生物安保指南》的相关要求。国家相关部门也应根据不同类别生物实验室的具体情况，制定更具针对性的实验室管理条例。

3. 迎合现代化技术发展，提升现代化检测水平

作为现代化科学研究必不可少的一部分，生物安全实验室需要合理运用现代化科学技术，以现代化方式实现对生物安全实验室的实时检测，如运用菌（毒）种安全管理系统、实验室备案管理系统等。

7.3.2 生物实验室发生泄漏后的防疫措施

据统计，80% 的实验室安全事故是由于病原微生物所产生的气溶胶导致的。及时有效的防控举措是实验室生物泄漏后的必要操作，良好的防疫措施能够保证人员和环境的安全以及科研成果的有效性。

7.3.2.1 及时的病毒检测和抗病毒治疗

2011 年英国一实验室因未将病原体有效灭活，且管理部门未采取有效防疫措施，导致 1 名工作人员被感染。而 2014 年在美国 BSL－3 实验室中实验人员呼吸管发生撕裂后，及时采用了抗病毒药物治疗，避免了实验人员感染的发生。由此可见，在生物威胁产生后，对于实验人员及时的隔离、诊断以及抗病毒药物治疗是保证实验人员安全和避免生物危害进一步蔓延的必要举措。

7.3.2.2 实验室的关闭及净化

许多实验室生物泄漏发生后，没有明确的泄漏原因，其大多是由病原微生物所产生的气溶胶导致的。2014 年美国 CDC 机构中一员工操作失误接触了埃博拉病毒，随后疾控中心对该实验室进行了净化关闭，有效阻断了病毒进一步的扩散和危害。在关闭净化时，要保证关键仪器的正常效果，如高效空气过滤仪和负压隔离器，这是阻断气溶胶传播的有效实验仪器。

7.3.2.3 更安全有效的管理条例的制定

生物泄漏的发生在一定程度上也是因为实验室的条例不具有更强大的针对性，实验室规范不能满足特定病原体防控的需求。故制定针对性强的实验室生物管理条例，是防止生物泄漏的理论需求。如2012年重新修订的《医学实验室——质量与能力的要求》，为医学实验室提供了更加具有针对性的实验室安全指南。

7.3.3 生物安全证据与司法鉴定

7.3.3.1 生物安全证据

生物安全证据(biosafety evidence)是进行司法鉴定的前提条件和司法鉴定的主要组成部分，清晰、有效的生物安全证据能够追溯到实验室生物安全问题的源头，明确实验室生物安全问题的责任人，才能进一步的改善实验室生物安全问题。实验室生物安全证据包括实验记录、生物学证据等。

最清晰、直观的实验室生物安全证据为根据相关法规及相关实验室守则所规定的实验记录，实验记录中所记录的实验人员、实验耗材、实验病原体等信息能够有效地反映实验室出现生物安全问题时的背景情况，缩小对于实验室安全问题的排查范围。故严格按照实验室相对应的实验记录要求，执行实验记录，是实验室生物安全管理中重要的一环。

生物学证据按照生物工程学标准分类又可以分为细胞工程学生物证据、基因工程学生物证据、蛋白质工程学生物证据。生物学证据的提取、保存、鉴定均需要通过严格、规范的手段来进行操作，生物学证据在司法鉴定中可以作为主要证据来对相关问题进行定性。

7.3.3.2 司法鉴定

司法鉴定作为8种法律证据之一，在各类案件和法律事务中起着重要的作用。实验室生物安全证据需要进行严格缜密的司法鉴定，在进行其他项目司法鉴定的同时，实验人员同样需要注意生物安全。司法鉴定过程中的生物安全不仅能够保障实验人员的安全，还能进一步加强司法鉴定的准确性。司法鉴定与生物安全在实验人员进行实验的过程中能够起到相辅相成、互相保障的作用，均为生物安全实验中必不可少的一环。

生物安全实验室中所进行的司法鉴定工作主要为法医物证鉴定，包括文书鉴定、痕迹鉴定、微量物证鉴定。在物证鉴定的过程中，由于司法鉴定的来源复杂、操作要求高且需要保证实验人员人为因素不会对实验结果造成影响，故在司法鉴定中的生物安全，也是组成司法鉴定中必不可少的一环。

为保证物证鉴定实验室中的生物安全，同时也确保鉴定结果的准确性，需要对物证鉴定技术方法和检验操作程序进行严格的控制和管理，具体的手段有方法确认以及遵守标准的操作规程，保证所采取的鉴定手段能够达到可行性、可靠性和风险控制之间的有效平衡。

司法鉴定实验室中，由于物证鉴定方法更新速度快、准确性要求高，故常常引进最新的物证鉴定技术。在引进新技术的同时，需要进行技术方法确认，方法确认主要包括以下步骤。

（1）确认检验范围：明确新技术方法的物证检材的种类、理化性质、所需的技术手段。

（2）明确工作环境：明确技术手段后，评估技术手段安全风险，根据可行性、可靠性、风险控制等多方面因素，明确该技术手段所需实验室环境。

（3）制订实验方案：在明确所需实验及实验环境后，按照相关实验室准则制定实验方案，提前评估实验风险。

（4）实施确认实验：在实验过程中，严格遵守实验规范，尽量减少安全隐患。

（5）评审确认结果。

（6）实验结果保存：保存新技术实验结果，根据结果协同制定新技术的质量控制参数。

（7）明确该技术鉴定人。

在执行司法鉴定时，需要严格遵守物证鉴定实验室的标准操作规程（standard operating procedure，简称 SOP）和 SOP 手册。SOP 是实验室质量保证体系建设的重点内容之一，能够有助于保证在实验操作中更换实验人员也不影响实验操作结果。

在进行司法鉴定前，实验人员需要做好自身的防护工作，严格遵守基本预防措施，避免生物性危害源对实验人员的危害作用，同时也可以避免实验人员自身生物检材对于实验的影响。

实验室生物安全证据的司法鉴定须由专业人员根据证据的类别选择分析手段进行分析鉴定。准确有效的司法鉴定可以为案件提供有力的证据，在实验室生物安全方面，准确的司法鉴定和相关法律法规也是提升实验室生物安全的有效手段。

对于生物安全证据进行司法鉴定，在生物学上主要应用于对外来物种入侵的鉴别，或传染性病毒的鉴别与监管。

对于外来入侵物种应根据国情制定相应的生物安全防控及管理办法，以实现对于外来入侵物种及时且有效的监测，监测需要完善的司法鉴定程序以及生物安全鉴定方法。明确入侵物种和传染性病毒的种类也有益于选择适当的生物安全实验室来进行物种研究。

7.3.4　立法与法律保障的现状

生物安全在国家安全体系中同样是至关重要的一部分，是国家治理体系和治理能力的综合体现，是维持良好社会秩序和维护生态和平的重要基石。系统规划生物安全防控和治理体系的建设，可以全面提高国家生物安全治理能力。

自 1990 年开始，为应对生物恐怖主义的威胁，生物安全保障的范围逐渐扩大，但仍局限于自然界和实验室的生物安全，且因单一的防范手段，在实践中难以取得良好的保护效果目前。针对我国的生物安全需求，立法部门已做出相应举措，颁布《生物安全法》，该法是维护国家生物安全的基础政策性法律，为我国的生物安全管制提供了专门性和系统性的法律依据。我国将生物安全与国家整体安全观融为一体，并把保障人民生命健康作为主要任务，突出人类命运共同体的建设。该法律的成立，是我国的生物安全保障事业坚实的一步。

除《生物安全法》外，目前我国已存在《实验动物管理条例》与《病原微生物实验室生物安全条例》两部完整且有效的实验室安全管理条例。我国生物安全相关的法规和条例已逐渐完善。但法规和条例的针对性不强，应在各地方的协同办理下，制定更符合各个实验室具体情况的实验室条例，积极有效地推进实验室生物安全管理和传染病防控工作，良好转化现有制度效能是实现高效管理的重要举措之一，应在现有制度基础上不断完善改进。

7.3.5 现存问题与未来方向

7.3.5.1 我国发展 BSL－4 实验室面临的主要挑战

1. 专业人才匮乏

随着 2003 年 SARS 疫情暴发以及生物恐怖防御形势、全球烈性传染病及新发疾病防控、突发公共卫生事件的日益严峻，我国已逐渐开始高度重视高等级生物安全实验室的规划和建设工作。2018 年我国武汉第一家 BSL－4 实验室已正式投入使用。2019 年 4 月正式发表的《中国首个生物安全四级实验室人员培训体系》为培养高素质实验室人员打下了坚实的理论基础，但由于实验室数量少、要求高、危险性强、投入使用时间短等特点，且初期研究人员须在国外进行培训并取得相关 BSL－4 实验室使用许可证书，导致符合实验室操作要求的实验人员数量较其他研究领域少。加快人才建设、完善我国自己的 BSL－4 人才培养体系，是提升我国 BSL－4 实验室人才数量的重要举措。

由于科技发展及生物安全的需要，根据国家发改委、国家卫健委、中医药管理局联合发布的《公共卫生防控救治能力建设方案》中所提出的各省至少有一个达到生物安全三级（即 BSL－3，也称 P3）水平实验室，每个地级市至少有一个达到生物安全二级（即 BSL－2，也称 P2）水平实验室，国家生物安全实验室数量开始逐渐增加，随之具备实验资格及能力的实验人员也随之增多，如何高效地将具备 BSL－3 实验资格的实验人员培养为 BSL－4 实验人员，是高效培养人才道路上需要认真思考的问题。

根据国际形势的发展和我国国内体系的需要，建设和完善以需求为导向、具有明确定位的人才培养体系，能够减少盲目培养导致的资源浪费，使实验人才发挥出明确具体的岗位职能，在实验人才匮乏的情况下使人才的能力发挥最大化。

2. 关键设备技术瓶颈

我国在 BSL－4 实验室所规定需要的关键防护装备上已取得重大突破，基本完成了实验室所需关键防护设备的全系列产品的研发。但根据 2020 年中国疾病预防控制中心对于我国高等级生物安全实验室关键防护设备的现状分析来看，我国的高等级生物安全实验室虽都已配备完善且符合国际标准的实验设备及防护设备，但多数生物安全防护设备还是以进口为主，尤其是正压防护服、生物安全柜等关键防护设备，在国产产品价格较低的前提条件下，依然大多数都为进口产品，主要原因为我国现有的国产设备的发展程度不足，材料与设备与进口防护设备具有一定的差距，且国产品牌信任程度不足。生物安全防护设备的国产化还需突破技术瓶颈，才能够提高产品质量从而获得足够的发展。我国在 2015 年发布了《实验室设备生物安全性能评价技术规范》，为实验室生物安全关键设备的生产提供了性能规范，给我国国产化生物安全关键设备的规范化推广提供了一定的帮助。我国国产生物安全关键设备严格遵守技术规范，是突破关键设备技术瓶颈的前提和必要条件。

在实验室生物安全设备中，废水处理系统、气体消毒物料传递舱、气密传递舱、生物安全型高效空气过滤装置、生物安全型气密阀等实验设备选择国产产品更多，由于国内更加便捷的维修服务和更加低廉的价格优势，使得部分国产生物安全产品能够在国产市场上占据一席之地。更加广阔的市场可以为关键设备突破技术瓶颈提供一定的资金保障，推动关键设备的技术发展，创新性是提升国产设备从进口依赖向自主保障的关键因素。

3. 制度及运营不完善

我国 BSL－4 实验室建成和投入使用的时间短、数量少且国际上缺乏完善的相关制度条例，导致我国 BSL－4 实验室运行的制度不完善和现代化运营程度低。我国国务院在 2018 年对《病原微生物实验室生物安全管理条例》进行了修订，在一定程度上完善了实验室生物安全的制度规范。在此基础上，国家应该制定更加完善、全面或针对性强的实验室生物安全条例，做到全方位、多角度的实验室生物安全管理，如对于实验废弃物的处理，应按照不同病原体的等级制定相应的量化标准。

目前，国家已具备生物安全口罩、一次性防护服、正压生物防护头罩、Ⅱ级生物安全柜、压力蒸汽灭菌器、消毒装置、生物安全型高效空气过滤装置、传递窗这 8 种适用于生物安全实验室设备的产品标准。对于实验室关键设备来说,产品标准的制订不全面,缺乏全面的产品标准也会在一定程度上阻碍关键设备的研发及推广使用。

4. 数量不足及研发能力欠缺

根据我国对于每个省需要1家BSL-3实验室的规定,现有的高等级生物安全实验室的数量远远不足,且BSL-4实验室也只有两家,其数量方面远远落后于美国。数量的不足也在一定程度上导致了研究设备、研究人员和技术贮备的缺失,限制了我国在生物方面进行研究和对外交流的能力,制约了对于突发生物安全情况的应急处理保障水平。

在国家投入和运行BSL-4实验室后,我国在研发和使用BSL-4所需关键实验设备方面取得了巨大的进展,如基本能够完全自主研发关键防护设备,并且保证国产防护设备能够投入使用,但国产防护设备由于技术缺陷及品牌影响力的不足,导致了国产防护设备无法得到广泛的应用,在市场供需关系的影响下,长足有效的发展得到了一定的限制。

在实验室中,很多设备还未实现自主研发,比如空气处理系统中的高效过滤单元和生物密闭阀,以及和废弃物处理系统中的连续污水处理系统、动物残体处理系统、实验室装备示范和验证平台,这些设备和装置的落后,影响了我国BSL-4实验室设备国产化水平。在实验人员技术以及实验水平提高的同时,国产实验设备标准和水平与国际接轨,甚至超前也是BSL-4实验室建立的一大目标,这方面提高的同时也能提高我国在生物安全方面的国际影响力,提升我国国产设备品牌的国际化效应。

7.3.4.2 对我国建设与发展生物安全实验室的启示建议

在国际上,许多欧美发达国家的生物安全实验室发展早,数量多,科技完善程度高,且BSL-4实验室更为完善和规范化。许多国家成功运营BSL-4实验室的案例值得我国学习和借鉴,以提高我国在日后防范生物安全威胁的能力,使我国防范生物安全威胁的能力同我国的科技水平和国际地位相匹配。结合发达国家在先进BSL-4实验室方面的经验和教训,对我国建设与发展BSL-4实验室有以下建议。

1. 认清形势,加紧规划布局

BSL-4实验室是最高等级的生物安全实验室,能够保证在最大限度的安全下,对烈性病原体进行生物实验。我国目前有两家BSL-4实验室,但是针对国土面积大、科研人员众多的国情,在BSL-4实验室的数量上,我国还需要认清形势,加紧规划布局,在保证实验室质量及科研能力的同时,提升BSL-4实验室的数量,尽早做到高等级生物安全实验室的数量与我国科研人员以及高风险生物安全实验量相匹配。拥有足够的高等级生物安全实验室在提升我国科研能力的同时,也是我国抵御生物安全威胁的一大保障。然而,BSL-4实验室数量也并非越多越好,必须与国情和实际需求相结合。由国家相关部门结合已投入运行的 BSL－4 实验室的效益，从整个国家层面对高等级生物安全实验室进行具体的战略规划与合理的统筹协调，确定 BSL－4 实验室的数量、地理位置和社会生物安全任务。避免因战略规划的不清晰与统筹协调的不合理，造成过度的建设，从而形成资源浪费以及更多的潜在生物安全威胁。

2. 谨慎选址，加大公众参与

由于实验室生物安全事件频繁发生，高等级生物安全实验室尤其是 BSL－4 实验室的建设，因其存在一定的生物安全隐患，对选址周围的人民群众带来一定的安全隐患，故 BSL－4 实验室的选址需要谨慎且公开，需要综合考虑除科技外的多方面因素，将潜在的生物安全隐患降到最低。除了科技因素外，交通便捷程度、周围民众接受程度、所在地政府处理突发安全事件的能力，都是在选址时需要着重考虑的方面。这些方面均需要当地政府进行实地考察和民意询问，在保证提升生物安全能力的同时，不降低周围民众满意度。

3. 拓宽经费渠道，突破技术瓶颈

BSL－4 实验室因其防护要求高、实验人员准入标准严格，故运营 BSL－4 实验室需要极高的经费支持。然而我国生物安全实验室发展年限短，生物安全防护设备落后于国际水平，无法做到国产设备完全支持生物安全实验室的全面运行。故无论是生物安全实验室的发展，还是国产生物安全关键防护设备的发展，都需要国家和企业的支持，以突破技术瓶颈。国家有关部门需要完善生物安全防护设备的产品标准，建立健全国产生物安全防护设备的产品体系，加快加大国际合作交流，提升我国国产生物安全防护设备的应用程度和国际影响力。在加大国家主体投入的同时，需要加深相关企业与实验室的合作，以拓宽经费来源渠道，从社会各方面给予生物安全防护领域支持。

4. 完善管理条例，强化安全管理

目前我国已存在《实验动物管理条例》与《病原微生物实验室生物安全条例》两部完整且有效的实验室安全管理条例，以及涉及实验室安全的《生物安全法》。我国生物安全相关的法规和条例已逐渐完善，但法规和条例的针对性不强，应在各地方的协同办理下，制定更符合各个实验室具体情况的实验室条例，积极有效地推进实验室生物安全管理和传染病防控工作，良好转化现有制度效能实现高效管理，并在现有制度基础上不断完善改进。实验室生物安全法律法规等制度性文件的具体内容包括：实验室生物安全管理制度、实验室生物安保条例、生物实验室安全等级认定和认证认可制度、生物安全实验室废弃物处理规则、实验室人员安全行为准则、实验室人员健康档案制度等。各项法规和条例的完善是保证实验室生物安全的制度基础。实验室安全法规和条例不应仅关注安全风险大的高等级生物安全实验室，也应该重点关注覆盖面广、人员涉及多、影响力强的高校实验室，在立法和修订阶段，应该合理把握立法中心和注重与相关法律规范的合理衔接，做好高校实验室动物和微生物生物安全管理。

5. 健全管理体系，调整组织架构

生物安全管理体系是指为实施生物安全及质量管理所需的组织结构、程序、职责、过程和资源。主要内容包括：规范体系文件制定、统筹管理机构协调和加强实验室间信息交流。我国应加快落实《高级别生物安全实验室体系建设规划（2016—2025 年）》所计划建成的高级别生物安全国家实验室体系，从而形成病原微生物安全管理的法律法规体系。

高等级生物安全实验室内所进行的实验病原体危险程度高、涉及学科多，应加强各学科之间的统筹协调，制订适合多学科实验的协调管理框架，建立由多学科人员组成的学术管理委员会。对于需要进入实验室进行生物安全实验的实验人员，要建立严格的准入标准，要求在具有足够的职业操作技能的基础上，具有充分的安全意识和保证实验室生物安全的能力，并最终取得相关 BSL－4 实验室工作资质。

6. 加深国际合作，积极合作应对

随着科技的日益发展，生物安全风险变得更加复杂和突出，在全世界范围内均引起了高度关注。美国政府将生物安全问题视为国家安全战略布局的重要组成部分，英国也在其发布的《英国国家生物安全战略》中强调国家对于重大生物安全风险的重视。在这样的国际环境下，实验室生物安全对全球的影响都举足轻重。此时，加深国际合作，积极合作应对不仅是更有效降低实验室生物安全威胁的有效举措，更是加深我国在国际生物安全领域作用不可或缺的措施之一。

7. 加大人员培训，严格安全监管

加强人员安全培训是减少实验室生物安全威胁必不可少的手段之一。生物安全培训需要做到全方位、多角度。加大人员培训，需要扩大培训范围，不仅需要对已进入实验室的实验人员进行定期的生物安全培训，也需要对将要进行实验操作的预备人员进行提前培训。

（曹玥　邓建强）

参考文献

[1] 李京京，靳晓军，程洪亮，等. 高等级生物安全实验室风险案例分析和思考[J]. 生物技术通讯，2018，29(2)：271－276.

[2] World Health Organization. Laboratory biosafety manual[M]. 4th ed. Geneva：World Health Organization，2020.

[3] 习近平. 全面提高依法防控依法治理能力，健全国家公共卫生应急管理体系[EB/OL]. (2020－02－29)[2023－09－30]. https://www.gov.cn/xinwen/2020－02/29/content_5484903.htm.

[4] 李思思. 我国高等级生物安全实验室关键防护设备的现况分析与发展研究[D]. 北

京:中国疾病预防控制中心,2020.

[5] 中国合格评定国家认可中心,国家质量监督检验检疫总局科技司,中国疾病预防控制中心,等. 实验室生物安全通用要求[S]. 北京:中国标准出版社,2008.

[6] 白殿卿,范薇. 医学实验动物等级划分及生物医学研究中实验动物的选择[J]. 青海医药杂志,1993,140(5):59-64.

第 8 章
生物技术与生物安全威胁

人类大规模地发展、利用生物资源和各种生物技术,在产生巨大的经济效益和社会效益的同时,对人类生命和生态环境等诸多方面带来了许多危害。对生物技术的不当使用可能彻底改变人类和与之共存的生物。例如,不负责任或不受监管地对人类或动物的基因进行操作,无意或有意地将非自然生物、各类遗传修饰生物向环境释放。美国国防部委托、美国科学院编写的《合成生物学时代的生物防御》研究报告强调:“通过生物学进步可导致几乎无限可能的恶意活动。”生物安全问题已成为影响整个世界政治、经济、安全、和平的大命题。生物安全的防治问题,对于保障人类健康,保护和改善生态环境,保证国家安全,促进经济、社会和环境的可持续发展均具有重要意义。

8.1　生物技术引发的生物安全威胁案例

基因改造为将新基因引入用于植物、动物、微生物等提供了独特的机会,迄今为止评估的所有证据表明,所有形式的基因改造,都会出现意外和意外的成分变化,进而可能对健康产生不利影响。

根据美国国家科学院的相关报告,转基因作物可以产生很多意想不到的变化。然而,它们大多数可能从未被报道过。转基因西红柿通过了美国食品药品监督管理局的安全审查,但后来科学家们发现转基因西红柿与传统品种相比,能够积累更多的有毒重金属。一种商业化的转基因作物(bacillus thuringiensis,Bt)玉米在通过美国安全审查5年后也出现了意想不到的影响,2001年,人们发现其木质素水平高于传统玉米。但当初美国食品及药物管理局对 Bt 玉米的审查并没有检测到木质素的增加。另外,目前我们对于作物的组成成分及其作用,认识还十分有限。在转基因作物的转化过程中,其遗传信息可能会被无意中改变,从而影响蛋白质的特性。植物对蛋白质的修饰通常与动物或细菌等其他生物不同,而动物或细菌通常是转基因作物的基因来源。这些变化,如添加不同的碳水化合物,可能带来健康问题,如影响蛋白与免疫系统的反应和过敏素。目前所使用的一些检测手段可能无法发现其中的一些变化,或者不能确定这种变化是否有害。

一种新基因的引入可能会通过植物间相互作用,导致非预期的、有害的变化,这与其他类型的育种导致有害变化有根本的不同。引入全新的基因和蛋白质所导致的意外效应是无法预测的。当前,关于基因改造引起的非预期变化的机制以及出现这类变化的频率等问题的研究都太少,尚无法判断或预测某种基因改造可以导致怎样的非预期影响。也就是说,基因工程计划中的意外变化仍然是不可预测的。

8.2　生物技术相关生物安全基础知识

生物技术(biotechnology)是利用生物科学和先进技术的知识来生产新的、有用的产品和工艺,以造福社会。生物技术几乎与人类本身一样古老。当爱德华·詹纳发明疫苗、亚历山大·弗莱明发现抗生素时,他们利用的正是生物技术。生物技术的潜力是巨大的,因为它涉及整个生活领域,包括食品加工、农业、医药和许多其他领域。其中,具有前瞻性、先导性和探索性的重大技术被认为是前沿生物技术。这类技术既代表着世界生物技术发展的前沿方向,也对未来生物、医药产业的发展具有引领作用。尽管这些生物技术为我们的生活带来了很多好处,但它也被认为以某种方式对环境和人类健康构成威胁,带来了大量安全隐患。例如,生物武器、生物恐怖主义、生物实验室安全等现实安全威胁[1]。

8.2.1　相关概念

生物安全:从生物技术的角度,生物安全具有广义和狭义的概念。广义的生物安全是指让一切生物都处于一种不受损害的状态;狭义的则主要指近 20 年来出现的生物技术的安全问题,包括转基因产品、转基因动物、微生物的安全利用管控等。

实验室生物安全:对实验室内的生物制剂和毒素进行保护、控制和问责,防止其丢失、盗窃、误用、转移、未经授权的进入或有意未经授权的释放。生物技术安全也往往涉及生物犯罪、生物风险、生物恐怖主义、双重用途研究等。

生物犯罪:由传统犯罪动机,如谋杀、勒索或报复等,驱动的个人或团体通过使用生物制剂/技术导致的犯罪。

生物风险：当损害的来源是生物制剂/技术时，损害发生的可能性和损害的严重程度。损害的来源可能是无意的暴露，意外释放或丢失、盗窃、误用、转移、未经授权的访问，或故意未经授权的释放。

双重用途研究：为合法目的而进行的研究，产生可用于慈善或有害目的的知识、信息、技术和/或产品。这些知识、信息、产品或技术可能被直接误用，对公共健康和安全、农作物和其他植物造成重大威胁，并对动物、环境、材料或国家安全产生潜在的不良后果。

8.2.2 生物技术安全、前沿生物技术安全及其面临的威胁来源

研究生物安全是为了防止生物完整性的大规模丧失，同时关注生态和人类健康。其中，生物技术发展所带来的安全问题即“生物技术安全”，它是生物安全的一个重要组成部分。在生物技术领域中，具有前瞻性、先导性和探索性的重大技术所引发特定的生物安全问题被划分到前沿生物技术安全领域。在整个生物技术领域，前沿生物技术可谓是其“高技术核”。它既能给国民健康和社会经济带来巨大的利益，也会带来严重的安全隐患，即“人类在利用技术时，违背技术自身规律以及技术发展初衷，而产生的社会风险”。与传统生物技术安全问题相比，前沿生物技术引发的生物安全问题往往具有更强的破坏性、更大的杀伤力和更广的影响范围。

生物技术安全面临的威胁来源是多方面的，主要体现在以下几方面。

8.2.2.1 生物技术谬用

生物技术的发展为生物武器的研发、生物恐怖与犯罪提供了施工图和技术工具。比如对病原体进行遗传改造，改变其稳定性、致病性、传播性、趋向性、人群敏感性、宿主范围等，或使其对现有的预防或诊治措施抵抗性增强。故意通过技术滥用引起生物安全威胁，目的是造成对人类社会的危害，引起生物恐怖主义活动或生物战争。目前，由于生物技术越来越低成本化、智能化、便利化、精准化，对各类软、硬件设施设备的要求日益简单，生物技术谬用的风险必将日益增加。例如，高致病性禽流感病毒（禽流感 A 病毒 H5N1）一开始只在鸟类之间传播，只有大量接触的情况下偶尔会感染包括人类在内的哺乳动物。为了查明 H5N1 病毒是否会发生变异并在哺乳动物之间传播，病毒学家进行了所谓的功能获得实验。由荷兰学者领导的一个研究小组对一种野生型 H5N1 变种进行了基因修饰，然后在雪貂中进行了连续传代，创造出了一种可以在雪貂之间通过空气传播的新病毒。由美国学者领导的一个研究小组通过创造 H5N1 - H1N1 嵌合病毒并添加特定的突变，实现了同样的哺乳动物传播能力。这两项研究引起了人们对研究结果的密切关注。因此，美国政府生物安全和双重用途研究顾问委员会最初建议在论文发表前省略重要细节。尽管如此，最终发表的手稿仍是详细、全面的，包括对增加传播能力相关的具

体突变的描述，以及详细的方法。在该事件之后，部分流感研究领域的科学家同意自愿暂停此类研究，以便讨论、平衡其利弊，尽可能减少危险的可能措施。然而，仍不能阻止怀有恶意的个人或团体用对人类具有致病性的病毒株复制实验。

8.2.2.2 实验室泄漏

病原体或者带有活性的人工分离、修饰、合成的基因若发生实验室泄漏，可能会对农业生产、生态环境、人类健康造成安全威胁。例如，2014 年美国疾控中心发生炭疽泄漏事件。最近，德特里克堡生物实验室因疑似实验室泄漏事件于 2019 年 8 月关闭。另外，其他转基因实验室在管理上也存在诸多问题，具有试验材料意外泄漏的风险。

8.2.2.3 农业生产

21 世纪重要的生物技术成果中，转基因食品技术的安全性一直受到社会的争议[2]。近年来，大量农畜作物的种植/养殖、农业投入品和农业细胞工厂均涉及基因操作，其风险之一为农业生态环境中的基因漂移或基因污染。人类食用该类农产品后，可能产生一系列食品安全风险，如导致食物的营养成分的改变，产生潜在过敏原或未知成分，改变人体肠道菌群等。此外，主要粮作物和主要畜禽也可作为生物技术谬用的实施载体，需要引起重视。如美国国防高级研究计划局开展的所谓以提高农作物灾害抵抗力为目的的“昆虫盟友”计划被多国认为是变相研究生物武器。

8.2.2.4 生态环境

一些抵御逆境胁迫的抗逆基因（如抗盐碱、抗干旱、抗辐射、抗除草剂等）可能在生态环境中随意扩散，造成基因污染和生态平衡的破坏。若转基因植物通过传粉进行基因转移，可能将其自身的抗逆基因转移给其他野生亲缘种或杂草，从而导致“超级杂草”的产生，进而威胁到其他作物的生长、生存。这种人为赋予的优势特征释放到环境中，还可改变各物种间的竞争关系，破坏原有的生态平衡，降低自然界生物的多样性，破坏野生动植物资源，严重的可能导致物种灭绝。另外，一些抗病、抗虫类转基因释放到环境中，除发挥其本身的抗害虫、抗致病菌作用外，也会对有益生物产生相同的不利影响，从而导致其他非目标有用物质的破坏。例如，培育基因工程 Bt 杀虫作物的目的是为了消灭害虫，但 Bt 蛋白可通过转移作用到非靶昆虫身上，造成对它们的伤害或死亡。另外，转基因作物的培育和使用也可促使有害昆虫、微生物产生相应的抗性。

8.2.2.5 公共卫生

当前，生物技术的发展已经可以做到研发出针对特定生态环境、物种、人种的生物武器，且对技术门槛的要求越来越低。这种生物技术的滥用与新发、突发传染病混杂，使全球公共卫生安全问题变得十分复杂。例如，作为治疗手段或其他目的的基因改造，以及改造后的基因在人群中的传播，对人类公共卫生具有潜在的影响。由于目前对其研究有限，以及对其认知的局限性，基因改造及滥用具体会有哪些影响目前还不能完全预测。

8.2.2.6 伦理

从20世纪七八十年代的转基因技术到克隆、干细胞、合成生物学、组学技术，生物技术的研发在人类疾病防治、食品短缺、经济社会可持续发展等多方面做出了大量贡献。但同其他所有新兴学科一样，生物技术也正在经历其伦理界限的挑战。一是在临床试验中对人类受试者的保护问题。生物化学教授艾瑞克表示，这个问题很复杂，即使医生也不完全了解其分子药理学及副作用，但患者（尤其是痛苦的患者）仍然愿意尝试新的东西。他说，这种生病的志愿者对新药物/治疗方法的尝试意愿往往具有冲动性，这种情况更需要审查委员会的严格保护。二是隐私问题。随着解码人类基因组成为可能，有关一个人未来健康的危及信息正在成为可能，这会产生巨大的问题。因此，保护个人隐私越来越受到关注。比如，若知道一个小孩以后会患上严重的心脏病，这些信息将如何影响他寻找工作、购买保险或抵押贷款的能力？这种情况是否应该提供给保险公司？他未来的雇主是否有权知道这一点？这注定会是一个棘手问题。三是很多生物技术对人类和自然界的潜在风险和影响目前还未能完全掌握和预测，如基因编辑、干细胞技术、合成生物技术等。若未能平衡好风险与收益，或滥用该类生物技术，将对人类产生颠覆性的影响和打击。除此之外，生物技术所面临的威胁还来自负担能力、生物恐怖袭击等多方面的道德伦理问题。

8.2.3 引发生物安全威胁的前沿生物技术主要类型

从近年来世界各国在生物技术领域的政策布局来看，前沿生物技术主要涉及基因编辑、基因驱动、合成生物学等方面。这类技术在农业、医疗、社会经济等领域为人类带来福祉的同时，也带来了严重的安全威胁，且具有一定程度的不可预见性。当前，许多国家都在强调防止该类技术的使用不当和恶意使用（导致生物安全威胁的两大类原因）。前沿生物技术的使用不当和恶意使用，可对人类和环境造成巨大的伤害，这被称为“双重用途困境”。这些风险不仅包括无意或意外接触有害生物材料，还包括故意滥用这些材料或研究产生的相关数据、知识和技术，对人类、动物或植物的健康、农业或环境构成威胁。在许多情况下，有望取得最大进展的研究努力或技术也可能带来最大的危害。对人类健康构成风险的技术或知识也可能来自对非人类病原体的研究，或来自完全不涉及病原体的研究。比如，关于传递遗传物质的载体的研究，关于增强大脑功能的药物和技术，关于治疗癌症的细胞毒素，或者关于改变昆虫种群的基因驱动的研究。

8.2.3.1 基因编辑

基因组编辑技术（genome editing）已经导致遗传科学领域发生了根本性的变化。其中，CRISPR - Cas9 技术因其操作简便、准确率高、成本低等优势得到了广泛应用和发展，涉及人类、动物和环境等多个领域。在其带来大量利益的同时，也产生了不可忽视的生物安全威胁。大多数的担忧源于使用 CRISPR - Cas9 对人类生殖细胞和胚胎进行基因改造（生殖细胞基因组编辑）。种系基因组编辑会导致一系列生物伦理问题，如在安全性方面，可能出现脱靶效应（在错误的位置进行编辑）和嵌合现象（当某些细胞进行编辑而其他细胞不进行时），而且这些非预期的不良变化很多时候是不可预知的。因此，研究人员和伦理学普遍认为在通过大量研究证明生殖系基因组编辑的安全性之前，不应将其用于临床生殖。另一个是知情同意书的争议。有人认为生殖细胞治疗无法获得知情同意，因为编辑影响的患者是胚胎及其后代，因此，从谁那里获得知情同意，以及如何获得知情同意也是一个重要的伦理问题。再者，涉及正义与公平。与许多新技术一样，人们担心基因组编辑只会为富人提供更多利益，并会增加人与人之间在获得医疗保健或其他干预措施方面的现有差距。另外，涉及胚胎的基因组编辑研究受到道德和宗教上的反对。一些国家已经允许对不能存活的胚胎（不能活产的胚胎）进行基因组编辑研究，而其他国家已经批准对可存活胚胎进行基因组编辑研究。出于伦理和安全考虑，目前约有 40 个国家不鼓励或禁止生殖系编辑研究，其中包括西欧的 15 个国家。美国、英国和中国还牵头开展了一项国际合作，以协调对基因组编辑技术的应用进行监管。这项工作于 2015 年 12 月在华盛顿特区举行的人类基因编辑国际峰会上正式启动。

8.2.3.2　基因驱动

基因驱动技术是一种基因组编辑技术，可促进特定遗传元素在非人类生物群体中的快速、渐进式传播。在正常的孟德尔遗传中，给定的基因会传递给生物体大约一半的后代。基因驱动（gene drive）也是一种自然现象，它是指某些特定基因型或基因性状在种群中的遗传有偏向性，故该基因会传递给生物体的大部分甚至全部后代，因此被称为超孟德尔遗传[3]，生物体繁殖迅速，因此编辑后的性状可以在整个种群中快速且永久地传播。在过去的几年中，基因驱动在多个方面取得了长足的进步，包括疟疾等媒介传播疾病的负担、入侵物种造成的农业、经济和环境破坏，农药的增加和农业环境中的除草剂抗性问题。此外，基因驱动也被应用于基础研究，例如构建人类疾病的动物模型。基因驱动的发展和使用引起了相当多的学术争论。主要涉及伦理担忧、对技术的不信任和意想不到的生态后果。对基因驱动的伦理担忧往往是由更大的问题引发的，比如如何阻止基因驱动被更危险的昆虫工程用于生物武器。应该由谁来决定哪些基因驱动项目可以向前推进，哪些类型的具有基因驱动的昆虫可以被释放到环境中。这些问题仅靠科学家是无法回答的。技术不信任的问题往往源于对谁应该开发控制昆虫的技术，以及出于什么目的的分歧。最后，基因驱动技术可能会在生态系统中造成意想不到的后果，因为基因驱动是由人类设计的，是非自然的。如果一个种群，如让人生病的蚊子灭绝了，自然生态系统会发生什么？这会对自然生物多样性和粮食安全造成威胁吗？这些问题最终是在干预世界自然秩序的后果。

8.2.3.3 合成生物技术

按照联合国《生物多样性公约》第12次缔约方大会决议给出的定义，合成生物学(synthetic biology)即"利用生物系统、生物机体或者其衍生物为特定用途而生产或改变产品或过程的任何技术应用"[4]。合成生物学可以通过开发人工替代品以产生所需的化学物质，替代来自自然界的物质，从而间接有益于保护工作。例如，鲎的血液是一种重要的生物医学商品，用于测试药物是否受到细菌污染，但对鲎的捕捞行为正在推动该物种走向全球灭绝。现已经开发出一种合成替代品，可以减少或取代对其捕捞的需要。但合成生物学也具有潜在的风险，已被国际专家确定为具有全球影响的新兴环境问题。

首先是伦理学问题。当人造细胞辛西娅(Synthia)于2010年创建时，一场关于合成生物学相关伦理的全球辩论开始了。反对者批评这项工作破坏了人们对生命的基本信念，并指责将人造生物传播到自然界可能会造成环境和健康灾难。2016年6月，一些合成生物学家宣布他们将发起一个人类基因组计划写入HGP-Write联盟，该联盟将开发化学合成人类基因组所需的相关合成生物学技术。该技术一经建立，将用于应对许多挑战，例如人体器官移植、对天然病毒具有抗性的超安全细胞以及具有抗癌性的新治疗细胞系的开发。这一消息再次引起重大争论。主要涉及以下几个伦理问题：研究是否涉及将DNA植入人类胚胎细胞？鉴于该技术的高成本，监管机构应如何处理公平问题？这项技术是否会成为富人的特权？滥用HGP-Write项目的结果可能会增加公众对技术的恐惧。产前基因检测和选择性堕胎在许多国家引起了人们对HGP-Write项目意外后果的担忧。其次，在合成生物学领域，识别或评估相关生物安全风险的工作还不够充分。比较法是评估风险的常用方法。然而，由于合成生物学的复杂性，基于比较法进行风险评估是比较困难的。传统的基因改造方法通常涉及对供体中已知基因的操作，因此很容易找到合适的比较对象。相比之下，合成生物学中的设计和程序通常更复杂，有些成分在自然界中并不存在，因此，很难找到比较对象。再者，合成生物技术还涉及研究和应用过程中有意或无意地将合成生物释放到环境中、抗药性超级细菌的形成、通过合成生物技术实施生物恐怖主义等多方面的问题。

除上述三类重点技术外，包括脑与神经科学、干细胞、生物计算、人体增强等在内的前沿生物技术都需要重点关注。另外，通过多学科技术交叉融合，前沿生物技术正在衍生出更多类型。这些学科的迅猛发展，在带给人类好处的同时，可能引发的生物安全风险也日益加剧。若不提高相应的安全管理意识和安全管理能力，任其无约束地发展，则可能导致人类的生存条件与社会秩序的颠覆。

8.3 生物技术相关生物安全威胁的应对策略

在当下和可以预见的未来，由各种生物技术带来的后果目前不可估量，前沿生物技术的发展和相关产品的应用必然会引发更多的安全威胁，更是不可预知的难点和挑战。因此，应积极采取相关措施和策略，解决当前存在的生物安全问题和预防将来可能面对的难题。

8.3.1 应对生物技术安全威胁的难点与挑战

8.3.1.1 生物技术发展与安全保障的统筹问题

现代生物技术已经成为国家未来振兴的战略导向之一，以基因编辑、基因驱动、合成生物学为代表的前沿生物技术正处于飞速发展、日新月异的变革中，能通过促进疾病诊疗和健康福祉来造福人类，也可能对人类的生存和发展造成威胁[8]。生物安全技术问题是我国生物安全体系的重要组成部分，也是衡量一个国家生物创新能力和应对重大突发危机事件能力的重要指标，在保障经济平稳发展，人民生命健康，国家安全等方面起着至关重要的作用。因此，如何统筹技术发展与安全成为各国治理的关键。从发展层面上讲，我国生物安全领域众多，时空分布范围广，为了形成有效的监管和调度体系，政府责任重大，应该对现代生物技术产品及其研发，国内国外消费市场，生物废弃物处理等方面进行监控和管理。国家要通过建设相关机构，明确将其作为维护我国国家安全的有机组成部分，明确生物技术的未来发展方向，通过有目的的政策支持和资金投入，引导生物技术发展符合我国所倡导和坚持的发展理念，符合中国特色社会主义核心价值观，发挥社会主义制度集中力量办大事的优越性，大力提高政府在资源配置中的能动性，保障生物技术高效率、高质量、高水平发展。从安全层面上讲，生物技术安全的维护保障了生物技术良性发展。我国目前安全形势严峻复杂，包括突发性传染病、生物技术误用和滥用、人类遗传资源流失等问题，呈现多样化和复杂化态势，为此国家应该构建完善的生物安全立法体系，高效统一的生物监管体系，实现生物技术安全标准的规范化、制度化、标准化。此外，不管是从发展还是安全层面上讲，都要避免闭门造车，加强同其他国家的友好合作交流，吸收借鉴他国在生物技术层面上的优良之处，抵制狭隘民族主义，共同维护和履行生物安全国际法，推动建立超国家间的统一协调机制。

8.3.1.2 生物技术监管漏洞和体系滞后性

依据《中华人民共和国人类遗传资源管理条例》《涉及人的生物医学研究伦理审查办法》等部门规章，我国涉及的生物技术安全监管部门包括国家卫生健康委员会、国家市场监督管理总局、生态环境部、科学技术部等多个部门，而一项生物技术的各个部分内容可能会归属不同机构负责，比如人类基因编辑中的辅助生殖技术由国家卫生健康委员会管理，而人类胚胎干细胞技术则由国家卫生健康委员会和中国科学技术部共同管理，这种各部门职责不同的分工方式直接导致各部门权力分散，职能同构，不能建立一个统一调度、权力集中的高效监管机制，形成实际上的监管漏洞。此外，生物技术的专业性和复杂性也给政府部门的监管带来了巨大挑战。从国际层面上看，基因编辑婴儿事件也反映了超国家层面的生物技术协调与合作机制的缺失，反映出了《世界人类基因组与人权宣言》《涉及人的生物医学研究的国际伦理准则》等国际共识文件对生物技术的监管只有指导性作用，缺乏实际的强制力和执行力。同时，超国家间的生物技术安全的政策约束范围也不尽相同，这导致了一些生物研究单位和企业前往约束相对宽松的国家地区寻求政策庇护。

8.3.1.3　生物风险防控机制的缺位和单向度路径依赖

生物预防原则是当今生物安全国际法的基本原则之一。风险防控机制作为生物安全法的风险预防原则的具体体现，要求当现代生物技术研发应用、生态环境开发利用等行为有可能对公众健康构成危害或者有可能对生态环境造成严重的、不可逆转的危害，甚至有可能威胁国家安全时，即使没有科学上确实的证据证明该危害必然发生，也应采取必要的预防措施。健全的生物安全风险防控机制是一个由风险评估、风险管理和风险沟通三方面构建的涵盖现代生物技术研发应用、生态环境开发利用、生物多样性和公共卫生安全保障等诸多内容的有机整体，我国虽然已有相关立法措施，但是法律更新缓慢具有滞后性，在适用范围和具体实施方面还有待提高。从使用范围来看，我国风险评估缺乏多元主体的共同参与，可以引入第三方风险评估体制，辅助明确的指定官方风险评估机构，扩展评估范围，通过现代互联网、各论坛、研讨机构的帮助建立一个持续更新的风险评估名录。从具体实施方面看，要细化生物技术研发中的安全标准，建立统一的实验操作标准，通过规范化的细则将风险评估嵌入生物技术研发的每一项程序中。此外，要加强生物安全领域中的风险沟通，即风险管理者与其他法律主体之间交换、分享风险信息的过程。风险沟通是风险防控机制运行中不可或缺的部分。风险沟通的主体主要包括风险管理者、风险评估者和利益相关者。我国长期依赖单向度路径进行生物安全风险防控，而较少使用风险沟通此类面向公众的多向度路径，这有利于其他利益相关者充分表达其利益诉求，从而帮助建立更加全面合理的风险评估和防控体系。

8.3.1.4　传统科技伦理行政规制模式具有缺陷

科技伦理是科技发展与科技活动中伦理关系及其内在秩序的伦理原则、道德规范与伦理价值的总和。一方面,科技伦理鼓励科研工作者们积极投入科研创新工作,并将推动人类科技发展作为职业目标;另一方面,科技伦理也要求科研工作者遵守基本的道德标准和伦理约束,不能做出有悖于人类伦理安全和秩序的科研行为。然而事实上基因编辑婴儿、人兽嵌合性胚胎等违反伦理道德的科技改造行为仍然存在,严重威胁人类未来的生存与发展。我国所采用传统科技伦理规制,作为典型的命令控制型行政管制模式,在相当长一段时期内,对规范科研人员科研行为确实起到了积极引导作用,但这种传统的科技伦理模式存在路径依赖性。所谓路径依赖是指技术、经济或社会等系统一旦进入某一路径就会在惯性的作用下不断自我强化,并锁定在这一特定路径上。然而成文法具有滞后性,仅通过立法的手段不可能全部解决生物技术高速发展下产生的一个个新问题,一旦出现不受法律效力制约的新的伦理问题,秩序权威会受到极大挑战,也会出现投机者利用法律的空隙进行违反伦理道德的不法行为。例如在根据《涉及人的生物医学研究伦理审查办法》所制定的《人类胚胎干细胞研究伦理指导原则》具体规范中,就对于人类胚胎干细胞研究设置了诸如囊胚体外培养期限,自受精或核移植开始不得超过14天,人囊胚不得植入人或任何其他动物的生殖系统、不得将人的生殖细胞与其他物种的生殖细胞结合等义务性规定,但该规定最终却没有明确违反义务的法律规定,也没有明确具体的监督机制,就有可能有不法分子利用该条款做出违反伦理道德的科技改造。

此外,科技伦理的治理缺少私主体的参与。私主体是指基于非权威的权力与秩序,将掌握的知识、方法运用于行政机关规制权力以外或与其结合的领域内的治理之中,从而实现公共利益和个人利益双赢的"组织"。其范围内主要包括各类社会团体、研究学会、行业协会、民营机构、企业、医院、科研院所、公众等。加拿大伦理委员会的监管机构有两类:一是国家人类研究伦理委员会,作为卫生部下设的非政府组织,它掌管全国研究伦理委员会(Research Ethics Boards, REBs)的名单,对REBs的设立和运行负有监督责任。二是加拿大研究伦理委员会协会(Canadian Association of Research Ethics Committees,CAREB)和机构间伦理研究咨询小组。作为第三方监督,CAREB代表REBs的利益和立场,组织各类活动和研讨会促进其交流,并提供帮助。美国也建立了一套层级分明的监管机构,最高层是由美国参议院和众议院设立的专门性管理机构——国家科学技术委员会、总统科学技术顾问委员会、白宫科技政策办公室以及联邦政府各部门或机构与半官方和非政府机构共同组成的监管机构。

8.3.2　应对生物技术安全威胁的预防措施

在严峻的现实和政府的推动下,生物技术安全已成为学术研究的重要焦点,许多国家制定了新的生物安全发展战略。如2018年9月,美国联邦政府公布了"国家生物防御战略”,其中提出了5个具体目标。这是美国全面解决各种生物威胁的第一个系统战略。同年7月,英国发布了自己的《生物安全战略》,对三大生物威胁风险进行了评估,并提出了4项具体应对措施。生物技术发展变革的不确定性,以及所呈现的更多的颠覆性和复杂性,使得该领域伦理风险愈发复杂、难以预测。为避免生物技术领域恶性伦理事件的发生,我国的生物技术安全威胁预防迫在眉睫[6]。2019年1月,我国也讨论了我国经济、技术、社会、外部环境等领域面临的主要风险,重点是风险调停和防范,要加快预警监测技术保障体系建设,推进基因编辑、医疗诊断、无人机等新技术发展立法。综合各国在该方面采取的措施,本节将从以下6个维度展开分析。

8.3.2.1 加强现代生物技术的风险评估

现代生物技术及其相关生活方式的大量实践和应用,可能产生已知或未知的严重后果。如果我们不能确保技术本身的安全性,不能合理评估其安全风险,不能保证技术的正确运用,则可能对人类健康和环境造成巨大灾难。因此,为了保障现代生物技术的安全发展,必须加强对其风险评估,包括对其可能性和严重性的评估。

对生物技术的风险评估一般遵循以下6个原则:①预先防范原则。目前,我们并不完全清楚每一项现代生物技术对人类健康和环境产生的具体危害,但从生物安全的角度来考虑,仍需将预先防范原则作为生物技术安全风险评估的指导原则。需将科学原理作为基础,采用透明的方式对各类生物技术进行风险评估。②熟悉原则。指需要对各项生物技术及其相关应用、产品的性状、接受环境、与其他生物、环境的相互作用、用途等背景知识十分了解。对其熟悉程度取决于我们对其背景知识或经验的积累,是一个动态过程,不是绝对状态。“不熟悉”不代表某生物技术或其应用、实践对人类健康或环境有害,而是指我们还需逐步对其背景知识和经验进行进一步积累,对其风险进一步评估。而“熟悉”也不代表其完全无害,也可以是我们能够对其预期不良后果进行有效管理。③实质等同性原则。该原则首先在转基因食品安全领域被提出,意思是如果某个新食品或食品成分与现有的食品或食品成分大体相同,那么它们是同等安全的。这一原则是经60位经济合作与发展组织(Organisation for Economic Co-operation and Development, OECD)专家,历经两年多时间共同讨论制定出的,具有其权威性。这一原则也不够“科学”,但却“有效”。目前,大量专家也正在着手完善这一原则。需要强调的是,实质等同原则不是评价生物技术安全风险的唯一原则,其实际使用还应当结合个案分析。④个案分析原则。指在对生物技术进行风险评估时,对不同的个案应该采取不同的评估方法。因为各项生物技术具有其自身的特殊性,因此需逐案对其操作方式、特性、释放环境等各方面进行评估,通过综合全面的研究和考察,得出相对准确的评估结果。目前全世界大多数立法当局都采用逐案评估的方法对生物技术进行风险评估。虽然逐案评估会花费较长时间,但对于评价生物技术的安全性和解决其相关热点争论是必要的。⑤逐步评估原则。一项生物技术及其产品开发和实践一般需要经过实验室研究、中间试验、环境释放、商业化生产等过程。逐步评估需要在每个环节对生物技术及其实践进行风险评估,且应以其实验以及其他相关信息和数据作为评估基础。其评估结果分为:生物技术及其产品可进入下一开发阶段;生物技术及其产品暂时不能进入下一开发阶段,而需在本阶段进一步补充必要信息或数据;生物技术及其产品不能进入下一开发阶段。⑥风险和效益平衡原则。现代生物技术及其产品的开发和实践具有两面性,利益和风险共存。因此,在对其进行安全风险评估的时候,需要权衡其为人类健康和环境带来的利益和安全风险,从而进一步决定是否开始或继续开发该生物技术及其产品。

8.3.2.2 加强生物安全事项监管

相关部门监管不力是部分生物安全威胁的产生的原因之一。现行法律法规关于具体生物安全的细节性不足、适用性不足,这是一个潜在的风险。对生物安全的监管过程涉及不同部门,各部门对某些细节的职责不清,具有一定复杂性。因此,需明确各部门之间的分工,建立高效的协调机制和良好的公众参与制度。2020 年 10 月 13 日,十三届全国人大常委会第二十二次会议听取了全国人大宪法和法律委员会副主任委员丛斌作出的生物安全法草案审议结果的报告。强调了生物安全的管理体制,指出需明确建立生物安全审查制度,完善法律责任等。针对生物安全信息的发布制度,部分常委委员和部门建议进一步明确信息发布主体,且需要与传染病防治法、突发事件应对法等法律做好衔接。另外,明确了重大生物安全信息需由国家生物安全工作协调机制成员单位根据职责分工发布;非重大生物安全信息需由国务院相关部门、县级以上地方人民政府及其有关部门根据职责权限发布。在其三审稿中,增加了以下规定:①省、自治区、直辖市建立生物安全工作协调机制,组织协调、督促推进本行政区域内生物安全相关工作。②国家生物安全工作协调机制设立办公室,负责协调机制的具体工作。③基层群众性自治组织应当协助地方人民政府以及有关部门做好生物安全风险防控、应急处置和宣传教育等工作,有关单位和个人应当配合做好生物安全风险防控和应急处置等工作。④发生重大新发突发传染病、动植物疫情,地方各级人民政府统一履行本行政区域内疫情防控职责,加强组织领导,开展群防群控,动员社会力量依法有序参与疫情防控工作。

美国的转基因生物安全行政监管体系,其主要由环保署、农业部、食品药品管理局负责,不另设专门机构。各部门分工具体、明确,各部门之间建立了有效的协调机制。各监管部门另设下属的管理单位,并且强调检测评价报告必须以科学为依据。对各种遗传工程定义由生物技术科学协调委员会实施,并向公众公开。各监管机构需要在该定义下进行监督管理,他们之间的协调也是由生物技术科学协调委员会实施。在管制方法上,采用"自律"管制，以研究者为核心，以公司财产为担保。另外，其监管具有较好的公众参与制度。各种转基因安全管理信息需向公众公开，允许公众质疑。对比各国生物安全监管现状，美国的转基因生物安全行政监管体系在管理机构间的高度协调机制、专家知识的利用和信息共享、良好的公众参与制度等方面值得我们借鉴。

8.3.2.3 加强全民宣传教育、普及生物安全知识

生物安全是国家安全不容忽视的一部分，人民群众在维护国家安全中发挥着无与伦比的作用，只有加强全民国家安全意识，普及生物安全知识，加强全民宣传教育，才能保障国家安全、减少生物安全威胁。由于传染性疾病和生物武器是长期威胁人类安全的重要问题，因此在大多数人眼里，生物技术安全的概念近乎等同于疫情防控，这种错误的认知无疑弱化甚至忽视了生物安全的危险性，加大了生物技术安全威胁的应对难度，这种现象的出现一定程度上归咎于目前专业相关的教育宣传工作的匮乏。有文献调研发现，目前国内缺乏生物安全教育课程，即使一些院校开展了相关教学活动，但仍存在内容少、时间短、研究浅等共性问题。

为了加强全民国家安全意识，我们应结合目前国内生物安全教育的现状，依托地方政府，将防范生物、生物医学等相关基础知识宣传到基层中去，大力开展生物安全相关知识的全民普及教育；而教育院校则应部分调整教学大纲，设立生物安全相关专业、开设生物安全相关课程，着眼于世界生物安全前沿热点，丰富课程内容、延长教育实践、提升研究深度，使学生初步具备生物安全的防范意识，以期在遇到生物威胁时能够正确应对；国家也应出台相关政策，鼓励设立交叉领域的独立学科，培养生物安全领域专业人才，进而打破生物安全领域人才匮乏的局面，加快布局生物安全国家重点实验室，聚合生命科学、医学、计算机等学科的交叉研究，发挥应对生物安全的学科支撑作用。

8.3.2.4 制定生物安全技术标准规范，防范生物安全技术问题漏洞

前沿生物技术的研发和应用，在一定程度上具有不可预见性，一旦生物技术的安全标准被破坏，将不可避免地导致各类生物安全潜在威胁的形成。生物武器是生物安全面临的重要问题，恐怖主义、跨国犯罪团伙能够完成相关生物技术制造，因此生物武器是生物恐怖威胁的首要来源。目前来说，较低的生物技术门槛和较易获得的实验材料为生物恐怖主义活动的出现提供了可能，如关键基因序列信息的公开化促进了科学研究的进步，企业的科研服务和关键试剂也降低了研究难度与成本，高危生物基因组序列的全球信息共享与更新也极大便利了犯罪团伙，他们可以从公开数据库中获取高致病性病原体和病毒的关键基因序列，购买高致病性病原体或病毒的毒株、实验设备等，进而制造生物恐怖威胁。近年来，诸如基因编辑技术、基因合成技术等技术使得一些生物的设计与合

成成为现实，SARS病毒等高致病性细菌和病毒可以经由人工设计合成，这些经由人工操作改良的细菌病毒不仅能够获得更强的毒性及耐药性，同时还可能出现某些不可预见的生物特性，具有极大的安全隐患。与此同时，外周环境、实验操作、病原体变异等不可控因素也进一步造成了疫情预防、监测、诊断、疫苗研发等防控工作的难度。此外，人工合成病原体在感染、扩散、致病等方面的能力较天然病原体更强，而由于长期操作的天然病原体危害性不高，这些人工合成病原体的生物安全问题往往容易被忽视，其中发生的污染效应具有滞后性，污染发生时不易预料和察觉，稍有不慎就会引发操作人员感染或病毒外泄，继而造成安全隐患，后果将无可挽回。

在以基因编辑、生物合成为代表的前沿生物技术飞速发展之际，针对目前生物安全技术标准缺乏，生物安全技术漏洞频出的现状，更应完善生物技术安全治理体系、提升治理能力、防范生物威胁，具体提出如下建议：发展高端精尖技术，加紧制定生物安全技术标准。对于生物安全可能面临的问题和风险，需要针对性地加强科学研究和技术开发的力度，尤其是对传染性疾病的防治、转基因作物的安全种植等问题，解决这些问题需要加大投入，提高科研水平。高精尖技术的发展离不开国际合作，加强合作才能满足生命科学研究所需的数据信息库、设备、试剂支持。完善高传染性细菌病毒、高危生物的基因组序列管理、管控高危病原体试剂及相关器械等，对信息去向做到严密追踪。要通过立法，引导和规范生物技术的科学研究和实际应用走上正轨，继而促进生物技术快速、健康发展，防止和减少可能出现的危害和损失。积极防范生物技术、实验室安全等方面存在的问题及漏洞。加大病原体溯源及传播、监测力度，加大科技创新能力建设，强化疫情预警能力，提升预防病原体暴发和疫情传播进程的生物防御能力。政府部门和科研部门也要联合制定统一的标准和规范，只有这样才能较为有效地规避现代生物技术开发和应用带来的负面作用，防范生物实验室引发的潜在风险。

8.3.2.5　推动伦理审查，加强公众参与

新型生物技术的滥用和谬用，是生物安全的重要隐患，在生物技术发展过程中引发的伦理道德问题争议至今，例如以生殖改造、基因编辑技术为代表的高端生物技术，可以在基因技术层面有效治疗血友病、地中海贫血等遗传性疾病，但不可忽视的是基因编辑技术涉及社会风险、道德风险和伦理风险。对于风险而言，加强道德修养，推动伦理审查是降低生物技术风险的必要前提。

科研工作者的道德责任是识别并降低风险的先决条件，伦理委员会的伦理审查是评估生物技术风险的必要措施，公众的积极参与则有助于规避、解决问题，此外还能增进问题透明度，具体内容如下：①加强科研工作者道德责任意识的培育。树立科研人员的现代责任伦理是基础条件，系统地进行伦理培训，培育责任意识。科研工作者在从事科研

工作过程中也应秉持一丝不苟的态度，提高技术的准确性与安全性，及时沟通，切实保障患者的权利，并且要全程追踪科研过程，及时发现问题、解决问题。此外科研人员还应增加自身人文情怀与人文素养，自觉遵循伦理原则，遵守道德规范，认清自己肩负的道德责任，懂得自我约束。②完善伦理审查。生物技术发展具有不成熟、不确定性，因此将人类基因编辑等前沿生物技术纳入医疗技术管理刻不容缓，伦理审查内容应当从科研组织机构、科研工作者、受试者等方面入手。国家需通过法律的制定对技术标准、准入门槛进行严格把关，严格把控，及时并全程追踪相关研究机构及研究进展；对具体从事相关生物技术科研工作者的专业性必须高标准、严要求，领域内权威专家成立审核小组，制定相应的标准对科研工作者进行审核。③加强民众参与。社会大众一直是道德监管和治理的重要主体，公众参与则是现代公共议题决策的创造性方式。加强公众参与可以进一步提升社会大众对前沿生物技术及其相关的道德伦理问题的认知，因此要大力鼓舞公众参与。

8.3.2.6 深度参与全球科技治理，构建人类命运共同体

生物技术安全涉及国家安全等核心利益，要保障和维护生物安全，必须首先坚持总体国家安全观，总体国家安全观包含了多种安全内容，而构建人类卫生健康共同体正是生物安全领域构建人类命运共同体理念的拓展，为此，我们应充分学习和借鉴其他国家的经验做法，结合我国国情，完善外交、军事、科技、法律等多领域的生物防控手段，同时积极参与到国际相关立法合作和协商对话之中，加强与世界各国的互信互助，并且在国际生物技术安全防控中持续发声，推动全球群防群控治理体系的建立，彰显良好的大国形象。

8.3.3 生物安全证据与司法鉴定

生物安全各方面的问题越来越严峻，目前我国正在着手规范相应的法律法规，从而对生物技术安全问题进行监管。继《生物安全法》颁布以来，《国家生物安全出版工程》基金项目于2021年7月正式启动，标志着以生物安全证据司法鉴定为核心构建的生物安全学科建设基本形成，是司法鉴定学科的重大举措，也是国家安全战略的重要补充。司法鉴定的服务领域并不仅限于诉讼活动，而是已经从传统的刑事侦查和民事诉讼，扩展到行政执法、国家安全、公众安全、灾害救济等领域。例如，2012年我们应用分子生物学技术对危害马尾松的病原物进行了ITS分子鉴定，快速、准确地鉴定了真正导致马尾松枯死的病原，解决疑似空气污染物伤害马尾松的案件[7]。涉及生物安全的事件或案件，其调查、取证工作相当复杂和敏感，需要高度规范的司法鉴定手段的介入。生物安全的司法鉴定内容主要包括是否有感染性、释放到环境中是否与自然基因相互作用、对环境是否产生不良影响、是否降低遗传多样性等等问题。运用物理、化学、仪器、统计、生物学等

专门知识和科学技术以及物证技术专用检验手段的综合检验方法，针对生物安全对象发现证据，固定、提取证据，分析、识别证据和鉴定证据，以便帮助司法人员发现事实真相，为定案提供证据，为审查、核实其他证据提供依据。

由于相关科学研究不足及相应法律法规尚不十分完善，一些生物安全的司法鉴定还比较困难，尤其是对于不可估量的未来后果。例如，目前科学家们对基因编辑的研究还不透彻，对其脱靶效应和嵌合问题还未完全解决。所携带的非自然基因传播到人群后对人类会有多严重的影响，这类问题目前整个科学界也不能确定。因此，依照哪些条款、怎样对基因编辑造成的非预期效应及其长期影响进行司法鉴定，都是当前无法解决的问题。另外，我国法律法规并未规定具体哪些生物安全需要进行司法鉴定，目前对于生物安全科学证据的提供大多不是由司法鉴定提供。例如，针对 COVID－19 新型冠状病毒是否为实验室泄漏或生物武器的质疑，病毒学家爱德华和进化生物学家安德鲁于 2021 年 8 月在《细胞》杂志发表了一篇关于新型冠状病毒起源的相关综述，系统地回顾了目前用于澄清新型冠状病毒起源的科学证据。尽管该研究及其发表的杂志均具有较强的科学性，但对其证据的分析、互动目前仅存在于学术界，未经过司法鉴定，影响其效力和权威性。

因此，还需推进国家生物安全证据能力建设，加快国家生物安全证据硬核能力的快速生成。通过创新模式建成国家生物安全证据与司法鉴定，为生物安全风险检测、识别与智能预警提供有利的证据，为国家生物安全证据相关管理政策、技术标准、立法评估等提供技术支撑，帮助解决新兴的生物安全领域的争议或纠纷事件。

8.3.4 立法与法律保障的现状

8.3.4.1 生物安全立法的必然性

各种与生物相关的因素，对国家利益、社会经济、人民安全都可能成为潜在的威胁，从 2001 年的美国“炭疽事件”开始，生物安全成为全球各地日益关注的重点，自 2020 初起在全球暴发的新型冠状病毒的流行，更是让生物安全得到了前所未有的关注度，让我们不禁思索，生物技术突飞猛进、高速发展的 21 世纪，在生物基因编辑、生物合成技术等领域一次次突破性发展，全球化带来流行病的暴发、物种入侵等生物安全威胁和潜在风险的当下，国家、社会和人民的安全和利益如何保障。生物安全的立法与法律保障已迫在眉睫，其重要性也不言而喻。

8.3.4.2 我国生物安全法的确立

20 世纪 80 年代，生物安全问题开始进入国际视野，1985 年，联合国环境规划署（United Nations Environment Programe，UNEP）、世界卫生组织、联合国工业发展组织（United Nations Industrial Development Organization，UNIDO）、联合国粮食及农业组织（Food and

Agriculture Organization of the United Nations，FAO）联合成立了专门关注生物安全的特设工作小组，拉开国际生物安全立法的序幕。1992 年召开的环境与发展大会中，签署的《21 世纪议程》《生物多样性公约》两个纲领性文件均聚焦于生物安全技术并提出其潜在的问题和风险。经过多年的准备、协商和修改，《〈生物多样性公约〉卡塔赫纳生物安全议定书》在 2000 年 5 月开放签署。

我国生物安全立法肇始于 20 世纪 90 年代，主要针对转基因生物安全进行单独立法，同时开始综合性生物安全立法的研究工作[8]。1986 年通过的《国境卫生检疫法》对进出口的卫生监测、监督、防疫确立了详细的指标与规定；1983 年国务院发布的《植物检疫条例》以及 1997 年全国人大通过的《动物防疫法》分别涉及动植物的传染病控制与预防；2004 年的《病原微生物实验室生物安全管理条例》确立了实验室病原微生物的实验标准、管理和防控；我国也于 2005 年由国务院核准加入了《〈生物多样性公约〉卡塔赫纳生物安全议定书》；2017 年科技部发布的《生物技术研究开发安全管理办法》用于规范化指导高速发展的生物技术，避免其潜在的生物安全问题所引发的生物安全危害。这一系列的规范性文件在当时比较全面的地维护了我国生物安全，对其各个领域的潜在威胁具有一定程度的预防和控制作用。但在生物技术突飞猛进、其风险也逐渐多样化、复杂化的 21 世纪，已有的立法已不足以保障生物安全，我国需要更先进的、与时俱进的立法来满足科学、现实需要。2019 年末开始暴发的新型冠状病毒感染，是一场全球性质的突发性的重大公共卫生事件，感染范围广，传播速度快，对生活生产造成了巨大影响，生物安全的重要性再一次被点明。2020 年初，习近平总书记在中央全面深化改革委员会第十二次会议上指出："要从保护人民健康、保障国家安全、维护国家长治久安的高度，把生物安全纳入国家安全体系，系统规划国家生物安全风险防控和治理体系建设，全面提高国家生物安全治理能力。要尽快推动出台生物安全法，加快构建国家生物安全法律法规体系、制度保障体系。"在新的生物技术纪元里，新的生物安全危机面前，对生物安全更加科学、合理的立法和管控已提上日程。

《中华人民共和国生物安全法》由中华人民共和国第十三届全国人民代表大会常务委员会第二十二次会议于 2020 年 10 月 17 日通过，自 2021 年 4 月 15 日起施行。《生物安全法》（biosecurity law）全面涉及了如突发传染病的防控、动植物传染病防控、生物技术的安全开发和使用、病原微生物实验安全等生物安全的各个领域和方面，是为维护国家安全，规范化生物技术发展，避免潜在危害，保障人民生活安全与生命健康，保护我国生物资源和生态环境，推动人类命运共同体的建立，实现人与自然的和谐共存而制定的法律，标志着我国生物安全在新时代里步入有法可依、规范治理的全新阶段。

8.3.4.3　其他国家的生物安全机构以及立法

俄罗斯的联邦消费者权利保护和人类福利监督局负责监管其国内的生物实验室、卫生和流行病学中心、鼠疫防控机构以及卫生服务等生物安全领域相关机构。它负责授予这些机构和研究、卫生安全有关的许可文件和认证,并且能够与联邦政府和相关机构就生物安全问题进行直接沟通。俄罗斯于 2008 年制定的《病原体组微生物处理条例》是一份重要的生物安全指导性文件,它对操作程序、实验方法进行了细致的规范。根据条例,实验室管理者对日常运营中的安全责任,而联邦消费者权利保护和人类福利监督局和公共卫生办公室则在宏观层面提供监督和管理。

在英国,2007 年由实验室泄漏引起的诺曼底口蹄疫(foot and mouth disease outbreak in Normandy)暴发后,英国对其生物安全政策和监管程序进行了重大改革。现有一所专门设立的生物安全监管政府机构,叫作健康与安全执行局(Health and Safety Executive, HSE)。HSE 是负责监管病原体、生物研究、实验室规范的主要监管机构。英国颁布的《2014 年转基因生物(含使用)条例》[Genetically Modified Organisms (Contained Use) Regulations],其中重点规范了动物制剂和基因改造的研究。

美国的生物安全由几个机构共同管理,以确保对正在进行的生物研究进行全面的监督。美国疾病控制和预防中心(Centers for Disease Control and Prevention, CDC)的联邦精选药剂计划(Federal Select Agent Program, FSAP)管理特定生物药剂和毒素的持有、使用和转移;美国卫生与公众服务部(Health and Human Services, HHS)、国家卫生研究院(National Institutes of Health, NIH)、FDA 和环境保护署(Environmental Protection Agency, EPA)同样也能提供生物安全监管。《微生物和生物医学实验室的生物安全》和《NIH 关于重组或合成核酸分子的研究指南》是分别适用于生物制剂和核酸研究的生物安全文件,这些指南不仅于美国,也树立了国际生物安全的标准。1996 年《反恐怖主义和有效死刑法案》(Antiterrorism and Effective Death Penalty Act)通过时,美国 HHS 制定了一份写有可能威胁美国国家安全的生物制剂清单,并制定了使用和转移这些制剂的相关规定,由 CDC 的 FSAP"监督、使用和转移这些制剂、生物筛选剂和毒素"。此外,CDC 的 FSAP、NIH 的生物技术活动办公室(Office of Biotechnology Activities, OBA)还有一个生物安全项目,该项目旨在"管理和评估美国和国外 NIH 支持的研究机构当前的生物安全政策"。

8.3.4.4　我国生物安全立法的完善和展望

步入 21 世纪后,我国便一直面临着生物安全危机的挑战,如逐渐国际化所带来的生物入侵、本土物种多样性的破坏,生物安全所引发的社会性乃至全球性的重大危机,严重危害了国家安全、社会经济和人民生活。《生物安全法》是 21 世纪我国在生物安全领域的新开始，拉开了生物安全立法和法律保障的全新纪元。在新纪元，我国在应对生物安全危机方面仍处于起步阶段，对各种潜在生物威胁的预测和防控尚不全面，因此，在立法之后更需做好充足准备，准备打硬战、打持久战、并且打灵活战。首先，在生物安全立法和法律保障方面，我国虽正起步，但有美国和欧洲国家丰富的“前车之鉴”，学习和借鉴其优秀的管理政策和重要立法，避免其错误路线，反省整合，并以符合我国实际国情和现状的形式吸收转化，成为后来居上的宝贵经验。其次，生物安全的背后是生物技术的发展，生物技术是由生物技术人才推动，新时代里的新政策需要有源源不断的新鲜血液注入才能保持活力和更新，我国比其他任何时候都更需要生物科技技术人才以及高精尖团队。需要培养顶尖的生物技术科研人才，完善优化国内生物技术相关专业的建设和扶持，吸引海外的优秀学者和国际力量，壮大和充实国内生物科技团队力量，大力推进生物科技的发展。技术进步和政策防控一起实现生物安全的“内外”保障，我国的生物安全的未来才能稳步发展。

8.3.5　现存问题与未来方向

8.3.5.1　现存问题

生物安全威胁一直是人类面临的巨大挑战。自 21 世纪以来，环境变化、科技发展、社会经济全球化等多种因素不断刺激各类生物因子的传播和扩张，加剧生物安全威胁的突显，使其形式更为多样，来源更为广泛，引发的生物安全问题日益严峻。基因操作技术的发展、产业化和相关产品的释放，对伦理、人类遗传、生物多样性、食品安全等造成了极大威胁。现代合成生物技术的误用、滥用是造成病原体跨物种感染、跨地域传播的主要因素，从而使新发、突发传染病频频出现。近年来，世界政治格局剧烈变化，“暴恐活动”频频发生，各国政府一直担心恐怖主义与生物技术合流，从而使暴恐手段升级成为现实。即使联合国颁布了《禁止生物武器公约》，但生物武器研发仍是屡禁不止，由此导致的生物安全威胁将长期存在。从世界范围来看，现代生物技术因其易操作性、多样性、复杂性等特点，正逐步超越传统安全威胁成为人类面临的主要安全问题。

此外，我国面临的生物安全问题还具其自身特点。首先，我国生物安全事件复杂多样，特殊时期异常敏感。我国经过近几十年的高速发展，也遇到了历史经纬和现实状况聚集冲突的情况——环境安全、重大自然灾害、网络安全、恐怖袭击等传统和非传统威胁互相交织、复杂异常，防范难度极大。稍有不慎，便会影响到全局。这就要求我们既要重视传统安全，又要重视非传统安全，并从全球化视角和思维框架出发，紧紧围绕国家安全工作的统一部署，狠抓落实，走出一条中国特色国家安全道路。近些年发生的一系列生物安全事件表明，我国对于生物安全风险防范意识尚且不足。不仅是普通民众，相关的职能部门、企业和其他主体,甚至专业人士,对生物安全都缺乏必要的了解和认识。对于生物安全相关的防范宣传、普及及意识培养还做得不够,以致难以做到“防患于未然”。

再者,没有采取系统性防治措施,导致在基础研究、人才技术储备方面不足,防控力量薄弱。生物安全事件一旦暴发,缺乏及时、有效的应对策略,应急处置经验不足,会带来不必要的损失。在这个信息化社会,生物安全事件暴发后,极易引发恐慌。茫然无知与突如其来是真正造成恐慌的直接原因。比如,现在我们即便是再次面对鼠疫或者烈性流感(如曾暴发于中世纪的黑死病和19世纪初的欧洲大流感),虽然可能也会感到害怕,但不至陷入极度恐慌和惊慌失措,因为对此类情况我们已经了然于胸,并有相应的处理手段。在提高公众科学素养,限制谣言扩散等方面我国仍有待提升。我们应形成部门组织和媒体配合的专业队伍,民众、医疗卫生人员、科研人员等多层次的知识教育培训系统,加强磨合部门间、组织机构间的协作,达到限制恐慌蔓延,提高综合应对能力。

其次,相关部门、企业防控主体责任落实不到位,做不到早发现、早报告、早预防、早处理。这点可以参照美国对于生物安全管理的措施,其相关政府部门分工明确,工作中相互协调和制约的机制比较完善。并且其针对生物安全管理的立法比较迅速。例如“9·11”事件、炭疽事件后,为加强对该类生物安全问题的应对能力,美国陆续出台了一系列针对生化袭击的法律法规,并以《公共卫生安全和生物恐怖防范应对法》作为指导性法案。其管理内容除了自然发生的传染病威胁,也包括各种生物恐怖威胁。对防范该类事件的主管部门、具体措施、资金使用、加强对危害性生物制剂和毒素的控制等多方面均做出详细规定。

另外,我国生物安全事件部分由外来输入,这与我国相关法律法规的滞后性有关。我国生物安全立法主要有《国境卫生检疫法》《进出境动植物检疫法》《农业转基因生物安全管理条例》《动物防疫法》等10多部法律法规及400多个部门规章。但总的看来,其中多数是20世纪八九十年代制定的,部分还未经修订,不能与时俱进。因此,很难与我国当前面临的严峻生物安全威胁相匹配,从而留下生物安全隐患。

最后,我国具有生物恐怖潜在威胁。暴恐活动因其强大的破坏力,成为世界各国安全防范的首位。随着生物科技多向发展,利用病原体实施生物恐怖的事件时有发生。并且因其容易获得、价格低廉、操作简便等特点,逐渐超过其他传统的恐怖袭击手段。由Beatrix Immenkamp公司向欧洲议会提供的一份文件中披露,恐怖极端分子“可能正在计划使用国际社会禁止的大规模杀伤性武器”,他们已经招募了一支由科学家组成的队伍,极有可能在将来的恐怖活动中使用生物武器。尽管我国当前恐怖活动已基本受到控制,且以往国内恐怖组织主要使用冷兵器等简陋工具作案,但随着国际恐怖主义的多方渗透,我国也必须高度关注新型生物恐怖袭击发生的可能性。

8.3.5.2 未来方向

生物安全与科技、军事、国防互相促动，与政治、文化、经济等多因素相互交织，是有关国家主体博弈的新兴领域，关系到人类健康、社会安定和国家战略安全。近年来，国际生物安全形势发展处于大动荡和大变革的重要转折期。而就我国自身情况而言，传统生物安全形态得到较好治理，但在特定外部条件下可能卷土重来，同时比较棘手的网络生物安全、基因驱动物种控制等新兴生物安全领域问题也将逐渐摆上台面[9]，生物安全在战略安全中的地位也将进一步提升，更需要主动防御、主动塑造。从长远看，亟须加强战略引导和技术攻关。展望未来，国际生物安全形势将发生巨大变化。生物技术与其他研究领域交叉融合，共同推动未来经济社会面貌和战争形态。同时，由于生物技术相关规范准则碎片化和失序运行，潜在安全威胁和利益冲突有恶化趋势。总体来看，生物安全风险大部分处于可控状态，但局部领域安全威胁加剧，可能导致更多的传染病疫情，生物入侵等，使生态环境恶化，生物恐怖活动增多。除了前面提到的几类前沿生物技术，生物安全的未来方向还可能涉及以下几个方面：①程序性细胞死亡（凋亡）。这种未来的生物技术将向我们展现进攻性生物战争或恐怖主义能力的一个数量级的进步。②基因疗法。该疗法将使人类遗传疾病的治疗发生革命性的变化，其目标是通过修复或替换有缺陷的基因，使人的基因组成发生永久性改变。该技术也可以被颠覆，将致病基因插入目标人群宿主。③隐形病毒。这是一种隐秘的病毒感染，它可以秘密地进入人类细胞（基因组），然后保持休眠很长一段时间。然而，在受到来自外部刺激的信号之后可能会触发病毒激活并导致疾病。这种机制在自然界中相当普遍，例如，许多人携带疱疹病毒，它可以激活导致口腔或生殖器损伤。④二元生物武器。一种由无害部分组成的双组分系统，在使用前将其立即混合以形成病原体。这个过程在自然界中经常发生。许多致病菌含有多个质粒，编码毒性或其他特殊功能。有毒质粒可以在不同种类的细菌之间转移，通常跨越物种屏障。⑤基因设计。许多生物的全部基因组已经发表在期刊和互联网上。既然已知这些密码，微生物学家开发出合成基因、合成病毒，甚至是全新的有机体只是时间问题。其中，一些是可能专门用于生物战争或恐怖主义的。

根据世界主要发达国家生物技术及生物安全的发展前沿态势，结合我国的发展实际，虽然近几十年我国在该领域取得重大进展，但与国家安全需求相比差距还很大，与世界先进水平相比还有一定差距，需在未来发展中引起重视。一方面，生物技术美国遥遥领先。专利合作条约（Patent Cooperation Treaty，PCT）专利分布的 35 个技术领域中，生物技术 PCT 2019 年专利申请公开量共 16942 件，而美国以 6107 件稳居第一。随着基因研究的发展，美国在该类研究中也越来越向实战目标迈进。另一方面，我国生物安全治理体系在未来发展中亟待完善。在威胁意识、监测与探测、预防与保护、应对与恢复等多方面，我国相关治理体系存在薄弱环节，仍需在短时间内改进和提升。

另外，我国生物安全未来发展、规划方向可借鉴涉及生物安全的国际条约及他国可供借鉴的经验，如《生物安全议定书》《生物多样性公约》、卫生与动植物检疫措施（sanitary and phytosanitary measures，SPS）协议等。《生物安全议定书》主要目的是合理解决环境与贸易问题相关的生物安全的国际法律。使各国在最大限度降低生物技术对人类健康和环境可能造成的威胁的同时，尽可能从生物技术发展和应用中获得最大的利益。《生物多样性公约》主要着手于维护生物多样性，保持生态平衡，涉及生物安全的规定主要体现在"本地保护"中。允许成员方采取办法以酌情管理或控制由生物技术改变的活体在使用和释放时可能产生的安全威胁，意味着可能对环境产生带来不利影响，从而对生物多样性的保护和持久使用产生副作用，但也要考虑到对人类健康的威胁。该公约也涉及防止引进、控制或消除那些威胁生态的外来物种。SPS 协议是世界贸易组织成员唯一可使用的涉及生物安全的非关税措施的国际准则。相比之下，我国目前关于维护国家生物安全、食品生产和人体健康的相关法律规定相对滞后，未能充分利用 SPS 协议赋予各成员的权利从而保障我国生物安全。同时，也让他国成员认为我国生物安全防治措施未达到国际标准，并以此为借口阻止我国相关产品的输入。SPS 协议明确各成员可实施为保护人类、动物、植物的生命或健康所必需的卫生措施。为了在尽可能广泛的基础上协调各项措施，各国成员应依照现有国际标准、指南或建议制定，但可高于它们。以上各项措施，包括所有相关法律、法规、程序要求等，其目的在于保护领土内：①人、动物的生命或健康免遭食物（或饲料）中的添加剂、毒素、污染物、致病有机体侵害所产生的安全风险；②人的生命或健康免遭动、植物或相关产品携带的病（或虫害）的传入、定居或传播所产生的安全风险；③动植物的生命或健康免遭病原体的传入、定居或传播所产生的安全风险；④因病（或虫害）的传入、定居或传播所产生的其他损害。SPS 协议授权各国成员对任何可能涉及生物安全的因素或行为进行规制，为我国生物安全相关制度的完善提供了国际法基础。

（梁伟波　黄代新）

参考文献

[1] 卢浪，徐能武. 人类命运共同体视域下的全球生物安全治理——现状分析、原因探究与路径选择[J]. 湘潭大学学报（哲学社会科学版），2022，46(2)：115－120.

[2] 冯蕾. 转基因食品监管的问题与对策[J]. 中国食品工业，2021(19)：73－75.

[3] KENNETH A O，ESVELT K ，APPLETON E，et al. Regulating gene drives[J]. Science，2014，6197(345)：626－628.

[4] 常江.《生物多样性公约》中合成生物学的谈判进程及对我国履约的启示[J]. 环境保护,2018,46(23):28-31.
[5] 薛杨,俞晗之. 前沿生物技术发展的安全威胁:应对与展望[J]. 国际安全研究,2020,38(4):136-156,160.
[6] 彭耀进,周琪. 应对生物技术变革与伦理新挑战的中国方略[J]. 中国科学院刊,2021,36(11):1288-1297.
[7] 周倩,刘燕娟,陈俊如,等. ITS鉴定真菌病原:一例司法鉴定研究实例[J]. 基因组学与应用生物学,2012,31(1):51-56.
[8] 秦天宝.《生物安全法》的立法定位及其展开[J]. 社会科学辑刊,2020(3):134-147,209.
[9] 王小理. 生物安全时代:新生物科技变革与国家安全治理[J]. 国际安全研究,2020,38(4):109-135,159-160.

第 9 章
人类遗传资源、生物资源安全管理

生物遗传资源是一种新型的自然资源，其价值在科学技术飞速发展的今天逐渐被人类挖掘。我国作为生物遗传资源丰富的发展中国家之一，受到相对滞后技术与传统观念的限制，一直未能重视生物遗传资源的开发与保护。随着社会发展，生物遗传资源在国家战略发展道路上的作用越来越重。在当今世界，围绕着人类遗传资源的获取和利用，存在着各种各样的“明争暗夺”现象。根据俄罗斯媒体的报道，美国系统地收集了苏联境内俄罗斯公民的传染病、毒株库和生物样本，美国空军还试图收集俄罗斯公民的滑膜组织和 RNA 样本。根据法国《世界报》报道，对 2014—2016 年非洲埃博拉疫情期间患者检测血液样品的流向情况调查表明，西方国家在这一领域存在大量的“血液外交”、生物剽窃现象。

9.1　遗传资源引发的生物安全案例

9.1.1　南美神药“死藤水”被美国窃取专利

“阿亚花丝卡”是南美洲印加人的盖邱亚族语，意思是“死亡之藤”或“灵魂之藤”。它是一种位于亚马孙河流域的药用植物。将这种植物与其他几种本地植物混合，可以制成具有提神强身作用的汤剂。因此，许多地方部落把这个植物视为图腾，认为它是神圣的象征，只有部落的萨满或草医知道如何制作这种药剂。

随着越来越多的西方人来到亚马孙地区，死藤和死藤水的秘密也传播开来。然而让人始料不及的是，1986 年，美国专利和商标局批准了一项对死藤种类之一“达藤”的专利申请，申请人为美国企业家劳伦・米勒。然而，在申请专利中，米勒并未对死藤进行任何深入研究，仅仅描述了这种植物的生长环境、形态特征与药用功效，就顺利地获得了专利。

当此事发生十数年后，亚马孙部落的人才得知死藤成了美国人的专利。他们对此感到愤怒。他们不明白一个外国人怎么能为他们崇拜和使用了几千年的神圣植物申请专利？该委员会组织了数百个亚马孙部落，与加拿大国际环境法中心一起，于 1999 年向美国专利和商标局提出申诉，要求该机构审查并撤销死藤水的专利。与此同时，他们委托一位部落首领向美国当局作证，亚马孙土著人使用死藤已有数千年之久。但是，这位酋长的证词却被美国判定为“没有法律效用”，因为专利法不承认没有以文字形式在公开出版物上发表、让任何人都能查到的发明。也就是说，仅仅是口头流传下来的知识，不受美国专利和知识产权的保护。

后来，美国专利和商标局还是下令驳回了该项专利，但并不是因为它侵犯了当地土著的文化，只是由于同一种植物在申请提交前一年，在芝加哥菲尔德博物馆的标本评论板上被描述过，因此它不具备专利要求的“新颖性”。换句话说，亚马孙河流域的人了解死藤的用途，并以口头循环的形式使用这种植物，但这一事实并不妨碍发达国家对死藤申请专利。

死藤专利案暴露了当前知识产权和专利制度在保护遗传资源和传统知识方面的尴尬。死藤是亚马孙人特有的生物遗传资源，用死藤水制成的汤药的功效属于当地部落的传统知识，这是亚马孙所有民族的秘密。除非将枯藤水的秘密公之于众，否则传统知识将不会得到专利制度的承认，也不会受到知识产权的保护。披露这些秘密违背了这些部落几千年来的文化传统。如果有人获得当地部落的生物遗传资源，只要申请专利，就会得到发达国家专利法的承认和保护。

9.1.2 孟山都公司剽窃印度甜瓜案

2011 年，欧洲专利局通过了美国孟山都公司申请的一项关于常规繁育甜瓜技术的专利。然而，专利中涉及的甜瓜大多种植在印度，其具有对植物病毒的天然抗性。德路透公司仅仅通过繁育技术将对植物病毒的天然抗性转移到其他的甜瓜品种上，于是宣称该技术具有“创新性”并以此申请专利。2008 年孟山都公司收购了该公司并相应的获得了该专利，但该项专利疑遭到很多阻止质疑而于 2012 年被迫撤销抗植物病毒的新品种。欧洲专利局（EPO）以技术原因为由撤销了孟山都抗病毒甜瓜的专利（EP1962578）。孟山都在一份声明中表示，专利中描述的甜瓜具有抗植物病毒的天然活性，不是通过基因工程培育的品种。然而，研究发现，这种抗性早就在印度甜瓜中检测到，该专利已获得欧洲专利局的授权，但欧洲专利法不支持植物品种和常规育种过程。国际组织“种子无专利联盟”立即致函欧洲专利局，要求撤销该专利。与此同时，印度政府和其他各界人士表示支持这一做法，并要求撤销该专利。欧洲专利局认为，该专利申请构成生物剽窃，违反了相关国际条约和印度法律。“种子无专利联盟”的专家表示：“该专利是基于基本的生物学育种过程和植物品种，这显然违反了欧洲专利法。”

9.1.3 印度楝木案

楝树在印度被视为自由之树，是一种常绿乔木，它的树皮、种子和花朵在印度传统医学中应用广泛，具有极高的药用价值。另外，楝树提取物可作用于数百种害虫和真菌病害，保护粮食作物。印度人将楝树的叶片放在谷仓中用以驱虫，是相当古老的传统。楝树及其提取物所体现的价值引起了各界对该植物的兴趣。在1985—1998年，全世界申请印度楝树相关专利高达134件。1994年，欧洲专利局授予美国农业部和WR格雷斯公司(WR GRACE&CO)从印度楝树的种子中提取杀菌产物的专利权。

这项古老传统被外国作为专利申请，不仅对印度不公平，从根本上是违反专利申请“新颖性”的要求，因而引起了印度人及其他35个国家近200个团体的不满。1995年，欧盟议会的绿党、印度科技和生态研究基金会和国际有机农业运动基金会联合提出撤销该项专利的请求。欧洲专利局在研究后得出结论：印度楝树及其衍生物对霉菌的抗性及其他用途早在2000年前已被印度当地人所熟知，楝树的衍生物早已被人们用来制作驱蚊剂、肥皂等用品。2005年3月8日，欧洲专利局撤销此项专利权。

9.2 遗传资源相关生物安全基础知识

生物遗传资源在保护生物多样性上一直发挥着重要的作用，是构成生物多样性的重要组成部分，随着生物科技的发展，人们对生物遗传资源的利用率进一步提高，因此使得其国际地位不断提高。生物遗传资源的保护已成为国际社会共同关注的热点问题。随着生物技术的发展和生物遗传资源战略地位的凸显，生物遗传资源具有无限的经济效益潜力。为了实现生物遗传资源的合理开发、利用和保护，必须建立完善的生物遗传资源法律保护体系，以应对复杂的国际压力。生物遗传资源是可持续发展的重要战略资源遗传资源，随着生物技术的迅速发展，各国农业、医药、化工、环保等产业对生物遗传资源的依赖日益加重，生物遗传资源在解决粮食、健康和环境问题等方面发挥着重要作用，对于维护生态安全和生物多样性具有重要意义，已经成为世界各国资源争夺的新领域(图9.1)。

图9.1 生物遗传资源的多样性研究模拟图

9.2.1 生物遗传资源的概念及特征

1. 生物遗传资源的概念

1993 年生效的《生物多样性公约》是一项旨在保护地球资源的国际性公约，其中第二条表明：生物遗传资源是一种具备实际意义的，或存在一定隐藏价值的遗传材料，这部分材料来源是不同区域内的动植物与微生物，包括他们自身及其体细胞、生殖细胞和基因组等。根据 2010 年修订的《中华人民共和国专利法实施细则》第二十六条规定，遗传资源应是来源于人体或动植物与微生物等普遍具备遗传功能并且有一定实际或隐藏价值的遗传材料。2014 年由环境保护部牵头，多部门联合起草的《关于加强对外合作与交流中生物遗传资源利用与惠益分享管理的通知》中，规定了生物遗传资源(biological genetic resources)是指具有实际或潜在价值的动植物和微生物以及种以下的分类单位及其含有生物遗传功能的材料、衍生物及其产生的信息资料(不包括人类遗传资源)。这种定义生物遗传资源的方法不仅包括遗传物质，还包括遗传物质的衍生物和遗传信息。由于遗传物质是具有遗传功能的生物的组成单位，虽然是生物遗传资源的主要形式，但不能涵盖生物的所有遗传特征。例如，某些生物在新陈代谢过程中产生的化合物，也存有遗传信息，也具有可复制性，生物遗传信息的可复制性，即通过技术手段进行提取，因此生物遗传资源可以脱离物质本身进行体外复制。生物遗传资源的特殊性在利用方面，真正有利用价值的就是遗传材料中的遗传信息而不是原始生物材料。一旦繁殖、培育、提取成功，就可以基于现有的生物技术不断地复制，摆脱对原始生物材料提供者的依赖。但如果未将遗传相关化合物划入生物遗传资源，则容易给不法者利用疏漏的机会，对相关资源进行生物剽窃等行为。2017 年，环境保护部自然与生态保护司起草了《生物遗传资源获取和惠益共享管理条例(草案)》，规定生物遗传资源是指任何含有植物生物遗传功能单元的材料、衍生物，具有实际或潜在价值的动物、微生物或其他来源及其产生的信息(不包括人类遗传资源)。其中，“其他来源”还包括未经现有技术证明或未进入保护范围的利用领域的潜在资源，体现出立法的前瞻性和兜底性。

2. 生物遗传资源的特征

生物遗传资源具有以下三个特点：一是区域分布不平衡。生物资源的分布决定了遗传资源的布局。自然界动物的全球迁徙和人类的建筑活动也将影响生物资源的分布。目前生物的全球分布并不平衡，热带和亚热带是世界生物遗传资源的主要栖息地，特别是巴西、秘鲁、中国、印度、澳大利亚等国家所占比例最大，其遗传资源总量占世界总量的70%。由此可见，大部分生物遗传资源均分布在发展中国家，而发达国家在生物资源不充足的前提下，依靠其先进的科技，攫取生物遗传资源丰富的国家，进一步导致各国在生物遗传资源研发中发生冲突。在传统的生物遗传资源开发利用模式下，发展中国家是遗传资源的提供国，而发达国家则主要负责对资源进行开发。这种利益与地位上的不平等必将导致加剧矛盾冲突，最终导致国家间利益失衡。在生物遗传资源保护的初级阶段，发达国家大力倡导“人类共同拥有遗传资源”，利用技术优势，以共同开发共同遗产为幌子，盗窃或掠夺别国的遗传资源。如今各国对生物遗传资源逐渐重视，国家间的利益冲突与博弈，内在原因便是生物遗传资源的地域分布不平衡性。

其二是目标的复合性。生物界中的自然资源是以有形的形态被人们发现并加以利用，但从遗传资源的概念中我们会了解到，遗传资源是一种结合有形的载体与无形的遗传信息的材料，二者缺一不可。通过分析生物资源的特点，专家从生物遗传资源中提取具有研究意义的遗传信息，并广泛应用于农业、医疗及日用洗化等领域。遗传资源的核心在于其所包含的遗传信息。生物遗传资源离不开载体和遗传信息，如果作为载体的生物材料样品没有遗传信息，它们就不能构成遗传资源，而是生物资源。

其三是资源的稀少性。新物种的形成是由生物进化机制所决定的，是随机变异和环境选择共同作用的结果。生物遗传资源的生长环境将受到气候、水文、地形、生物和土壤等诸多因素的限制。当生长环境受到破坏时，遗传资源也会受到破坏。因此，遗传资源十分稀缺。另外，生物技术在新型能源、农业新品种研发等领域不断发展，导致生物遗传资源的价值得到进一步挖掘，当有限的生物遗传资源成为决定人类生存与持续发展的基础性因素与战略性资源，遗传资源的稀少性也使得其自身的价值慢慢突显出来，进而使得人们对资源的需求不断增加，而趋利性会促使人们加大对资源的开采和利用，使得发达国家不断地以“知识产权”之名行“生物剽窃”之实，无所顾忌地采集和掠夺加速了遗传资源的灭亡，最终导致生物遗传资源的稀缺。

3. 人类遗传资源的特征

与生物遗传资源相比，人类遗传资源具有以下几项特征。

第一是复合性。人类遗传资源(human genetic resources)对象不仅包含器官、组织、细胞和新陈代谢过程中产生的各种化学分子等，还包括这些物理表现形式中所蕴含的遗传信息及遗传功能。人体遗传信息是人类遗传资源开发研究的主要对象和国家的重点管制对象。如果一个物质不含与人相关的遗传信息，那么该物质不属于人类遗传资源。换言之，遗传信息是附着于物质载体上的，武断地将遗传信息与物质载体完全割裂是不科学的。遗传资源材料的存在是对人类遗传信息进行开发和利用的必要条件，因此人类遗传信息的保护或管制也必须要通过对人类遗传材料的管制措施来实现。

第二是地域性。我国幅员辽阔，少数民族数量众多，且少数民族聚居地迁徙率低，因此不同民族间遗传信息差异较大。而发达国家由于其工业化程度高，人口流动性较大，不同民族甚至不同种族的遗传信息进行融合，使之很难提供研究人体健康及疾病针对性的生物资料。

第三是伦理性，在涉及人类生物样本采集时，需要重视生物材料供体知情同意原则和利益分享原则，是尊重和保护样本提供者的权益的体现。人类遗传资源的收集、保存和使用需要经过严格的伦理审查，这是国家对人类遗传资源管理的一般状况和共识。人类遗传资源涉及伦理问题，因此与之相关的活动不仅需要纳入法律的范围，还需要满足伦理的需要。

9.2.2 生物遗传资源的价值

生物遗传资源由于其自身的特点，具有双重价值，一方面是商业价值，另一方面是科学价值（表 9.1）。

表 9.1 生物遗传资源的价值

价值	类别	内容
商业价值	农业	通过改良农作物基因序列，培育高产抗虫害新型粮食作物，缓解全球粮食危机
	医药	青蒿素等生物遗传资源在临床药物中的应用，对疟疾等疾病的治疗具有重要意义
		羊胰腺产生的 α1 抗胰蛋白酶蛋白质，借助现代科技手段进行商业化，具有高药用价值
科学价值	广泛应用	在食品、保健、工业、机械等领域的研究和应用，推进经济发展，改变产业结构

生物遗传资源的商业价值，具体体现在农业、医药等方面。农业方面，随着全球人口的增长，粮食问题已成为限制生产发展的一大难题。如何进一步提高农作物产量，培育能够有效抗虫害的新型粮食作物，是目前的研究热点。生物遗传资源蕴含着大量的遗传信息，科学家通过筛选抗虫害基因，重组到农作物基因组中，改良农作物基因序列，可培育出杂交高产作物，缓解全球粮食危机。医药方面，生物遗传资源应用在临床药物中占比高，如我们熟知的青蒿素[1]等。早在东晋时期，葛洪的《肘后备急方》中就有对青蒿素用来治疗疟疾的记载，随后其抗疟效果在一系列中医典籍中得到反复讨论和验证。1972 年，屠呦呦团队在中药研究所分离出青蒿素活性成分，是当今世界上最具药理意义的生物资源衍生物之一。另外，通过不断挖掘得到的生物遗传资源内在的医药价值，如借助现代科技手段进行商业化，可产生的巨大经济利益。例如，羊可以通过植入一段人类基因使得其胰腺产生 α1 抗胰蛋白酶的蛋白质，这种蛋白质具有极高的药用价值。

在科学价值上，将生物遗传资源作为研究对象，不论是食品、保健等农业卫生领域，还是工业、机械等重工业领域，都可以发挥巨大的作用。如在工业领域，生物遗传资源可作为原料或新型能源驱动推进经济快速发展，进而改变工业驱动力，改善工业运作模式，甚至改变工业产业结构。

由此可见，生物遗传资源在不同领域已展现出巨大价值，但其隐藏价值仍未完全被人们所熟知。人们需要依托现有技术手段尽可能探寻其中规律，然而始终无法客观衡量其内在价值。

9.3 遗传资源相关生物安全的应对策略

我国是一个人口大国，全国人口总数占全球总人口数的比例约为22%。我国也是生物遗传数据输出大国，人类基因、动植物基因的对外输出更容易被国外利用，对我国遗传资源进行破坏。对遗传资源进行管理与保护，就是对生物多样性进行保护，就是对人类基因进行保护，就是对我们的自身利益进行保护。

9.3.1 遗传资源管理与保护

9.3.1.1 生物遗传资源国际保护的利益失衡的表现

1.破坏生物多样性

若生物遗传资源被破坏，必将导致阻碍生物多样性的平衡发展，二者相辅相成，不可分割。

人类对自然资源的利用和开发必然会对生态环境造成一定程度的破坏，而生态环境的破坏必然会破坏生物遗传资源。尽管发展中国家拥有丰富的生物遗传资源，但发达国家的肆意掠夺和无休止的发展，极大地影响了发展中国家生物多样性保护的进程。我国虽然资源丰富，但由于人口众多，人均资源匮乏。加之我国生物遗传资源保护工作开展较晚，保护意识薄弱、管理缺位，使得我国生物遗传资源开发和使用中缺少前瞻规划，难以形成可持续发展的模式。特别是对于植物领域，某些地区的人们只看重眼前的经济效益，而很少考虑可持续发展，对珍贵生物资源进行过量开采，导致其濒临灭绝，如野生天麻、人参等药用植物早已枯竭。

除了过度开采生物资源会大幅减少储量外，在使用过程中出现的浪费现象也会对遗传资源造成直接耗损。浪费现象出现的原因主要有两个，一方面，我国当前生物技术比较落后，提取、保存技术不完善，对生物遗传资源的利用率较低。另一方面，人们对遗传资源的储量缺乏认识，容易受到长期生存环境的影响，对珍贵物种的价值缺乏认识。使用资源的方式也很广泛，没有完整的官方统计数据供他们学习和查询。因此，开发利用过程中存在的不合理因素，会对生物遗传资源带来不可逆转的损失，这要求在面对生物资源时，必须从观念、制度和技术上协同发力，层层递进，改善资源浪费这种现象。此外，在与外资企业从事相关跨国交流合作中，我国面对引进的生物遗传资源，在其开发利用上也存在着许多不合理的现象。以植物为例，我国引进的植物数量多，以桉树为例就有

300 余种，种植范围遍及我国大部分地区，但我国对引入的植物遗传资源大多直接用于生产或观赏，很少对其形状及遗传信息进行深度研究。这样对资源的利用方式在一定程度上减缓了对生物遗传资源价值的发掘力度，因此也难以进行后续研究以提高其附加价值。对资源的低利用率是一种浪费，我们在引入的遗传资源时，需要同时学习国外先进的研究技术，这样才能对生物信息进行深度研发，使其产生后续惠益。

由于对生物遗传资源地位的判断错误，许多发展中国家在资源管理的法律制度方面并不完善，或者立法进度落后于发达国家，使得发达国家钻了法律的空子，利用该国法律更加方便地掠夺资源。显然，发达国家利用生物剽窃这种手段极其不利于生物资源的保护，也会对发展中国家的生物多样性造成极大的破坏。长此以往，发达国家与发展中国家之间的利益天平就会严重倾斜，最终导致生物多样性被破坏，不利于可持续发展，同时还会引起利益纠纷，加剧国家间的矛盾。

2. 引发利益冲突

发达国家借助科技领先的优势，在未取得发展中国家同意的前提下，擅自开发当地生物遗传资源以谋私利，实际上就是一种生物剽窃行为，会对发展中国家的经济造成严重损失。生物遗传资源在物权上具有财产价值属性，在被开发利用时能带来经济收益，是一种自然资源。但是，由于生物遗传资源分布不均，背后巨大的经济价值促使发达国家对生物遗传资源分外眼红，于是资源储量丰富但疏于管理国家的生物资源便成为发达国家掠夺的重点对象。他们以采集动植物标本、科研或者物种调查的借口从这些国家掠夺生物遗传资源，相关案例已不计其数，给相关国家带来的直接或间接损失更是难以估量。剽窃方占领生物产业制高点，致使相关国家产业结构调整和升级成本大幅提升，损害到他们的国家利益。例如，在过去几十年中，世界 90% 的野生大豆资源来自我国，但现在我国已经从世界最大的大豆出口国转变为最大的大豆进口国[2]。这并不是因为我国的人口导致了粮食需求的增加，而是因为管理机构监管不力，许多原产于我国的野生大豆资源被美国公司盗走，送回国进行研发和加工。后来，他们在美国申请专利保护，声称是自主培育的优质品种并向我国出售，严重损害了我国本土大豆产业的发展。这不仅是惠益分享上的不公，更是对生物遗传资源主权的损害，由此带来的经济损失无法估量。再比如大家熟知的北京烤鸭，英国科研人员将北京鸭与英国本土鸭杂交，培育出了“樱桃谷鸭”，宣称这种鸭是当地的品种，“樱桃谷鸭”被高价引回国内后，对北京鸭造成了极大的冲击，目前已成为北京烤鸭的主要原料[3]。类似的案例还有很多，在植物资源方面，我国的本土观赏性植物被国外研究人员广泛栽培，果蔬农作物通过非法途径引出国外由来已久，林木遗传资源更是大批量的流失。两个世纪以来，我国森林植物资源已有 168 科 392 属 3364 种流出海外。其中，1101 种已批量出口，我国特有、珍稀、濒危物种几乎全部流失或引进国外。美国加利弗尼亚州 70% 以上的园林植物是从我国引进的，这表明引进和损失的数量是惊人的。在动物遗传资源领域,非法走私、资源掠夺等非官方交换形式在2000多年前就已客观存在。由于微生物资源易于携带,学者和游客经常将其带出国境,并将其混入土壤样本中。面对资源免费被盗的严峻形势,我们必须从制度层面建立准入和使用限制,加强出入境管理,为其保护提供法律保障。先通过不同途径非法地将其运到国外,再借助先进的科技手段研发"新产品",最后借助本国专利体系对该"新产品"进行保护,从而切断了与发展中国家惠益共享,独自收取高昂的经济利益。甚至将"新产品"销往发展中国家,打压该国家本土产品,进一步对其进行财富掠夺。此外,个别国外制药企业以临床试验名义收集我国人类遗传资源材料,进行与药物临床试验无关的商业开发活动、在国际期刊发表以国人基因样本为数据支撑的学术论文,威胁到了我国基因数据安全。因此,生物剽窃不仅使受害国失去了珍贵的生物遗传资源,还会直接或间接损失巨大的经济利益。

9.3.1.2 生物剽窃

"生物剽窃"不是一个特殊的法律术语或法律概念,而是国际社会的一种法律现象。虽然世界各国都在研究这一现象,国内也进行了一些分析,但仍然没有统一的权威概念。

有学者指出,生物剽窃实际上是指发达国家声称拥有发展中国家的遗传资源、传统知识和生物技术,或以不正当手段占有上述资源。他认为,生物剽窃不仅是一个法律问题,还涉及道德和正义。与此同时,他还意识到,对生物剽窃的修辞问题和对战略模糊性的考虑是"如果我们不能就其定义达成一致,就很难衡量这个问题的严重性,因此很难就应该采取什么措施达成一致"。

国内一些学者的研究表明,生物剽窃的实质是未经拥有生物资源和传统知识的国家或地区的同意和许可,在农业、医疗和医药领域进行研究和商业开发,然后利用各国不同的法律制度为其开发的产品或技术提供进军市场的空当,仅仅给予资源拥有国或地区一定的补偿或奖励而获取巨大利益的行为,也是将生物剽窃视为新一轮犯罪的一种手段发达国家的"圈地运动"。

一般来说,生物剽窃(biopiracy)是指发达国家未经资源拥有国或地区事先同意,利用生物技术优势开发和利用当地生物遗传资源,并利用自己的知识产权制度为该技术申请专利保护,以达到使其合法化的目的,即资源拥有国或地区无法获得应有利益的现象,即生物剽窃现象。

同时,生物剽窃具有以下几个特点。首先,从生物剽窃的主体分析,发达国家具有强大的资金优势和技术优势,可以利用现代生物技术提取生物遗传资源的实际或潜在价值。在遗传资源商业化开发过程中,现代科技公司、生物产业和研究机构不仅未经遗传资源所有者的许可和同意而申请专利,而且直接以遗传资源所有者获得的信息申请专利,更不会在相应信息和经济效益开发利用后与遗传资源所有者分享利益,在申请专利时为了享受专有利益而隐藏遗传资源的来源，借助排斥遗传资源所有者利用遗传资源。其次，生物剽窃的对象是生物遗传资源。发展中国家生物材料中普遍包含的遗传信息或基因，以及土著和地方社区关于保护和可持续利用生物多样性，反映其长期传统生活方式的知识、创新和做法。未经所属国家或地区许可进行开发和利用，视为剽窃。这一点在许多具体案例中得到了充分承认。从某种程度上说，生物剽窃不仅是对遗传资源产权的"剽窃"，也是对知识产权的特殊"剽窃"。

再次，在申请专利时往往会隐瞒遗传材料的来源。剽窃者在剽窃遗传资源后发开出先进的科学生物技术，在申请专利时隐瞒遗传资源的出处，从而独享巨大的经济利益。剽窃者在获得遗传资源后，将利用获得的信息直接申请专利，无须任何研究和简单的生物技术处理，或在收集相关信息和遗传材料以及一定数量的科学研究工作后，使原本不符合西方知识产权标准的遗传资源具有专利的新颖性、创造性和实用性。他们敢于剽窃遗传资源的最大动力是享受巨大的经济利益。

就遗传资源所包含的直接价值而言，遗传资源应当属于资源拥有国、土著和地方社区，遗传资源知识产权的相应利益也应当由遗传资源所有国分享。然而，实际情况是，发达国家不仅没有通过剽窃与遗传资源拥有国分享利益，而且在剽窃后借助进一步的专利申请，排斥或限制所有国家对遗传资源的享有和使用。根据现行的国际知识产权保护规则，当生物遗传资源剽窃者作为专利权人在一个国家获得专利时，其专利权将得到承认和保护。作为资源所有者，如果他试图再次向那个国家出售他的产品，这将被视为侵犯专利权。当生物剽窃者的专利被资源来源国承认时，意味着资源国人民使用自己的资源，但他们应承担侵犯生物资源剽窃者专利权的责任。最后，从生物剽窃的形式分析，生物剽窃的武器是尖端科学知识和现代知识产权制度。目前，生物剽窃频频发生的原因还包括发达国家利用自身的知识产权法律制度保护其剽窃的技术专利申请，以达到合法性的目的，从而可以肆无忌惮地占有和掠夺生物遗传资源。通过以上案例，我们可以得出结论，发达国家（资源使用者）利用先进的科学技术开发和利用生物遗传资源，并在未经发展中国家（资源所有者）同意的情况下申请专利，使其行为合法化，从而获得巨大利益。亚马孙部落的"死藤"事件、孟山都公司的印度瓜剽窃案和孟山都公司的茄子剽窃案只是冰山一角。生物剽窃的出现意味着发达国家和发展中国家之间的不平等关系。正是由于这种不平等关系，发达国家和发展中国家的利益不平衡，最终损害了发展中国家应有的权益。因此，我们应该通过国家立法和缔结国际条约，特别是从国际保护的角度，加强对生物遗传资源的保护。因为只有在国际社会的大环境和国际保护的大方向下，生物遗传资源的保护才会对发达国家产生一定的抑制作用。为了人类的可持续发展，我们还必须保护生物遗传资源，以减少甚至消除生物剽窃现象。

9.3.1.3 利益失衡的原因

生物资源属于国家战略资源，其地位逐渐上升，目前已有成为世界经济发展新的"引擎”之势。据相关数据报道,41%的西药有效成分是从生物遗传资源中提炼出来的,其中25%来源与植物,13%来源于微生物,3%来源于动物。目前医疗系统所使用的处方药和非处方药中约有30%直接来源于自然界,而抗癌药和抗生素中更是有高达70%的有效成分来自大自然。据统计,美国通过各种途径从他国获取的生物遗传资源占其研究总量的90%。考虑到生物遗传资源背后的巨大经济利益和生物遗传资源的稀缺性,发达国家反对任何形式的、对生物遗传资源的主权垄断和控制,并声称这是为了全人类的利益。为了实现世界资源的优化配置,发达国家主张生物遗传资源属于“人类共同遗产”,主张开放、自由获取和研究。其目的是为了方便掌握先进科学技术的国家进行研发,首先申请相关专利保护,进一步获取更大的经济效益。

1. 发达国家科技水平高,但生物遗传资源匮乏

发达国家不仅生物技术水平先进,而且资金实力也十分雄厚,借助良好的基础设施,培养了一大批生物方面的研发人才。以人才为后盾,发达国家只需要搜集生物遗传样本,科研人员便可提取具有研究价值的遗传信息改良现有资源,如在药学领域利用遗传信息制造新药等。但由于发达国家遗传资源极其匮乏,因此只能依靠掠夺发展中国家的生物遗传资源。发展中国家虽然生物遗传资源储备充足,但是相比较发达国家,其科学技术落后、经济落后、高端研发人才短缺,多因素导致发展中国家并不能合理利用本国生物资源。在利益的驱使下,发达国家对发展中国家不断进行着生物剽窃行为,也引起了国际社会范围的激烈讨论。

2. 生物遗传资源法律定位的缺陷

鉴于生物遗传资源所表现出的直接价值或间接价值,以及作为资源的稀缺性,发达国家总是会站在受惠者的角度,反对一切形式的对于生物遗传资源的排他性为,并声称这种行为是为了全人类的幸福和保证发展的持续性。为了能够获得更多的生物资源,发达国家长期以来一直主张生物资源属于共同遗产,发达国家若掌握相应的技术后,可在一定范围内进行任意开发,这一要求为发达国家进行生物剽窃提供了“理论依据”,为不法行为披上了合法的外衣。1982年的发布的《联合国海洋法公约》对国际海洋区域的也描述了与“人类共同财产”相关的内容。然而,同样的生物遗传资源,在开发前是全人类所共有,在被开发之后却成了发达国家的私有财产。由此可见,“人类共同遗产”这种说法还有待进一步商榷。由于生物资源位于特定一国境内,具有地理专属性,因此会受到相关国家的管理和控制,但“人类共同遗产”的内在思想却排斥国家主权,妄图淡化国界,以便发达国家行生物剽窃之实。此外,当所有生物遗传资源的国家都无法作为资源持有者获得利益分享时,就很难有效保护生物资源的遗传多样性。从表面上看,“人类共同遗产”的提出是为了解决人类生存和发展的问题,很显然,作为实际开发者的公司、研究机构只考虑自身能够获利多少,通过开发研究新的生物科技产品,销售全球赚取产品利润,主张“生物遗传资源属于全人类共同所有”只是其为了掩饰生物剽窃行为的遮羞布。

3. 专利法保护的范围逐渐扩大

究其根本，生物剽窃是先找寻具有实用或潜在价值的生物遗传资源，然后掌握具有研发价值的关键性遗传信息，借此开发成新的生物制品或对目前生物进行生物改良以培养优良生物性状，然后借以申请专利保护，最后通过商业方式攫取经济利益。因此，在生物剽窃的整个过程中，剽窃者不仅限于生物遗传资源的专利申请，还通过专业的生物技术开发和研究生物遗传资源的来源，制造新产品，向资源拥有国出售新产品，再次进行经济掠夺。专利法保护范围的扩大加速了垄断的形成，生物遗传资源及其衍生物已逐渐被发达国家实际接管。显然，这一现象不符合全人类的共同发展。

4. 获取和惠益分享制度不完善

1992 年，《生物多样性公约》中提出：缔约国应根据立法，尊重、维持和保存土著社区的传统生活方式，并鼓励公平地分享惠益。有学者汇总了国内外近 30 年生物剽窃的案例，研究后发现，在总计 108 例生物剽窃案件中，提及惠益分享制度的案例只有 6 个，其他案例完全没有出现过惠益分享的相关说明，即使在少数涉及惠益分享的案例中，也未见明确说明的惠益分享协议书[4]。考虑到生物剽窃的性质，若要避免剽窃，开发人员需要与所有生物遗传资源国家就生物遗传资源或传统知识商业化时的利益分享进行谈判。然而，在遗传资源属于“人类共同遗产”的理论指导下，在生物遗传资源的获取、开发和研究活动中，所有生物遗传资源国家根本无法获得应有的利益。这种做法违背了公平和正义的普遍价值观，不利于保护生物多样性。从长远发展的角度来看，这也将对生物遗传资源的获取产生不利影响。因此，合理、公平的利益分享实际上是一种“双赢”的措施。此外，在剩余的少数利益分享案例中，生物技术开发的利益分享仅停留在直接货币支付的利益上，不能满足不同类型和国家的发展需要。在国际范围内，生物遗传资源惠益分享的协议框架主要是以《生物多样性公约》为基础进行商讨的。《生物多样性公约》明确了生物遗传资源的获取与惠益分享原则，在尊重生物遗传资源国家主权的基础上促进生物遗传资源惠益分享的公平与公正。然而在具体实践中，各个国家对生物遗传资源惠益分享各执一词，分享不均衡引发的矛盾纠纷也层出不穷。尽管《生物多样性公约》描绘了获取与惠益分享的完美蓝图，但基于国际条约本身并没有对获取与惠益分享做出详尽的操作规范，是否遵守条约规范完全依赖于资源所有方与使用方，导致各国就生物遗传资源的惠益协议难以达成一致，进而加重了生物遗传资源相关国的立法负担。

一方面，许多反对获取和惠益分享制度的国家主张，根据《生物多样性公约》的规定，获取的对象只包括生物遗传资源，获取和惠益分享的范围可以尽量缩小。但事实上，生物遗产资源的广义定义非常宽泛，可以覆盖整个生物圈，因此，发达国家希望尽可能减少对生物遗传资源的定义范围，以利于生物剽窃。另一方面，在生物遗传资源的开发和研究中,发展中国家(资源所有者)根本没有得到他们应得的好处。既有发展中国家自身的原因,即立法体系不完善,也有国际环境的原因,即国际条约的执行力度不够。这不仅有利于保护生物多样性,而且加剧和升级了发展中国家(资源所有者)和发达国家(资源使用者)之间的冲突。

正是基于我国少数民族众多、人口基数大的特点,我国的人类遗传资源比其他大多数国家更为丰富,这也有助于研究人员更好地研究人类进化、基因多样性和致病基因。与此同时,我国也是生物数据的出口大国。我国大量的人类遗传资源样本和数据丢失,给国外数据中心和生物实验室进行研究,造成潜在的生物威胁。对此,谭家珍院士于1997年7月向国家呼吁,希望尽快采取措施保护我国现有的遗传资源,加快我国人类基因组研究的进程。国务院有关部门专门召开研讨会,探讨我国人类遗传资源的合理利用和保护政策,加快我国人类基因组研究。

9.3.2 生物安全证据与司法鉴定

2020年,全国共受理非法捕猎、杀害珍贵、濒危野生动物罪案件1127件,受理非法收购、运输、出售珍贵、濒危野生动物及制品罪案件2738件,受理非法采伐、毁坏国家重点保护职务罪案件716件,受理非法收购、运输、加工、出售国家重点保护植物及其制品罪案件114件。这些数据显示了我国生物多样性的司法保护取得了一定成效,得到了社会广泛关注。2016年最高人民法院《关于审理发生在我国管辖海域相关案件若干问题的规定(二)》中提及,“对案件涉及的珍贵、濒危水生野生动物的种属难以确定的,由司法鉴定机构出具鉴定意见,或者由国务院渔业行政主管部门制定的机构出具报告”。委托中立的专业鉴定机构进行物种鉴定,既合乎法律要求,维护法律的权威,又能够保障嫌疑人的合法权益。

鉴于我国生物遗传资源物种数量多、种类广的特点,司法鉴定机构在生物安全防控方向应秉持“广泛收集、妥善保存”的基本工作方针。建立、健全生物遗传资源保护、精确鉴定和动态检测体系,不仅仅局限于生物资源数量、分布,更要对其变化趋势开展动态监测并建立预警机制,达到能够客观反映地区生物资源现状、评估物种演替规律的实施效果。在生物性遗传资源的鉴定方面,需要依托于现有生物资源样本库,采用通用技术规范开展生物的表型调查,性状调查应从定性延伸至定量、从表型深入到生理生化。获得种质表型数据后,进入生物大数据库分析样品间表型遗传相似度,进行物种聚类分析和多样性分析。通过生理生化检测技术,分析生物生长与品质、发育、抗病等性状的生理生化指标,建立包括种质名称、分类学地位、地理来源、生理生化指标等信息的遗传资源表型库数据。基于短串联重复序列、单核苷酸多态性和插入缺失多态性等分子标记,解析物种结构特征和遗传多样性。

目前,全国已建立多家野生动植物物种司法鉴定机构。云南濒科委司法鉴定中心、江西野生动植物司法鉴定中心、华南动物物种环境损害司法鉴定中心和湖南省野生动物司法鉴定中心为我国建立时间较早的相关鉴定机构。鉴定机构主要开展野生动物、家养动物的、林木等其他资源的种属鉴定和保护等级鉴定，同时也为遏制、打击涉嫌非法走私盗猎国家重点保护动物、濒危动植物的违法行为发挥了关键作用。2020 年，浙江省开展建设野生动植物物种司法鉴定机构，依托于浙江省野生动物生物技术与保护利用重点实验室、海关总署物种资源检测鉴定区域性中心实验室（杭州）和浙江省林业科学研究院，将逐步完善该领域的司法鉴定体系建设。

9.3.3 立法与法律保障的现状

9.3.3.1 国际人类遗传资源的管理现状

国际当前人类遗传资源管理策略主要包括 5 个方面：一是发展人类遗传物质相关法律、法规和准则，从国家战略的角度加强人类遗传资源收集、收集、存储、出口、出境和研究与开发活动的监督管理[5-6]。例如，英国国会颁布了《人类的体质和应用程序的质量和安全人体组织条例》，这是英国对人类细胞、组织和器官等人类遗传资源材料管理的主要法律依据。2011 年 5 月，巴西国家卫生委员会发布了第 441/11 号决议，以规范用于科学研究的人类生物材料的储存和使用，并制订了关于知情同意、研究数据反馈、样本收集、管理、使用和废物的准则；同时，在国际合作研究方面，专门发布了第 292/99 号决议，以管理和监督与外国合作开展的研究项目以及涉及生物材料出口的项目。

二是设立专门的监督机构。根据《人体组织法》的相关内容，英国于 2005 年成立了人体组织管理局，依法监督和管理医疗、科学研究、尸检、教育和其他活动中人体材料的收集、保存和使用，从而确保人体组织使用的安全。同时，制订了符合伦理和知情同意原则的相关要求。加拿大于 2001 年成立了研究伦理机构咨询委员会。该委员会由加拿大的 3 个主要研究资助机构——加拿大卫生研究所、自然科学和工程研究理事会以及社会科学和人文研究理事会联合设立。其主要职责是促进和推动三个研究理事会的政策宣言，以实施、修订和改进人类遗传资源管理政策，并就特殊伦理问题提供解释和公众咨询。

三是加强与人类遗传资源相关的基础设施建设，在强化管理的前提下，加强资源共享和开发利用。2000 年，英国建立了国家战略项目 DNA 库网络，该网络属于英国国家基础科学研究平台。它的核心工作是收集和保存人类遗传资源样本和相关信息数据，并通过相关单位（英国曼彻斯特大学基因组医学综合研究中心）为大众提供服务。加拿大公共人口基因组计划通过整合基因组学、流行病学、社会科学、信息技术和专家平台网络，建立了与生物样本资源相关的大规模基础设施，履行协调管理、标准制订、信息共享、信息共享等功能。

第四,通过材料转让协议进行管理。国家卫生研究院专门发布了标准生物材料转让协议,以规范和管理科研项目中人类基因样本的转让。印度医学研究委员会发布的《涉及人体的生物医学研究伦理指南》规定,所有人体生物材料的国际转让应由机构伦理委员会审查,并附上双方的谅解备忘录和材料转让协议。

第五,丰富具体的事先知情同意程序。2001 年 10 月在德国波恩举行的获取和惠益分享问题不限成员名额特设工作组会议上达成了《关于获取遗传资源和公平、公平地分享利用遗传资源所产生惠益的波恩准则》(以下称《波恩准则》)。《波恩准则》是关于获取和分享生物遗传资源的一些具体安排的准则,并在其他国家的立法活动中发挥指导作用。该准则的主要作用是保护生物的可持续利用,并建立一个基本框架。目的是确保公平分享这些研究成果,尽可能实现缔约国之间的互助,并加强信息交换所机制。同时,它规定了利益分享制度,特别是指对一些社区的保护,重点是对土著人的保护,并针对保护当地社区提出了具体的保护规定。其中详细描述了知情同意程序,其原则包括在法律上必须符合法律所规定的范围和具有明确的所属、对获得的成本应该接近最低原则、法律明确规定获得的限制条款和应征得政府主管部门的书面许可。虽然《波恩准则》对事先知情同意的内容以及共同商定的条件和适当程序有比较完整的规定,并且可以有效地保护生物遗传资源。但是它是一种自愿规范,不具有约束力,不能取代一国的国内法。不过其规定的具体程序,对国家制定生物遗传资源保护相关法律具有不可替代的借鉴作用。

目前,全世界几十个国家和地区已陆续制定了法律、法规或指导原则来规范人类遗传资源的采集、收集和利用。简言之,现行的管理策略主要以下特点:对人类细胞、细胞等物理材料有很多规定,但对人类遗传信息的管理需要跟进;发达国家注重人类遗传资源的利用和管理,而发展中国家更注重人类遗传资源的保护和管理;人类遗传资源的出入境管理和国际研究合作的管理没有国际公认的标准。

9.3.3.2 我国人类遗传资源管理的现状

与西方发达国家相比,我国对人类遗传资源的立法还不够重视,存在较大差距。特别是在向科技强国转型的过程中,现行法律法规很难与发达国家关于人类基因技术的健全管理制度相比。我国的人类遗传资源治理模式属于国家审批模式。面对国外科研机构侵占遗传资源,我国只有《人类遗传资源管理暂行办法》(以下简称《暂行办法》)等不是很完善的相关规定,来维护国家生物安全。这些法规过于陈旧,无法有效服务于我国人类遗传资源管理的现状。2018 年 10 月,科技部公布了对包括华大基因(华大科技)、无锡阿普泰克、艾德生物、复旦大学附属华山医院、阿斯利康、昆浩瑞城等涉及人类遗传资源的行政处罚信息。根据处罚声明,调查发现,在上述 6 家机构中,存在未经许可将部分人类基因资源信息从互联网上转移、以人血清为犬类血浆非法售出、非法转移接收等违法行为。上述行为违反了《暂行办法》第六条:“未经许可,任何单位和个人不得收缴、收缴、购买、销售、出口、出境或者以其他形式提供。”但科技部仅能采取“警告”“没收并销毁违规利用的人类遗传资源材料”“撤销行政许可”等手段进行处理。行政处罚原则必须要有明确的依据,《暂行办法》并未规定具体的处罚条目及参照标准,导致行政机关不具备相应的处罚依据,表明该办法内容已难以满足我国人类遗传资源保护和利用需要,亟待完善。

大多数国家都从物种要素的角度对生物遗传资源的保护进行了规范,并逐步形成了完整的法律体系,我国也不例外。与直接立法相比,它体现了间接立法较多、规定较早的特点。由于我国人类遗传资源技术法律制定方面缺乏核心的立法理念,造成了各个部门分散立法,不同法律、法规、规章之间缺乏紧密的联系。在没有专门立法的情况下,我国与生物遗传资源保护相关的直接立法主要体现在《专利法》第 5 条对不授予专利权的限制性规定和《专利法》第 26 条对生物遗传相关专利权申请的来源披露制度。这些直接立法虽在客观上对遗传资源的保护起到了一定的作用,但一方面,数量太少,保护零碎,另一方面,从保护对象的角度来看,它只涉及生物遗传资源载体的保护,而没有关于遗传信息及其衍生物的规定,不能涵盖所有需要保护的对象。此外,还有一些关于生物遗传资源保护的间接立法保护,大多分散在单一的生物物种资源立法中,如《种子法》《森林法》《野生动物保护法》《水生种子苗木管理办法》等,可见,间接立法的保护模式并没有将生物遗传资源作为核心规制的目标。生物遗传资源的保护过于笼统,保护效果远低于直接立法。总体而言,现有体系对生物遗传资源的保护不够全面。

生物遗传资源的收集、保存、利用与发达国家仍存在一定程度的差距,增加了开展跨国合作的难度。保护链中的断点也使得国内生物遗传资源的利益相关者难以根据本国法律保护其权利。现有的制度是单独制定的,由于跨部门、跨领域,很难实现协调统一。因此,在信息贫乏的客观背景下,相关法律法规之间存在着诸多冲突和矛盾。例如,我国专利法在修订时采用了强制性遗传资源来源披露制度。该模型直接将来源披露与专利批准的有效性联系起来,目的是实现对遗传资源的严格保护,防止申请人利用通过窃取获得的遗传资源申请有效专利。然而,这种制度设计是在有效专利的基础上建立利益共享,而专利的有效性是讨论利益共享的前提。当专利申请被驳回、专利权未被授予或专利权被撤销时,可能产生的一项或多项利益将失去权利要求的制度支持。这反映了最严格的专利保护与实施利益分享机制之间的矛盾。同时,人类遗传资源相关法律与其他现行法律的关联性不强,如人类遗传资源带出国门等不良犯罪在刑法中没有明确规定,因此在实际管理中只能进行行政处罚,不能追究有关单位和责任人的刑事责任,除了行政法外,我国还缺乏专门的法律或具体规定来规范对人体遗传资源的盗窃。类似的情形还有很多,分散式立法受立法时间差异和立法部门不同的影响,难免在制度间的协调性上难以兼顾进而产生适用上的问题。鉴于我国相关部门规章和地方性规范性文件数量众多,相互冲突的规定也呈现出复杂的局面,需要做大量的协调工作,因此,有必要在专门立法出台后及时修订相关法律法规,实现系统间的协调运行。

目前,我国已缔结并参加了有关生物遗传资源保护的国际条约,主要包括《濒危野生动植物种国际贸易公约》《与贸易有关的知识产权协定》《生物多样性公约》等。经过国家的不懈努力,其中一些已成为国内法,但与我国现行法律框架不相适应。以《生物多样性公约》为例,作为一项框架公约,《生物多样性公约》为各国的国内立法提供指导。至于各国国内法应如何实践各种原则,《生物多样性公约》留下了相当大的空间,因此,要真正落实这些原则和手段,各国需要制定相关的法律机制。自《生物多样性公约》在我国生效以来,现有的法律法规已不能满足实施的需要,没有体现《生物多样性公约》的原则和精神,特别是缺乏利益共享的规定。作为《生物多样性公约》的主要成员国之一,面对生物遗传资源的严重流失,当务之急是积极开展相关立法,构建我国遗传资源获取和利益共享的制度体系,从而有效防止和改善我国生物遗传资源的流失。

9.3.4 现存问题与未来方向

9.3.4.1 我国生物遗传资源管理的现状与挑战

生物遗传资源是生物多样性的重要组成部分,直接影响着生物安全。随着生物技术的发展和生物遗传资源战略地位的凸显,生物遗传资源具有无限的经济效益潜力。要实现生物遗传资源的合理开发、利用和保护,必须建立完善的生物遗传资源法律保护体系。

1. 我国人类遗传资源管理现状

人类遗传资源是我国的基础资源,有效保护和合理利用这一资源,可以为我国未来医学科学和生物医学产业的发展提供重要支持。目前,我国人类遗传资源的管理现状主要体现在3个方面。

一是我国有关人类遗传资源保护和管理的法律法规并不完善。1998年6月10日,国务院办公厅转发实施了《暂行办法》,规定了我国人类遗传资源管理体制,我国人类遗传资源利用国际科技合作,为有效保护和合理利用我国人类遗传资源,加强我国人类遗传科学研究,为促进国际科技合作和平等互利交流发挥了积极作用。近年来,随着生命科学与生物技术、医学研究和临床实践的快速发展,国内外对遗传资源的认知发生了巨大的变化。《暂行办法》关于人类基因资源样品进出口审批制度的规定有待进一步细化,以明确我国人类基因资源采集保存管理措施。同时,《暂行办法》要更好地与《行政许可法》等现有法律衔接和协调,进一步明确参与者的法律责任,从源头上加强我国人力资源遗传资源的管理和保护。

二是我国正在加快有关人类遗传资源保护的法律法规的立法进程。生物遗传资源可以作为发明创造的基础材料，对生物遗传资源进行分析和提取，使所获取的商业产品和方法受到知识产权法的保护。放眼全球，世界上各个国家大都以知识产权法来保护遗传资源，这是遗传资源划拨到知识产权保护的现实需要。我国《专利法》第二十六条规定，对违反法律、行政法规的规定获取或者利用遗传资源，并依赖该遗传资源完成的发明创造，不授予专利权。其实施细则明确，专利法所称依赖遗传资源完成的发明创造，是指利用了遗传资源的遗传功能完成的发明创造。2015 年 7 月 2 日，根据《中华人民共和国行政许可法》及其他相关规定，科技部发布了《征收、征收、交易行政许可事项审批服务指南》，向公众出口和退出人类遗传资源。这意味着“分级管理、统一审批”的监管体系得到进一步推进。此外，在认真总结实施《暂行办法》的成功经验的基础上，积极借鉴国际规则和国外管理经验，加强对口管理的衔接，增强法律条文的针对性和可操作性，科技部起草了《人类遗传资源管理条例(报批稿)》(以下简称《条例》)，2016 年 2 月国务院法制办公室发布《条例》，征求各界意见，进一步研究修订，然后提交国务院审议。

2021 年 4 月 5 日，《生物安全法》生效。该法加强了对我国人类遗传和生物资源的收集、保存、利用和对外提供的管理和监督，规定国家对我国人类遗传和生物资源享有主权。境外组织个人及其设立或实际控制机构不得在我国境内采集和保藏我国人类遗传资源，不得向境外提供我国人类遗传资源。面对生物安全风险，一些发达国家已经开始在立法层面建立国家生物安全预警系统，因此，有必要在《生物安全法》中明确生物安全属于国家安全范畴，并将其纳入国家安全总体分类体系。《生物安全法》遵循风险防范和分类管理的原则，在规定国家生物安全管理各项基本制度的基础上，结合人类遗传资源保护特点，细化了人类遗传资源调查制度、申报登记制度、伦理审查制度、行政审查制度、报告备份制度、股权分置制度等，形成了严格的人类遗传资源保护网络，对于将生物安全法律制度的优势转化为人类遗传资源的治理效率具有重要意义。

三是我国正在积极加强人类遗传资源基础设施建设。在过去的 2 年中，我国在上海、山东和江苏建立了四个区域中心，对各自区域的研究机构进行了标准化和整合，但在国家层面尚未形成统一标准。在科技部“生物安全关键技术研究与开发”的支持下，投资 4000 多万元，建设统一标准化、标准化的人类遗传资源样本数据库、共享网络和信息平台，并研究相应标准、规范和质量控制体系，以研究人类遗传资源信息分析、挖掘和利用技术，海量人类遗传资源信息的表达、索引、存储、集成和可视化技术，实现可管理性及我国人类遗传资源样本的可控性和可追溯性。我国建立了区域中心、项目样本管理组织、产业联盟和企业商业化虚拟生物数据库 4 种共享模式，为推动各研究机构共享人类遗传资源提供了平台。

2. 我国人类遗传资源管理面临的挑战

虽然我国人类遗传资源的管理已经取得了很大的进步，但是面对庞大的人口基数、丰富的遗传多样性和生物技术和信息技术的快速发展，以及越来越多的国际合作交流，我国需要更好地确保合作单位和研究人员的权益。因此，我国的人类遗传资源管理面临着诸多挑战。

首先，缺乏关键制度。主要为生物遗传资源名录制度和知情同意制度。通过收集和编制名单来确定人类遗传资源的需要，这也是实现资源保护、明确资源所有权和确定利益攸关方的基本问题。统计和信息的缺乏会使一些人类遗传资源在不被注意的情况下发生变化。目前，我国对人类遗传资源的收集和保护程度远远不够。原因在于，人力资源遗传资源名单没有上升到机构层面，导致调查统计远远落后于现实，信息基础陈旧。所有普查、收集和保护行动都取决于系统中详细和明确的准则。

此外，事先知情同意制度是资源获取领域的基本制度，也是实现资源利益公平共享的前提和基础。《生物多样性公约》要求缔约国尽快在国内法中实现事先知情同意制度的规定，但我国在《生物安全法》制定前，没有提供事先知情同意制度，导致收购制度不完善，形成闭环保护，让犯罪分子有机会利用漏洞侵犯我国的资源权益。我国现行的收购法规侧重于为申请的审查和许可设定条件，包括申请的遗传资源的类型、数量和后续使用方法。然而，在有关事先知情同意的要求方面，它只满足“知情”和“同意”的要求，没有对“事先”做出明确的要求，条文的模糊性掩盖了实践中潜在的争议。

其次，有效的保护是不够的。随着基因测序技术和信息技术的飞速发展，非法采集、采集和扣押的人类遗传资源已经从传统的人体组织和细胞等物理样本转变为人类基因序列等遗传信息。从国外携带基因样本到通过互联网向国外发送基因数据的方式也发生了变化。由于个体的遗传信息完全由各种人体组织携带，不能像其他个人信息一样单独提供，因此一旦获得了人类遗传资源样本（如血液、唾液等），理论上就可以获得所有个体的遗传资源信息。若个人提供含有遗传资源的样本，他们将基本上失去对其所有人类遗传资源信息的控制。此外，收集个人遗传资源信息的机构也可能与第三方共享信息，如政府部门、科研机构甚至保险机构，第三方也可能与更多合作伙伴共享信息。即使初始采集机构删除了其保留的遗传资源信息，跟踪每个共享路径并删除所有机构存储的人类遗传信息不仅在技术上很困难，但同时也面临着这样一个问题：当这些机构被拒绝删除时，法律是否可以强制它们删除自己的遗传资源信息。在国家层面，对人类遗传资源信息的控制也被削弱。在信息时代，各种信息传递渠道，巨大的信息流通规模，更多的秘密信息传递手段，使政府难以对企业乃至个人的人力遗传资源信息流进行监督和控制，这大大增加了执法的难度。

中国生命科学研究人员高度依赖国际生物信息学数据库和其他机构提供的服务。许多研究人员开始使用高性能计算机或云计算来分析人类遗传资源信息，操作实验设备，并在其中存储人类遗传资源信息。然而，这些新技术的应用将带来新的风险，风险威胁主要来自两个方面：一是网络中可能出现计算机病毒，这种病毒可以侵入生物实验室，并获得实验设备的控制权。第二，犯罪分子可能以 DNA 为攻击媒介，将恶意软件代码融入 DNA。一旦测序计算机解码 DNA，恶意软件将被“解锁”。甚至罪犯也可能使用相关软件和数据库设计或重建危险病原体。无论基因序列数据库遭到恶意入侵，还是罪犯通过数字手段故意破坏新的 DNA 分子，后果都将是灾难性的。因此，我国人类遗传资源信息管理的相关理念和模式需要进一步加强和调整。

最后，共享机制不健全。我国在资源的收集、保存、开发利用等方面仍缺乏标准，在资源共享和开放合作方面缺乏科学实践指导，制约了我国人类遗传资源的整体保护和利用。世界上许多私人和国家机构都在共享人们的个人信息，信息的来源也在不断扩大，如医院、银行、手机、购物、健身卡等，这些数据和信息足以对个人进行画像。交叉分析人们的行为、习惯和人类的基因数据可能预测未来的趋势。因此，有必要运用和检验人类遗传数据风险识别、风险评估、风险管理和风险治理的指标体系和运行程序，以形成符合我国地域特点的人类遗传数据特殊风险的基本认识、文化特征和制度背景。并对典型人类遗传数据库现有治理情况展开调研，从人类遗传数据库的一般风险与特殊风险出发，评估现有治理体系对风险的控制能力，从伦理风险的视角全面总结人类遗传数据未实现集成化阶段的既有治理挑战，同时分析大数据时代人类遗传数据库共享可能面临的继发挑战。在这个大数据的时代，很多问题现在可能不会发生，但随着科学技术的创新升级，许多新情况在未来可以开发。因此，预测和前瞻性思考，讨论我们今天面临的问题的人类基因数据共享和流动是一个具有重要意义话题。

9.3.4.2 国外生物遗传资源管理经验

如前文所述，生物遗传资源方面吃亏的多为发展中国家，其共同特征都是具有极为丰富的生物遗传资源，但由于经济发展水平的有限性，暂时不具有先进的开发利用技术，并且存在管理体制不完善、分散管理等弊病。不少发展中国家在进行改革后，取得了较好的实效，此成功经验可为我国借鉴[7-8]。

1. 印度

印度是一个生物遗传资源丰富的国家，也是一个生物遗传资源遭到严重掠夺的国家。为此，印度采取了一系列法律措施，并构建了相关制度来保护其生物遗传资源，包括相关的立法和监管改革。

在成为《生物多样性公约》缔约国之前，印度关于生物遗传资源的法律比较分散，主要集中在《种子法》《专利法》《野生动物保护法》《环境保护法》等法律中。印度成为《生物多样性公约》缔约国后，其政府也加快了针对各项生物多样性保护法律的立法进程。2002 年，印度颁布了《生物多样性法》，这是一项关于生物遗传资源保护的综合性立法，并为其配套制定了《生物多样性条例》，增加该法律在实际应用中的可行性。印度 2002

年颁布的《生物多样性法》遵循了《生物多样性公约》的立法目标，即保护生物多样性；可持续利用其组成部分和公平利益分享，以及相关或附带事项的规定。《生物多样性法》的主要内容包括生物遗传资源的基本规定、准入控制、国家生物多样性管理局的结构和职权等方面的调整范围，对各种收获生物遗传资源的活动进行了不同程度限制，无论其是否被应用于学术研究或商业活动，但使用传统方法采集和利用生物遗传资源的活动除外。此外，在生物资源保护方面，法律对涉及外国人的活动有更严格的要求。印度政府对本国人民实行相对宽松的管理制度，对外国人实行许可证制度。就该法规定的收购程序而言，首先，在计划收购前，应当自觉向有关主管部门提出申请，同时区分国内外公民的申请。具体来说，对于国内公民、法人和组织以及非印度公民、法人和组织，在准备获取生物遗传资源之前提出了不同的要求，对于外国公民，法人提交的申请应通过其主管部门，而对于其公民，法人和组织，只需通知即可。二是申请提交后，由主管部门批准。未经批准，不得取得任何生物遗传资源，但印度公民、法人和组织除外。利益分享由国家主管部门办理，国家主管部门制定利益分享指引，为实现利益分享提供参考。《生物多样性法》第21条明确提到了为公平分享利益而共同商定的条件，这完全符合《生物多样性公约》的要求。同时，文章还列举了利益分享的几种主要类型。从利益分享的规定来看，国家主管当局在利益分享安排中发挥着决定性和主导作用。此外，《生物多样性条例》还列出了公平利益分享的相关标准。制定这些标准将使实现《生物多样性公约》和《生物多样性法》的目标更加可能。

为了加强生物遗传资源的有效管理，印度结合本国国情，选择采用三级分散管理制度。在国家、邦和地方各级分别增加了国家生物多样性管理局、邦生物多样性管理局和生物多样性管理委员会。国家生物多样性管理局是印度生物遗传资源管理的最高权力机构，拥有许多职权，如指挥与印度生物遗传资源有关的事务，就国外获取和利用生物遗传资源的具体事项做出决定，包括外国人的申请和批准，以及与生物遗传资源有关的发明专利的管理，并控制其成果向外国人转让。同时，总局可以参与利益分享条款的谈判。作为当事人参与具体的获取和惠益分享和咨询活动。此外，国家生物多样性管理局，在行使职权时可以建立专家委员会，根据形势的需要，寻求他们的意见。国家生物多样性管理局的参与主要包括：根据中央政府的明确授权，为国家政府的行为生物多样性目标确定建议的事项；通过国内公民、法人或组织或其他应用程序的生物遗传资源和管理；对于生物多样性的行为，限制违法行为和活动参与和惩罚。

生物多样性管理委员会作为一个管理机构，主要负责归档数据、规范生物多样性的使用和促进生物遗传资源的可持续利用，包括保护当地人口、民间品种和栽培品种，家畜种群和动物和微生物的栖息地保护、相关数据的编辑整理等，研究并综合考虑国家行政管理部门提交的申请事项，并提出合理的意见和建议。国家行政主管部门和邦行政主管部门在决定管理委员会管辖范围内的生物遗传资源时,应与管理委员会协商,并充分尊重、考虑其意见。它还向国家总局和邦管理局提出有关生物遗传资源方面的相关决策,都应参考生物多样性管委会的意见和建议,换言之,该委员会在此领域发挥着不可替代的作用。同时,为了确保各种管理机构在生物遗传资源保护和管理方面的有效性,印度还在各级管理机构设立了相应的生物多样性基金,如国家、邦和地方生物多样性基金,作为财政支持。该基金主要用于向索赔人付款、保护生物遗传资源、补偿受到经济影响的主体、批准获取生物遗传资源或相关信息所在地区的社会和经济发展。

2. 巴西

巴西地处热带雨林地区,拥有丰富的生物遗传资源。1994 年,巴西加入了《生物多样性公约》,并将其升级为国家一级的法律。此外,巴西特别重视生物遗传资源法律法规的建设,如《遗传资源获取法》(1998 年)、《巴西生物多样性和遗传资源保护暂行条例》(2001 年)和《植物品种保护法》(1997 年)。

《生物多样性和遗传资源保护暂行条例》是目前巴西生物遗传资源保护的标杆。该法主要对生物遗传资源相关的获取与共享活动、生物遗传资源管理机构的建设与运行,以及传统知识的保护等做出了一系列规定。《生物多样性和遗传资源保护暂行条例》第 16 条对资源获取的两级事先知情同意制度做出了明确规定。一方面,若要获取或使用属于巴西境内的生物遗传资源或相关传统知识,需要提前向当地管理委员会申请《获取与运送许可证》。另一方面,管理委员会在发放许可证时,必须获得生物遗传资源实际供应者,如私有土地主、土著社区、保护区主管机构、国防委员会、海洋主管机关等的事先同意。

在利益分享方面,《生物多样性和遗传资源保护暂行条例》规定,巴西国内机构或驻外机构联合开发研究的相关产品或利用生物遗传资源产生的利益,应当由参与者公平合理地分享。此外,该条例还规定,虽然巴西联邦政府不参与签署《遗传资源利用与惠益分享合同》,但也需要确保可以获得一定份额的利益。条例规定,为商业利益非法获取生物遗传资源的,责任方应当支付相应的损害赔偿金。

《生物多样性和遗传资源保护暂行条例》承认土著人民或地方社区有权创造、发展、拥有或维护与遗传资源有关的传统知识。这些权利包括:第一,基于传统知识要求披露的权利;第二,未经授权阻止使用和实验传统的权利;第三,从第三方开发相关传统知识中获得利益的权利。巴西环境部所直接管理的生物遗传资源管理委员会,是对巴西生物遗传资源进行直接管理的主要管理部门,它所管辖的范围涵盖了协调实施管理生物遗传资源的政策,制定各项生物资源相关的标准、准则,参与编写《生物遗传资源利用与惠益分享合同》指南;审理生物遗传资源采集或利用的申请工作;审批生物遗传资源相关的惠益合同;促进有关事项的讨论与公共协议等。2002 年初巴西政府宣布设立遗传资源司,是生物遗传资源管理委员会的执行秘书。遗传资源司的职责包括全面贯彻落实委员会的具体决议并及时反馈;参考生物遗传资源管理委员会的决议,签发生物遗传资源使用许可证,或委派国家或联邦公共管理机构,向国内公共机构做出授权;委派国内公共机构作为资源保管机构;公布巴西依据国际协定所制定的生物交流物种;牵头建立国家生物遗传资源收集登记中心、日常维护数据库;定期公布生物遗传资源相关管理规定,如《获取与运送许可证》《材料转让协定》等。另外,巴西政府并不直接介入生物遗传资源的相关交易,而是由资源所有者与资源利用者进行协商,在双方同意的前提下制定并签订合同,自行交易,政府需要做的是对合同进行审批,目的是寻找合同中的条文是否会对本国生物遗传资源安全造成威胁。与此同时,巴西建立了生物开发信托基金,目的是为了保障生物遗传资源的提供者和利用者的公平惠益。

3. 澳大利亚

拥有丰富生物遗传资源的澳大利亚,在科技不断进步、生物技术突飞猛进发展的今天,面对本国生物遗传资源流失的现象,已开始着手对生物资源的保护与利用进行规范。为了实现资源的可持续性和遗传资源的保护,澳大利亚政府重视立法保护,并颁布了一系列法律法规。例如《环境保护和生物多样性保护法》(1999 年)和经修订的《环境保护和生物多样性保护条例》(2005 年)。当该法律上升到国家一级时,各国纷纷做出回应,并开始为生物多样性遗传资源立法,并建立相关的利益分享机制。《环境保护和生物多样性保护修订条例》对获取和利用澳大利亚本地物种的生物遗传资源的生物活动建立了相关法律框架。该部法律由两部分组成,均是澳大利亚联邦规范生物遗传资源获取和惠益分享的现行立法。条例建立的准入和利益分享制度基本符合《生物多样性公约》的要求,但在某些方面也显示出其独特的一面。首先,修订后的条例没有明确采用“事先知情同意”的概念,而是使用了“知情同意”。在名称上,两者似乎没有什么区别,但在内涵上却有很大区别。前者需要时间限制,需要向管理部门进行提现申请,同意后方可利用生物资源,而后者则没有限制,意味着允许随时申请对生物遗传资源的使用,这显然会增加生物资源的保护难度。在利益分享方面,修订后的条例没有使用“共同商定条件”的概念。它将“共同商定的条件”替换为“利益分享协议”,但这种替换只是形式上的。同时,还明确列出了《利益分享协议》应包含的内容。此外,修订条例亦清楚说明为不同目的而进行收购的不同规定。最后,修订条例将环境影响评估制度应用于遗传资源的保护,这也是该条例的一大特色。简言之,修订后的条例更能反映澳大利亚的现状和未来需要。

澳大利亚的生物多样性资源管理是在不同层级上实施的,分为联邦政府和各州、地区和自治区政府。联邦政府的主要职责是研究并制定生物遗传资源保护的法律法规以及政策,并对当下生物遗传资源相关活动提出指导意见,审查审批生物遗传资源的对外合作和进出口是否存在违规行为。州和地区政府负责在联邦政府的指导下,结合实际情况，制定符合该地区具体情况的法律法规，并直接负责参与生物资源获取和利益分配的日常管理。但在过去，澳大利亚对生物遗传资源的管理是混乱的，尚未形成统一的管理部门。例如，农业机构负责作物生物遗传资源，林业机构负责林业遗传资源，海洋机构负责海洋遗传资源。同样，不同地区的资源申请工作也应向不同的管理部门申请批准，一般土地上的资源收购应向自然资源部门申请；在国家公园内收购的，应当向国家公园管理局提出申请。不同部门各自为政，相关制度法规各有优势，程序也不尽相同，这使得资源使用者在处理具体程序时有很多困惑和困难。随着科学技术的飞速发展，澳大利亚对生物遗传资源陈旧的管理体系已无法适应世界发展的节奏，于是着手从根本改变以往分散的多部门分散管理，转变为集中管理的模式。联邦决定将对生物遗传资源的直接管理权移交给环境部，并对生物资源的批准、获取和使用等一系列程序做了统一规划。另外，还设置了一个新部门——生物多样性工作组，主要负责对本国各地生物遗传资源相关活动的调查工作，以及《生物多样性公约》在各地的履行情况。如果在该部门在调查过程中发现了诸如生物遗传资源被外国利用，但澳大利亚政府并没有收到任何利益等情况，该部门可将该情况直接上报各级部门，并参与对类似事件处理方式的讨论。

9.3.4.3 我国生物遗传资源管理的有关建议

为了进一步贯彻落实《国家创新驱动发展战略纲要》和“十四五”国家科技创新规划的重要精神，在加强规范化管理的同时，要积极推进科技创新的引领效应。充分发挥国家在制定人力资源相关法规、政策、计划和标准方面的引导作用，支持有条件的研究机构、企事业单位参与建立健全人力资源保护和利用机制，鼓励公众参与人力资源保护活动，形成多元化保护和共享利用的格局[9]。

1. 继续完善有关人类遗传资源利用及国际合作等活动的相关法律法规

在开发生物遗传资源时，我国应首先坚持主权原则，坚决反对生物剽窃等损害国家利益的行为，避免损害扩大。目前，我国生物遗传资源流失严重，特别立法迫在眉睫。立法层次的选择必须结合我国国情。我们可以采取循序渐进的方法，为了及时、有效遏制我国生物遗传资源的损失，现有的自然资源法律可以归纳整合，引入特殊的行政法规，并在实践中逐步完善的法律水平，生物遗传资源法律保护的实现。考虑到生物遗传资源立法在我国仍在探索阶段，相关法律法规仍存在相互交叉或重复，且有涵盖不全面之处。理顺复杂的规则，建立一个对生物遗传资源获取、利用和惠益分享活动解释到位、涵盖全面的法律体系是非常重要的。生物遗传资源保护的法律和法规在我国应该扩大保护范围，除了一些珍贵的野生动物资源，其他普通的动植物资源和微生物资源也要充分重视，特别是加强保护食物、医药等重要的战略资源。此外，立法不仅要突出对生物品种的保护，而且要强调生物遗传资源和遗传能力的保护，完善生物遗传资源的保护措施，提出明确的生物资源保护方案和相关指标，并明确相关的系统设计。

在学习各国有关法律法规的同时，结合我国实际，明确人类遗传资源研究利用的法律法规范围，致力于运用法律服务于各类科技研发活动，保障公众健康和生命安全，同时需要调动科技人员自主创新能力，在掌握当今先进技术的前提下，努力拓展人类遗传资源的研究领域，不断研制新产品，为我国生物科学技术助推，进一步服务社会大众。

2. 明确人类遗传资源的监管机构和职责

目前，《暂行办法》为人类遗传资源相关活动的行政许可管理提供了法律依据。随着科学技术的进步和社会的发展，人类遗传资源管理面临着管理链条长、覆盖范围不断扩大等新的挑战。要进一步明确各部门的具体分工，避免工作内容重叠、重复、遗漏等问题。为了更好地将法律规范转化为实际应用中的约束力，有必要承担生物遗传资源领域的日常管理工作，建立更加完善的机制、制度和执行机构。由于生物遗传资源的应用具有高度的专业性，单一部门对其进行管理难免会力不从心，与此同时，考虑到生物遗传资源分布广、种类多的特点，需要针对不同生物资源需要进行分类，然后专门设立管理机构进行管理，细化了各管理部门的职能。总之，参考各国对生物遗传资源管理现状，一个较为理想管理模式是独立部门主导，以下各级单位分级分类管理。很显然，我国目前对生物遗传资源的管理仍存在管理松散、各部门之间沟通少等，随着全球化进一步发展，这些问题也将会逐渐放大。要解决这一问题，一方面要尽快确定专门的生物遗传资源管理部门，另一方面要更加明确现有各级管理机构和科研机构的职责和能力。讨论生物遗传资源的具体制度安排时，应当首先对于生物遗传资源的特点进行探究。生物遗传资源的利用方式决定了它与科技的进步和产业政策息息相关。生物遗传资源实质上是一种信息资源，具有客体上的无形性，这使得它类似知识产品，能够轻易地实现跨地域的传播和反复利用。因而，对于生物遗传资源利用的监管，物理上的利用数量不应当成为起决定性作用的考量要素。随着《生物安全法》的实施，相信这些情况能够得到一定改善。

3. 建立国家生物样本及相关信息资源共享平台

目前，我国尚未形成集约化、规模化的生物样品数据库，难以满足当前生物医学科学技术的发展。积极推进国家人类遗传资源样本数据库和配套国家数据信息数据库建设，可以实现我国对人类遗传资源的收集、保存活动的长期跟踪监测制度，逐步建立健全我国人类遗传资源共享机制，从而更好地发挥我国人类遗传资源开发利用的优势。

建立国家生物样本及相关信息资源共享平台，可以借鉴英国生物银行的运作机制，在现有四个区域中心的基础上，在全国其他地区建立新的区域中心，并在国家人类遗传资源数据库中进行统一管理，形成内部组织关系。外部依托政府支持，建设完善的软硬件设施（信息网络系统、标准化存储条件、数据分析计算技术、法律法规等），并提供专家技术审查和监督。国家人类遗传资源数据库可以在一定程度上整合收集和管理遗传材料的功能，同时开展研发工作，为资源提供者和资源使用者提供交流的平台。资源库从中性的角度分析收集遗传材料的可行性和盈亏比，然后制订以资源提供者为中心的资源收集方案。同时将该数据库在全国推广，鼓励研究者从数据库申请遗传资源的使用，同时数据库行使对生物遗传资源使用申请的审查职能，通过对申请者提交的科学证明以及伦理生命进行全面审议后，决定是否同意其使用遗传资源。作为交流平台，数据库提供对生物遗传资源的咨询服务，对生物资源的使用及后续惠益方案提出指导性意见。

4. 加强我国生物遗传资源采集保存技术规范和标准建设

随着科学技术的不断发展，越来越多未知的生物遗传资源逐渐被人们发现，为了适应当前的发展趋势，在及时发现并整理新发现生物资源的基础上，减少重复工作所带来的浪费，需要加快我国科研平台基础建设，注重转化研究的运行质量、利用效率、成功率和共享率评价。统一的技术规范和标准是人类遗传资源样本数据库利用和共享的前提和基础。从行业规范的角度看，要在国家层面建立统一的标准，并结合人类遗传资源相关法律法规的宣传、实施和培训进行推广应用，为构建人类遗传资源共享平台奠定基础。要在开展遗传资源收集和保护的基础上，加强生物技术研究，培育具有自主知识产权的生物技术和生物产品，提高我国在国际市场上的竞争力。由于生物遗传资源的特殊性，在资源开发过程中更需要法律和政策保障，从制度上规范生物遗传资源的研发行为。同时，由于我国生物遗传资源大部分位于边远地区，与发达地区相比，这些地区在生物资源研究方面的资金投入有限，更需要政府的财政支持。在生物技术研究和生物遗传资源开发过程中，要调动所有参与者的积极性，形成企业、科研机构和政府之间相互合作、相互保障的利益链。在政府决策引入专家咨询制度，特别是吸收生物产业、生物资源利益共享、对外贸易等领域专家学者的意见，提高政府决策的科学性。在生物遗传资源研究的选题上，要更加重视企业和科研机构的作用，形成以科研机构为主、企业和个人参与、政府支持的良性发展模式。在生物遗传资源开发利用的全过程和各阶段，要加强专业技术人才的培养，形成各学科，各领域的交流与合作机制。

5. 完善我国惠益分享法律机制

针对我国现有制度仍存在许多不完善之处的情况，有必要结合现有的制度，在解决当前问题的基础上，参考他国的实践和经验，确立鼓励科学开发生物遗传资源的政策取向，建立专业化的遗传资源获取和惠益分享法律制度。关于生物遗传资源惠益管理制度的对象，正如前文对生物遗传资源概念的讨论所述，不应该局限于生物资源本身，还应拓展到同样具有遗传信息的衍生物。对于生物遗传资源的利益分享制度，不仅应适用于生物遗传资源及其衍生物的范围，还应适用于通过使用这些资源及其衍生物进行商业开发所获得的利益范围。就适用主体而言，其范围应包括相关行政部门、国内外商业机构、科研机构和个人等。就适用活动而言，涵盖生物遗传资源管理、获取和利益共享等活动，在我国境内出口和出境，涉及所有学术科研活动和商业开发活动等。进行惠益共享协商工作的时候,需要生物遗传资源所有者和使用者制订遗传资源的取得和惠益共享的协议约定,使得合作双方都受到法律的保护。然而,惠益分享协定的制订存在着一系列困难,其中最突出的是各主体对利益的衡量不同,很难公平地使生物遗传资源所有者和使用者分享由生物遗传资源产生的利益。因此,需要政府发挥指导作用,加强对生物遗传资源惠益分享相关活动的管理,规范生物遗传资源惠益分享活动,同时应加强对惠益分享的宣传教育,让交易双方能够以公平分享为指导思想,实现公平公正地分享由生物遗传资源利用所产生的惠益。同时,也应建立完善的惠益监管体系。国家需要运用行政权力对惠益分享协议的主体、内容、形式和执行情况进行监督和制约,且国家对惠益分享协议的行政管理权应优先于协议签订双方享有的民事合同权利。另外,由于涉及生物遗传资源惠益的周期较长,因此对其进行监管是需要明确负责到底、全程监管的工作原则。对于生物遗传资源的提供方与使用方在最初订立的惠益分享协议中没有包含关于商业化的内容、最终却转向商业化利用的情况,双方需要重新取得事先知情同意,订立共同商定条件。

然而,我国目前也需要着眼于解决国家管辖范围外的生物遗传资源惠益制度空白所带来的问题。首先需要参考各类国际条约法,以此为基础进行跨国生物遗传资源合作机制的完善。为了在对外交流中实现真正的公平、公正,需要制定更加明确的法律条文,尤其是针对粮食、海洋生物或药用生物等研发价值较高的物种,甚至需要结合实际情况进行专门细化。对于协议中虽然涉及资源所有者可以从开发者处获得利益,但是并不包含利益分配的问题时,需要参考世界卫生组织根据公共卫生风险和需要的原则,就利益分配制订公平基准。

(郭亚东　黄代新)

参考文献

[1] 郭玉婷,郑海荣,张钰,等. 青蒿的化学成分及药理作用的最新研究进展[J]. 西北药学杂志,2023,38(6):241-249.

[2] 舒晓婷. 2023 年中国大豆进口量有望超 1 亿吨[N]. 21 世纪经济报道,2023-12-19(5).

[3] 丁静,张骁,任超. 北京鸭“翅膀”更硬了! [N]. 新华每日电讯,2023-10-05(3).

[4] 王艳杰, 武建勇, 赵富伟,等. 全球生物剽窃案例分析与中国应对措施[J]. 生态与农村环境学报, 2014, (2): 9.

[5] HOELMER K A, SFORZA R F H, CRISTOFARO M. Accessing biological control genetic resources: the united states perspective[J]. Bio Control,2023,68(3): 269-280.

[6] RHODES C. Potential international approaches to ownership/control of human genetic re-

sources[J]. Health Care Anal, 2016, 24(3): 260 - 277.

[7] 王琳.我国生物遗传资源法律保护研究[D].南昌:江西理工大学,2016.

[8] 杨朝飞.澳大利亚、新西兰有关遗传资源管理的启示[J].世界环境,2001(1):4.

[9] 敬赟鑫,李宗阳,李彩霞,等.我国人类遗传资源研究风险点分析及优化建议[J].现代商贸工业,2023,44(22):177 - 179.

第 10 章
职业与生物安全威胁

由于职业原因而暴露在有害危险因素中,进而有可能损害健康甚至危及生命。如医务人员在从事诊疗、护理活动过程中有可能接触有毒、有害物质,或传染病病原体,从而损害健康或危及生命的一类职业暴露。医务人员职业暴露包括化学性、感染性和放射性等,其中感染性职业暴露最常见,且危害性也最大。如暴发烈性传染病等重大疫情时,医护人员长时间与患者接触,暴露率在60%以上,很多护士针刺暴露率达80%以上,这种情况在基层医院尤为突出。

10.1 职业引发的生物威胁案例

10.1.1 意大利因新型冠状病毒导致医护感染过万

据意大利外科和牙科医生联合会统计,截至当地时间 2020 年 4 月 4 日上午,该国因感染新型冠状病毒去世的医生达 77 人。另据意大利高等卫生研究院 3 日公布数字显示,已有 11252 名医护人员感染新型冠状病毒,约占总确诊病例的 10% 。意大利医务工作者感染比例为何如此之高?

10.1.1.1 防护设备紧缺

意大利伦巴第大区科多尼奥镇的医生纳塔利在抗击疫情的一线因感染新型冠状病毒殉职。他在确诊感染之前接受采访时表示:“我们必须使用医疗手套工作,但是已经用完了,显然我们没有为这场疫情做好准备。”他对着镜头拿出免洗消毒液表示,在没有手套的情况下工作了好几天,只能用它来做防护。

国际护士委员会表示，他们已连续几周警告防护装备问题，“医务工作者不是超级英雄或天使，他们是有家庭和孩子的普通人，只有得到足够的保护才能无所畏惧地履行职责，帮助患者。政府必须立即让防护装备到位。”

此前，意大利要求欧盟激活欧洲民防联盟机制，请求其他欧盟国家支援医疗用品，但没有国家响应欧盟的号召。3 月 12 日晚，由国家卫生健康委和中国红十字会共同组建的抗疫医疗专家组一行 9 人抵达罗马，并携带部分中方捐助的医疗物资。3 月 18 日，第二批中国抗疫医疗专家组一行 13 人抵达米兰，随机携带呼吸机、双通道输液泵、监护仪、检测试剂等 9 吨中方捐助的医疗物资。

10.1.1.2　超负荷工作，身心俱疲

意大利博洛尼亚医院感染科负责人告诉路透社记者，疫情暴发以来，他一个人要干 3 份活，几乎全天候工作。他们医院许多医生在救治本院患者之余，还要赶往当地其他小型医院提供援助。

本次疫情期间，意大利至少 50% 医生参与救治工作，除了生理上的疲惫之外，还有医务工作者出现心理问题。据意大利《共和报》报道，威尼斯一名 49 岁抗疫一线护士 18 日投河自尽。警方调查后发现，这名护士原先并不在医院感染科工作，疫情暴发后自愿参与新冠病毒感染重症患者的医护工作。在照顾患者期间，这名护士出现发烧症状，于是接受了检测。但是在获得检测结果之前，她就选择结束了自己的生命。

为应对医护人员短缺问题，意大利政府已动员万名尚未毕业的医学生提前投入到一线抗疫工作中。政府允许 2020 年即将毕业的医学院学生提前 8 ~ 9 个月开始工作，并免除他们获得从业资格的考试。“这将意味着，可以为卫生系统增加 1 万名医生，对于缓解医生短缺至关重要。”

针对医务人员不足的困境，贝尔加莫一所医院多名医生在《新英格兰医学杂志》上发表文章指出，意大利大部分医院人满为患，医生和设备不足，因为西方医疗体系以患者为中心，但是当遇到大规模流行病时，应该转换为以社区为中心的体系，在公共卫生方面做更多努力，而不仅仅是医院的单方面行动[1]。

10.1.1.3　医护人员的检测不到位

据美国新闻网站报道，贝加莫作为意大利疫情“重灾区”，截至 2020 年 3 月 18 日已有 50 多名医生感染新型冠状病毒，其中 1 人死亡。伦巴第大区卫生与福利行政主管表示，如果再这样继续下，不仅会出现医护人员严重短缺，医生和护士甚至可能成为病毒传播的中介。伦巴第大区部分医院反映，一些医务工作者怀疑自己感染新冠病毒，但是只要没出现症状，就继续在一线奋战。

意大利循证医学组织负责人尼诺·卡塔贝洛塔对半岛电视台表示，医护人员没有做到完善防护，而且不会定期去接受检测，实际的感染比例可能更高。

10.1.2 职业暴露感染传染病案例

阿莫德·琳达(Arnold Lynda),23岁,1992年5月获美国宾夕法尼亚州约克学院外科护理学学士后,被分配到宾州一家地区医院监护病房工作。在她毕业后不到半年值夜班时,接到一位从门诊收进来的患者,患者呈半昏迷状态,在为患者建立静脉通道时,被血污染的针尖刺入琳达左手掌,当时她对流血伤口做了处理并登记上报。10天后这位患者死亡,之后证实这是一位晚期艾滋病患者。3周之后,琳达开始出现咽喉痛、发热、皮疹,经治疗,皮疹等症状消失。8周后又出现腹部疼痛,恶心与呕吐等症状。伤后、第6周及第12周血液HIV检测均为阴性。第6个月血液HIV检测为阳性,确诊感染HIV。

丽萨·M.布莱克,28岁,1993年在美国内华达州内华达大学里诺分校护理专业毕业后,在北方内华达州医院的外科综合病房工作。1997年10月她上夜班时,分管8位危重患者,其中一位是晚期艾滋病患者。在给患者疏通输液管时,被血污染的针尖刺进了她左手掌,她迅速从伤口中挤出血液,用水冲洗并消毒,并将此事报告给急诊室。半年内血液HIV、HBV与HCV检测均为阴性,8个月后她开始出现疲乏、淋巴结肿大并发热。9个月后血液HIV检测阳性,11个月后血液HCV检测阳性。这次针刺伤使布莱克感染了丙型肝炎和艾滋病。

护士小雪(化名),29岁,1999年护校毕业后在某市一家医院当护士。2007年9月小雪开始腹泻,长达1个月检查未找到腹泻原因。10月底其血液HIV检测阳性,确诊感染了艾滋病。医生在排除经血传播、母婴传播、性传播后,认为感染途径不明。小雪自诉在工作中曾无数次接触患者的血液、体液,有时还被污染的针头扎伤。

1967年8月,马尔堡病毒实验室一位工作人员突然发生高热、腹泻、呕吐、大出血、休克和循环系统衰竭,当地病毒学家调查发现此种症状同样出现在法兰克福和贝尔格莱德,且这3个实验室都曾经使用来自乌干达的猴子进行脊髓灰质炎疫苗等研究。包括实验室工作人员和他们亲属共37人感染了这种疾病,其中1/4感染者死亡。研究发现是一种新病毒,如蛇行棒状,由猴类传染给人类,故命名为马尔堡病毒。马尔堡出血热主要通过体液传染,能引起高烧、恶心、腹泻和呕吐等临床表现,5 ~7天后出现严重出血症状,如治疗不及时患者在一周内死亡[2]。

1979年4月4日至20日,苏联叶卡捷琳堡(旧称斯维尔德洛夫斯克) 350人因感染炭疽发病,其症状表现为高热、寒战、头疼、胸痛、咳嗽和呕吐,其中45人死亡,214人濒临死亡,实际感染和死亡人数应多于报道人数。官方报道为遭炭疽菌污染的肉制品所谓的“食物传染”致病。1979—1989年10年间对叶卡捷琳堡契卡洛夫区人口呈明显下降趋势,男女比例严重失调,新生儿中患中枢神经系统疾病达80%。

2003年9月新加坡国立大学研究生在环境卫生研究院实验室中感染SARS病毒。该研究生是因发热到新加坡中央医院就诊时被确认为SARS感染者。该院只具有P2生物安全设备,却设立了更具危险性病毒研究的实验室,同一时间处理多种不同的活性病毒研究,且处理程序不当,其他研究机构的科研人员也可利用研究院的设备,且安全意识不同[3]。

10.2 职业相关生物安全基础知识

10.2.1 职业暴露的概念和范围

职业暴露(occupational exposure)是指由于职业原因而暴露在危险因素中,从而有可能损害健康甚至危及生命的一种情况。

医务人员职业暴露,是指医务人员在从事诊疗、护理活动中接触有毒、有害物质或传染病病原体,从而损害健康或危及生命的一类职业暴露,包括感染性、放射性、化学性或其他职业暴露。

世界卫生组织国际癌症研究机构公布的致癌物清单中,钢铁铸造工、画家、油漆工、粉刷工、烟囱清洁工在一类致癌物清单中,意味着从事这些职业者患癌症属于职业暴露。

10.2.2 职业有害因素

人们在生产劳动中接触到有害因素容易患与职业相关的疾病,此类有害因素称为职业有害因素,按其来源可以分为以下三类。

10.2.2.1 生产过程中的有害因素

1. 化学因素

各种有毒物质可以多种形态(固体、液体、气体、蒸气、粉尘、烟或雾)及各种形式(原料、中间产品、辅助材料、成品、副产品及废弃物等)出现。大多数有毒物质通过呼吸道吸入,部分通过皮肤进入体内,也有小部分从消化道摄入。

2. 物理因素

生产过程中产生大量热量和水蒸气形成高温、高湿环境;潜涵,高山作业环境的高、低气压;噪声、震动;电离辐射及非电离辐射产生的 α、β、γ、X 射线和紫外线、红外线、微波以及激光等。

3. 生物因素

如细菌、病毒、真菌、衣原体与支原体等。

上述这些不良因素均可在一定条件下引起职业性危害。

10.2.2.2 劳动过程中的有害因素

如劳动组织和劳动制度不合理,致劳动强度过大或劳动时间过长,长时间处于某种不良体位或使用不合理工具等，个别器官和系统过度疲劳或紧张所致。

10.2.2.3 生产环境中的有害因素

厂房建筑或布置不合理，或与工艺流程相悖；生产环境中缺乏必要的防尘、防毒、防暑降温等设备，对生产环境污染。

在实际生产场所中常同时存在多种职业危害因素，对人体健康不利产生联合作用。

10.2.3 医务人员职业暴露的危险因素

10.2.3.1 防护意识淡薄

思想观念滞后，对职业防护基础设施、设备投入不足，防护条件得不到改善。医护人员自我防护意识薄弱，在工作中未执行相关预防措施。

10.2.3.2 不规范操作行为

医疗活动中不规范操作往往容易导致医护人员损伤，如针刺伤是医护人员最常见的一种职业暴露，多数经血液传播的疾病经此途径传播。发生针刺伤与不规范操作有关，最容易发生在针头使用后到丢弃这一过程中，如针头复帽、摆弄针头、取下针头时。

10.2.3.3 生物因素

医护人员工作中经常直接接触携带各种病原微生物的血液、体液、分泌液、排泄物等，是发生职业感染的最主要危险因素。病毒含量高低依次为血液、血液成分、伤口分泌物、精液、阴道分泌物、羊水等。如口、鼻腔与皮肤暴露于污染 HIV 的血液、体液时，感染率为 0.1%。

10.2.4 职业性有害因素的评价方法

10.2.4.1 生产环境监测

生产环境监测(environmental monitoring)是识别、评价职业有害因素的一个重要依据。其目的是：①掌握生产环境中职业危害的性质、种类、强度(浓度)及其在时间、空间的分布状况，为评价职业环境是否符合卫生标准提供依据。②为研究接触水平 - 反应关系提供基础资料。③鉴定预防措施的效果等。为此应根据生产实际情况及监测目的建立定期监测制度及卫生档案制度。如以粉尘为例，可根据一个工作班中工人不同活动点、多次采样测定的每个点的平均浓度(C)、工人在该点逗留时间(T)，计算出时间加权平均浓度(time - weighted average，TWA)以了解工人的接触粉尘情况。

$$TWA = \frac{\Sigma_{CT}}{\Sigma_{T}} (mg/m^3)$$

10.2.4.2 健康监护

健康监护(health surveillance)是通过各种检查和分析，掌握职工健康状况，早期发现健康损害征象,以评价职业性有害因素对接触者健康的影响及其程度,以便采取预防措施,控制疾患的发生和发展。健康监护的基本内容包括健康检查、健康监护档案建立、健康状况分析和劳动能力鉴定等。

(1)健康检查包括:①就业前健康检查(pre - employmentexamination)指对准备从事某种作业人员进行的健康检查,目的在于了解受检者原来健康状况和各项基础数据,发现职业禁忌证(occupational contraindication)。②定期健康检查(periodical examination)是指按一定时间间隔,对接触有害作业工作进行常规的健康检查,目的在于及时发现职业性疾病的可疑征象;检出高危人群作为重点监护对象;采取预防措施,保护其他工人。

在职业人群中尤其对高危人群,可以列入定期检查的筛检内容有:①呼吸系统疾病。可通过定期问诊、体检,结合肺功能检查及 X 线胸片。对矽尘接触者,进行一年一次检查,接触煤尘或其他致病作用小的粉尘,可每 2 ~ 3 年进行一次。②听力损伤。如定期测定工作场所噪声强度和工人听力变化。③有毒物质作用,结合生物学检测。我国规定有毒物质接触者,应定期检查,其中毒诊断标准和处理原则由卫生行政部门颁布。④职业性肿瘤。如肺、膀胱、皮肤肿瘤,可通过 X 线(肺)、细胞学、膀胱镜(必要时对有膀胱危险的高危人群)检查来进行筛检。⑤腰背损伤。可通过患病率、缺勤率等资料分析而获得。

(2)健康档案主要包括:①职业史和病史;②家族史(重点是遗传性疾病史);③基础健康资料,重点在就业前有关指标的水平;④接触有害因素及水平;⑤与职业有关的监护项目;⑥其他,包括嗜好及生活方式。健康监护卡应每个工人一份,编号保管。

(3)健康状况分析中常需计算职业病、工作有关疾病和工伤的发病率、平均发病工龄及病伤缺勤率等。

10.2.4.3 职业流行病学调查

职业流行病学是研究劳动条件对劳动者健康的影响,研究职业性疾病在职业人群中发生、发展、分布和控制的规律,探讨及确定职业有害因素对人的安全接触水平,为评价和制订卫生标准提供科学依据。由于现场干扰因素极为复杂,所以职业流行病学调查,需要搜集相当数量的资料,特别在研究有害因素的慢性影响时,常需长期的观察累积资料才能进行分析、评价。

职业流行病学调查多为分析性流行病学调查,常用横断面调查、队列调查、病例对照调查。

10.2.4.4 实验室测试

常用于测试化学物的毒性,包括动物实验和体外测试系统,是评价职业性有害因素的有效手段之一,也是评价化学物毒性的依据。但是在使用动物实验资料时,应注意存在动物种属易感性的差异、寿命的不同、接触方式和环境差别等,尤其当动物样本数量不足时易产生推导偏差等。

10.3 职业相关生物安全的应对策略

大多职业相关生物安全是可以避免的，而职业暴露的原因主要在与个人防护意识不强，或暴露后处理不及时、不恰当。因此相关人员了解职业暴露的预防措施和处理原则可极大规避职业暴露的风险。

10.3.1 预防措施

10.3.1.1 职业性有害因素的控制

职业病的发生取决于 3 个因素，即人(接触者)、职业有害因素的存在，以及职业有害因素作用条件。这三者的因果关系，决定了职业性病损的可预防性，而且只有采取预防手段，才能防止职业病的发生。

1. 控制人的因素

为了预防职业有害因素对接触者的危害，应重点加强第一级和第二级预防，以便及早发现受到影响的人。

(1)加强健康监护。每年或定期健康体检。

(2)加强个人防护。个人防护用具包括呼吸防护器、面盾、防护服、手套与鞋等，应根据危害接触情况选用。

(3)合理膳食。为增强机体抵抗力，保护受职业危害作用的靶器官、组织，应根据接触有害因素的性质和特点，适当补充某些特殊需要的营养成分。如对高温作业者，因大量出汗，盐分、水溶性维生素、氨基酸分解产物大量排出，故应补充含盐水分(少量多次饮水)、蛋白质、维生素 C、维生素 B_1、维生素 B_2 等。

根据有害因素作用器官，给予接触者特殊营养。如肝脏损害为主者应给以保肝食物，如优质蛋白质、易吸收碳水化合物和多种维生素；对含铅作业者补充维生素 C、低钙膳食；含苯作业者需补充优质蛋白质(保肝)、铁、维生素 C 和维生素 B_6，并应适当控制脂肪和总热量。

(4)加强健康教育。使人们正确认识职业有害因素，提高自我保健意识，自觉参与预防，培养良好的卫生习惯。

2. 采用工程技术措施，贯彻卫生标准

应采用工程技术措施，尽早消除和减轻危害，预防和控制职业危害。着重从以下方面开展。

(1)预防职业有害因素的发生。采用适当的生产工艺，包括加料、出料包装等方法，用低毒物质代替高毒物质，以减少空气污染；贮存中注意温、湿度。

(2)控制职业有害因素的扩散。对粉尘、有毒蒸气或气体的操作应在密闭环境下进行,辅以局部吸风。有热毒气发生时,可采用局部排气罩。

3. 控制职业有害因素的作用条件

职业有害因素的作用条件是能否引起职业病的决定性前提之一,其中最主要的是接触机会和作用强度(剂量),决定接触机会的主要因素是接触时间。因此,在保护职业人群健康时,还应考虑作用条件,通过改善环境措施,严格执行卫生标准来达到控制职业有害因素。

10.3.1.2 医护人员预防措施

1. 标准预防

(1)标准预防:针对医院所有患者和医务人员采取的一组预防措施。根据预期可能的暴露因素选用手套、隔离衣、口罩、护目镜、防护面屏或安全注射。

(2)基本原则:标准预防基于患者的血液、体液、分泌物、非完整皮肤和黏膜均可能含有感染性因子的原则。①将所有患者的血液、体液、分泌物、排泄物均视为有传染性,需进行隔离预防。②强调防止疾病从患者传染至医务人员,也强调防止疾病从医务人员传染至患者和从患者传至医务人员再传至患者的双向防护。③降低医务人员与患者、患者与患者之间交叉感染的危险性。

2. 普遍预防

普遍预防是控制血源性病原体传播的策略之一,是将所有来源于人体血液或体液的物质都视作已感染了 HBV、HCV、HIV 或其他血源性病原体而加以防护。

3. 标准预防与普遍预防的区别

(1)普遍预防隔离的物质只包括患者的血液及部分体液(不包括患者的尿、大便、痰、鼻分泌物、泪液及呕吐物,除非有明显的血液污染),所以在采取预防措施时容易引起混乱,因此不能防止非血源性疾病传播;而标准预防隔离的物质不仅包括患者的血液、全部体液,还包括患者的分泌物与排泄物等。

(2)普遍预防主要采取接触隔离,因此不能防止空气与飞沫传播的疾病;而标准预防的隔离措施包括接触隔离、空气隔离和飞沫隔离。

(3)普遍预防的措施主要是防止医务人员受到感染,对患者间的防护较差;而标准预防强调不仅要防止医务人员发生医院感染,同时也强调防止患者发生医院感染。

4. 额外预防

在确保标准预防的同时,应采取额外预防措施,额外预防包括:经空气传播疾病、经飞沫传播疾病与经接触传播疾病的预防。

5. 标准预防的具体措施

(1)医务人员对有可能接触患者血液、体液的诊疗、护理操作时须戴手套,操作结束后脱去手套应立即洗手,必要时进行手消毒。

(2)在诊疗、护理操作过程中,有可能发生血液、体液飞溅到医务人员的面部时,医务人员应当戴手套、具有防渗透性能的口罩、防护眼镜;有可能发生血液、体液大面积飞溅或者有可能污染医务人员的身体时,还应当穿戴具有防渗透性能的隔离衣或者围裙。

(3)医务人员手部皮肤发生破损,在进行有可能接触患者血液、体液的诊疗和护理操作时必须戴双层手套。

(4)医务人员在进行侵袭性诊疗、护理操作过程中,要保证充足光线,并特别注意防止被针头、缝合针、刀片等锐器刺伤或者划伤。

(5)使用后的锐器应当直接放入耐穿刺、防渗漏的利器盒,或利用针头处理设备进行安全处置,也可以使用具有安全性能的注射器、输液器等医用锐器。

(6)禁止将使用后的一次性针头重新套上针头套。禁止用手直接接触使用后的针头、刀片等锐器。

(7)严格执行手卫生。

10.3.2 发生后的处置

10.3.2.1 暴露后的紧急处理

1. 局部处理措施

①用肥皂液和流动水清洗污染的皮肤,用生理盐水冲洗黏膜。②如有伤口,应当在伤口旁端轻轻挤压,尽可能挤出损伤处的血液,再用肥皂液和流动水进行冲洗;禁止对伤口局部挤压。③冲洗伤口后,应当用消毒液,如75%酒精或者0.5%碘伏消毒;被暴露的黏膜,应反复用生理盐水冲洗。

2. 高风险时药物预防

被HBV阳性患者血液、体液污染的锐器损伤者,应在短时间内(1小时)注射乙肝免疫高价球蛋白,同时进行血液乙肝标志物检查,阴性者皮下注射全套乙肝疫苗;暴露于HIV污染针头时,及时将暴露时间报告PEP(职业暴露后预防性服药机构)的负责人,经过专家评估后立即服用预防性药物并跟踪观察。

10.3.2.2 HIV职业暴露后防疫措施

1. HIV职业暴露分级

HIV职业暴露根据暴露程度可分为三级。

(1)一级暴露:暴露源为体液、血液或者含有体液、血液的医疗器械、物品;暴露类型为暴露源接触有损伤皮肤或黏膜,暴露量小且暴露时间较短。

(2)二级暴露:暴露源为体液、血液或者含有体液、血液的医疗器械、物品;暴露类型为暴露源接触有损伤皮肤或黏膜,暴露量大且暴露时间较长;或暴露类型为暴露源刺伤或割伤皮肤,但损伤程度较轻,为表皮擦伤或针刺伤(非大型空心针或深部穿刺针)。

(3)三级暴露:暴露源为体液、血液或含有体液、血液的医疗器械、物品;暴露类型为暴露源刺伤或割伤皮肤,但损伤程度较重,为深部伤口或割伤物有明显可见血液。

2. 发生 HIV 职业暴露后预防性用药开始的时间及疗程

在发生 HIV 暴露后尽可能在最短的时间内(最好在 4 小时内)进行预防性用药,最迟不得超过 24 小时;即使超过 24 小时,也应实施预防性用药。用药方案的疗程为连续使用 28 天。

3. HIV 职业暴露预防用药方案的选择

医疗卫生机构应当根据暴露级别和暴露源的病毒载量水平对发生 HIV 职业暴露的医务人员实施预防性用药方案(医疗机构应当及时与当地的疾病预防控制机构联系,在专门人员指导下实施预防用药)。

(1)发生一级暴露且暴露源的病毒载量水平为轻度时,可以不使用预防性用药。

(2)发生一级暴露且暴露源的病毒载量水平为重度,或发生二级暴露且暴露源的病毒载量水平为轻度时,使用基本用药程序。

(3)发生二级暴露且暴露源的病毒载量水平为重度,或发生三级暴露且暴露源的病毒载量水平为轻度或重度时,使用强化用药程序。

(4)暴露源的病毒载量水平不明时,可以使用基本用药程序。

4. HIV 职业暴露后随访和跟踪检测内容

(1)接触后应于 6 个月内开展艾滋病病毒追踪检测,包括在接触后第 4 周、第 8 周、第 12 周及 6 个月时对艾滋病病毒抗体进行检测,对服用药物的毒性进行监测和处理,观察和记录艾滋病病毒感染的早期症状等。

(2)若反复出现艾滋病急性表现,则开展艾滋病病毒抗体检测。

(3)接触者应采取预防措施,防止随访期间的再次传染。

(4)在接触后 72 小时内评估接触者预防水平,并进行药品毒性监测至少 2 周。

10.3.2.3 HBV、HCV 职业暴露后防疫措施

1. 发生 HBV 职业暴露后的处理原则

(1)首先进行局部处理、及时上报,然后按以下方法处理。①血清学检测:应立即检测 HBV-DNA、HBsAg、抗-HBs、HBeAg、抗-HBe、抗-HBc 和肝功能,酌情在 3 个月和 6 个月内复查。②主动和被动免疫:如已接种过乙型肝炎疫苗,且已知抗-HBs 阳性者,可不进行特殊处理。如未接种过乙型肝炎疫苗,或虽接种过乙型肝炎疫苗,但抗-HBs < 10mIU/L 或抗-HBs 水平不详者,应立即注射 HBIG 200 ~ 400IU,并同时在不同部位接种 1 针乙型肝炎疫苗(20μg),于 1 个月和 6 个月后分别接种第 2 针和第 3 针乙型肝炎疫苗(各 20μg)。

(2)HBV 职业暴露后跟踪检测时间。建议在最后一剂疫苗接种 1 ~2 个月之后进行病毒抗体追踪检测;若 3 ~4 个月前注射过乙肝免疫球蛋白,则抗原抗体反应不能确定为接种疫苗后产生的免疫反应。

2. 发生 HCV 职业暴露后的处理原则

目前尚无有效的预防性丙型肝炎疫苗。但仍需跟踪随访,医务人员在发生 HCV 血源性感染职业暴露后,尽早检测 HCV RNA。

HCV 职业暴露后检测的时间和项目:①接触 4 ~6 个月之后进行丙型肝炎抗体和谷丙转氨酶检测。②若需早期诊断 HCV 感染,则应在接触 4 ~6 周后检测 HCV RNA。

3. 确认抗体水平

通过补充检测,反复确认丙型肝炎病毒抗体水平[4]。

10.3.3 生物安全证据与司法鉴定

我国现代工伤保险制度始于 20 世纪 80 年代末。1988 年 12 月劳动部时任部长罗干作了题为《认真治理、整顿、积极稳妥地推进劳动、工资、保险制度改革》报告,并对劳动部拟订的《关于企业职工保险制度改革的设想》(讨论稿)征求了意见。从 1988 年开始,在海南、黑龙江、广东、福建、辽宁、吉林、四川与湖北等 15 个省的个别市县相继开展了工伤保险试点工作。1996 年 10 月 1 日起施行的《企业职工工伤保险试行办法》(劳部发[1996]266 号)是第一部全国性的工伤保险办法。在 20 年的制度演进过程中,我国工伤保险逐渐形成了预防、康复、补偿“三位一体”的制度体系。制定了《职工工伤与职业病致残程度鉴定》(GB/T 16180—1996 现已更新至 GB/T 16180—2016),形成了工伤认定、劳动能力鉴定、工伤保险待遇支付与享受的完整补偿体系。实行一次性待遇如工伤医疗期待遇、一次性工亡补助金、一次性伤残补助金、一次性伤残就业补助金、丧葬补助金与长期待遇如工伤医疗待遇、伤残津贴、供养亲属抚恤金相结合,并以长期待遇为主体的补偿体系。

无论是从劳动者个人、用人单位、工伤保险基金还是全社会来说,最大限度地减少工伤事故发生都是最为有利的,因此现代工伤保险制度认为,工伤应当首先考虑预防和减少工伤事故。而促使伤残职工回归工作、回归社会,既有利于工伤职工本人的身心健康,也能节约社会人力资源成本,有利于构建更为和谐的社会关系,因此现代工伤保险制度均将康复作为基本内容之一。补偿则是保障工伤职工及其家庭获得稳定经济收入的基本途径。三项工作的推进都依赖于工伤保险覆盖面的扩大,只有当工伤保险覆盖到相当多的群体,基金收入达到相当大的规模时,补偿才能发挥中流砥柱的作用,预防和康复才有广阔的施展空间。

《职工工伤与职业病致残程度鉴定》标准根据器官损伤、功能障碍、医疗依赖及护理依赖 4 个方面将工伤、职业病伤残程度分解为 5 个门类,划分为 10 个等级 470 个条目。该标准为工伤、职业病患者于国家社会保险法规所规定的医疗期满后进行医学技术鉴定的准则和依据。

10.3.4 立法与法律保障的现状

2019年10月21日，十三届全国人大常委会第十四次会议首次审议《生物安全法（草案）》，2020年2月14日，中共中央总书记、国家主席习近平在中央全面深化改革委员会第十二次会议上提出，把生物安全纳入国家安全体系，系统规划国家生物安全风险防控和治理体系建设，全面提高国家生物安全治理能力，尽快推动出台生物安全法，加快构建国家生物安全法律法规体系、制度保障体系。这次新加入的生物安全丰富了国家安全体系的主要内容，完善了国家安全体系的顶层设计，同时也为维护国家生物安全指明了方向[5]。

2009年4月，我国出台了新的医改方案。其中第13条中明确要求：在当下全社会应当构建健康而又和谐的医患关系，进一步改善和提升医务工作者的执业环境，使医务工作者的合法权利和利益获得充分的保障，调动医务人员改善服务和提高效率的积极性；促进医患关系的和谐发展。这一要求表明提高医务人员的法律意识的要求，减少医疗纠纷的发生，构建和谐的医患关系是非常重要的。然而，目前除了辐射损伤的医务工作者已列入法定职业病，医护人员的职业暴露危害因为其他原因仍没有被包括在职业病内。2010年12月20日对《国务院关于修改〈工伤保险条例〉的决定》中的工伤保险条例规定进行了修订：在中华人民共和国境内的事业单位以及企业、社会团体或民办单位等组织的职工和个体工商户的雇工，都有依照本项条例的规定依法享有工伤保险待遇的权利。

新修订的《工伤保险条例》针对工伤认定方面，尽管划定了详尽的治疗目录以及某些药品的目录，但是医务工作者在职业过程中遭受的职业暴露问题却仍没能被考虑在内。除了辐射损伤以外，其他情形下的医疗工作者职业暴露是否属于职业病类别或工伤类别，目前仍然是不确定的。2009年卫生部印发了针对血源性病原体职业暴露的文件，即《血源性病原体职业接触防护导则》这一规范性文件，提出了应当将医疗人员针刺暴露损伤的疾病作为职业病的一种来预防和治疗，但这个《导则》仅仅是推荐性标准和部门规章，并不是法律性文件和强制性要求。

10.3.5 现存问题与未来方向

目前，我国医务人员职业暴露无明确统一的法律规定、无明确的救济方式和途径。医务人员职业暴露法律保护的立法有利于保护医务人员的合法权益、改善医务人员的职业环境。

10.3.5.1 将医务人员职业暴露纳入工伤保护范围

在工伤认定标准中规定，职工在工作时间和工作场所，因工作原因受到事故伤害、从事与工作有关的预备性或收尾性工作受到伤害的，或者因履行工作职责而受到暴力等意外伤害的、患职业病的均应属于《工伤保险条例》保护的范围。这一规定的立法宗旨是保护因公负伤或患职业病的劳动者得到医疗救治和经济补偿的权利。作为医务人员，在诊疗过程中发生职业暴露应属于“由于工作原因而受到意外伤害”的情节，故应认定为工伤。如在 SARS 盛行期间，临床一线医务人员在抢救患者过程中感染 SARS 风险特别高，劳动与社会保障部在当时下发了一个通知，对在临床一线抢救病患的医疗工作人员工作期间感染 SARS 的允许享受工伤保险待遇。这表明职业暴露中意外伤害的危害性是极大的，为保护医务人员这一特殊的劳动者的健康利益，应扩大职业暴露的种类以列入工伤保护中来。

同时在我国现有的《工伤保险条例》中规定了针对患有法定职业病属于工伤保险范畴，将职业病分为 9 大类，包括职业中毒、尘肺、物理因素造成的伤害、职业性传染病、职业性皮肤病、职业性眼病、职业性耳鼻喉疾病、职业性肿瘤以及其他职业病。针对职业性传染病，《职业病防治法》中并没有完善其传染病种类，也没有提及由于血源性暴露而引起的职业接触型职业病，而仅仅涉及接触粉尘或放射性物质这类因环境接触而导致的职业病，对于其他情形造成的医务人员职业暴露并没有做出明确的规定。为保护医务工作者的职业安全，应将《职业病防治法》的职业病进行扩充性规定，将具有职业性传染病、接触型职业病加入职业病分类目录里，以确保职业暴露的医务人员，尤其是严重的职业暴露伤害的人员获得相应权益保障[6]。

10.3.5.2 确定医务人员职业暴露保护的救济途径和方式

对于医务人员在执业过程中受到职业暴露伤害，可依据伤害的程度确定权益保护的方式和途径。

首先，对于能够治愈的职业暴露伤害，可以依据职业病保护法的相关规定进行保护。如果在职业病防治法中增加种类，将职业暴露纳入进来后，医务人员在能够证明其职业暴露与职业活动相关的前提下，可以通过职业病诊断程序鉴定是否存在职业病。如果诊断为职业暴露的且可治愈的伤害，可以向其所在的医疗卫生机构寻求补偿，包括检查费、治疗费、康复费，同时对于不适宜再继续工作的岗位，受到职业暴露伤害的医务人员还有权提出调离原岗位，并要求医疗机构进行妥善安置。

其次，对于难以治愈的不可逆的职业暴露伤害，依据工伤保险法的相关规定进行保护。在确定职业暴露中由于事故伤害、意外伤害，已经长期受害而造成严重职业病，具有不可逆的特点，可以认定为工伤，并通过工伤鉴定，确定等级，以对医务人员进行补偿，补偿不仅仅指检查费、医疗费、康复费，还要包括误工费、伙食补助费、伤残补偿金、死亡补偿金等。这样对医务人员的救济途径和救济方式才更加全面和完善。

医护人员的职业防护工作有效开展，不仅可以保护医务工作者，也可最大限度的保护绝大多数的患者。保护医务人员职业暴露的相关法律法规的出台，才能确保医疗工作者能够全心全意地为广大的公众健康而服务。目前,医疗部门在法律上给予医务人员职业暴露的救济渠道非常少,这就需要多管齐下,通过完善立法和相关医疗卫生法律法规的建设,一起来保护时刻处于职业暴露下的医疗工作者的健康安全和权利。无论是技术的法规、职业病或工伤保护,还是医务人员职业暴露的救济保护,都应该尽快地健全起来。医务工作者的职业暴露的防护工作具有漫长性和复杂性,应及早建立相关的法律法规来保护医务人员职业安全,完善现有法律在医务人员职业暴露中存在的缺陷,从法律制度上给予医务人员切实的保障。

(唐任宽　李涛)

参考文献

[1] FAGIUOLI S, LORINI F L, REMUZZI G. Adaptations and lessons in the province of bergamo[J]. N Engl J Med, 2020(382):e71.

[2] AMMAN B R, BIRD B H, BAKARR I A, et al. Isolation of Angola - like Marburg virus from Egyptian rousette bats from West Africa[J]. Nat Commun, 2020, 11(1):510.

[3] 李永华,庄辉. 新加坡一例实验室感染的 SARS 病例及其教训[J]. 中华流行病学杂志, 2004,25(1):30 - 32.

[4] 胡必杰. 医务人员血源性病原体职业暴露预防与控制最佳实践[M]. 上海:上海科学技术出版社,2012.

[5] 郭仕捷,吴菁敏. 我国《生物安全法》的困境与突破[J]. 河北工业大学学报(社会科学版),2021, 13(2):61 - 67.

[6] 邬堂春. 职业卫生与职业医学[M]. 北京:人民卫生出版社,2017.

第 11 章 生物信息数据与生物安全

生物识别信息包括个人基因、指纹、声纹、掌纹、耳郭、虹膜、面部识别特征等，这些信息反映了公民独特的个体特征，具备独一无二性，所以在识别公民身份上天然地具备极强且迅捷的辨识效果。实践中，生物识别信息也因具有防伪性好、私密性强、方便携带、难遗忘等特征，被认为是一种更加准确、便捷的身份认证方式。因此，作为一种新型智能化的身份识别方式，近年来生物识别技术在公共安全、智能安防、移动支付等领域得到快速发展和不断推广。然而，生物识别信息所具备的独一无二性的另一面是不可替换性，即无法以同等种类的其他公民个人信息予以替换，加之生物识别信息具有与个人身份强相关等属性，导致对生物识别信息的开发、利用过程中暗含诸多数据安全风险[1-2]。因此，保护公民个人生物识别信息就显得尤为重要。

11.1 生物信息数据引发的生物安全典型案例

2017 年央视 3·15 晚会上，在“消费预警：不安全的密码”节目中，主持人在现场随机挑选了一位男性观众并征得其同意后，从其个人社交软件微博上发布的照片中挑选了一张头像照片，然后采用经过技术加工后的人脸动态图像顺利地通过了某款刷脸支付软件的检测。该情景不禁让人深思，生物识别信息应用中所承载的技术安全与法律风险。近些年来，与生物信息数据泄漏相关的报道或引发的案例不断增加。

11.1.1 中国人脸识别第一案

2019 年 4 月 27 日，郭兵在杭州野生动物世界办理了一张 1360 元的双人年卡。办卡时，郭兵与其妻子留存了姓名、身份证号码、电话号码等，并录入指纹、拍照。园方明确承诺在该卡有效期一年内（自2019年4月27日至2020年4月26日）通过同时验证年卡及指纹入园，可在该年度不限次数畅游。办卡后，郭兵和家人也曾数次前往杭州野生动物世界游玩，每次都是通过刷年卡和指纹入园。2019年10月17日，郭兵收到了来自杭州野生动物世界的一条短信：园区年卡系统已升级为人脸识别入园，原指纹识别已取消，未注册人脸识别的用户10月17日之后将无法正常入园，需要尽快携带年卡到园区年卡中心办理升级业务。为了确认该短信内容的真实性，10月26日郭兵前往杭州野生动物世界核实。工作人员告知他，短信内容属实，并明确表示如果不进行人脸识别注册将无法入园，也无法办理退卡退费手续。园区的指纹识别系统已经全部停用，年卡闸机用的都是人脸识别，用户必须注册人脸信息才能继续使用年卡和正常入园。如果郭兵要求退卡，则须按照正常门市价补足此前入园的费用。郭兵认为，园区升级后的年卡系统进行人脸识别将收集他的面部特征等个人生物识别信息，该类信息属于个人敏感信息，一旦泄漏、非法提供或者滥用，将极易危害包括原告在内的消费者人身和财产安全。因此郭兵不同意接受人脸识别。由于双方协商未果，2019年10月28日，郭兵向杭州市富阳区人民法院提起了诉讼并获受理。

法院经审理认为，本案双方因购买游园年卡而形成服务合同关系，后因入园方式变更引发纠纷，其争议焦点实为对经营者处理消费者个人信息，尤其是指纹和人脸等个人生物识别信息行为的评价和规范问题。我国法律对于个人信息在消费领域的收集、使用虽未予以禁止，但强调对个人信息处理过程中的监督和管理，即个人信息的收集要遵循“合法、正当、必要”的原则和征得当事人同意；个人信息的利用要遵循确保安全原则，不得泄漏、出售或者非法向他人提供；个人信息被侵害时，经营者需承担相应的侵权责任。本案中，客户在办理年卡时，野生动物世界以店堂告示的形式告知购卡人需提供部分个人信息，未对消费者作出不公平、不合理的其他规定，客户的消费知情权和对个人信息的自主决定权未受到侵害。郭兵系自行决定提供指纹等个人信息而成为年卡客户。野生动物世界在经营活动中使用指纹识别、人脸识别等生物识别技术，其行为本身并未违反前述法律规定的原则要求。但是，野生动物世界在合同履行期间将原指纹识别入园方式变更为人脸识别方式，属于单方变更合同的违约行为，郭兵对此明确表示不同意，故店堂告示和短信通知的相关内容不构成双方之间的合同内容，对郭兵也不具有法律效力，郭兵作为守约方有权要求野生动物世界承担相应法律责任。双方在办理年卡时，约定采用的是以指纹识别方式入园，野生动物世界采集郭兵及其妻子的照片信息，超出了法律意义上的必要原则要求，故不具有正当性。据此，2020年11月20日杭州市富阳区人民法院做出一审判决：杭州野生动物世界赔偿郭兵合同利益损失及交通费共计1038元，删除郭兵办理指纹年卡时提交的包括照片在内的面部特征信息；驳回郭兵提出的确认野生动物世界店堂告示、短信通知中相关内容无效等其他诉讼请求。因其大部分诉讼请求未得到法院支持,郭兵将继续上诉。

11.1.2 “剪刀手”泄漏个人指纹信息

2014 年底,在德国汉堡举行的欧洲最大黑客组织混沌电脑俱乐部(Chaos Computer Club)第 31 届年度大会上,网名为“Starbug”的该组织成员扬·克里斯勒(Jan Krissler)展示了他如何只利用几张照片结合公开的商用软件 VeriFinger 就成功复制出了德国国防部长乌尔苏拉·范德莱恩(Ursula von der Leyen)的拇指指纹图像的过程。照片来源于部长先生在同年 10 月份一次公开发布会上的一系列多角度、近距离照片。同时,克里斯勒警告称,世界对于某些安全技术的依赖存在危险性。克里斯勒与另一黑客托比亚斯·菲比格(Tobias Fiebig)一同在柏林科技大学研究生物识别安全系统的不足。他曾于 2008 年成功伪造了德国前内政部长、现财政部长沃尔夫冈·朔伊布勒(Wolfgang Schuble)的指纹。

可见,摆“剪刀手”姿势拍照,如果镜头距离太近,通过照片放大技术和人工智能增强技术,可以还原照片中人物的指纹信息。如果在 1.5 米距离内拍摄的剪刀手照片几乎能 100% 还原出被摄者的指纹,1.5 米到 3 米的距离内拍摄的照片能还原出 50% 的指纹,只有超过 3 米距离拍摄的照片才难以提取其中的指纹。众所周知,目前指纹识别的用途广泛,比如指纹支付、指纹门锁等。一旦指纹信息通过对比照片被复原提取后制作成指纹膜,不法分子就可以很方便地利用其进行违法犯罪活动。

11.2 生物信息数据相关生物安全基础知识

生物识别技术是指通过计算机与光学、声学、生物传感器以及生物统计学原理等高科技手段密切结合,利用人体固有的生物特性来进行身份识别或鉴定的技术。生物信息特征主要分为生理特征和行为特征两类,其中生理特征是先天具有的,包括手形、指纹、脸形、虹膜、视网膜、脉搏、静脉网、耳郭等;行为特征是后天形成的,包括笔迹、语音、步频、按键力度等[3]。生物信息特征主要有以下特性:①唯一性。每个个体的生物信息特征各不相同。②广泛性。每个个体均具有各种各样的生物信息特征。③便利性。生物信息特征为个体本身固有,无须携带,且难以遗忘。④稳定性。生物信息特征不会随着时间的改变而发生很大变化。目前,指纹识别、人脸识别、虹膜识别、声纹识别是四大主流的生物识别技术,也是最重要的身份认证方式,每一种识别技术都有其各自的特点与优势[3]。

11.2.1 指纹

指纹是人类手指表皮上的乳突状花纹,是婴儿在母体中初具人形时最先出现的体征之一。由于人类皮肤上布满汗腺和皮脂腺,也经常沾染油脂、灰尘、血迹等,因此,当手指接触物体时,必然会留下指纹痕迹。指纹识别技术就是利用指纹接触即留痕与唯一不变的特性,通过运用指纹显现提取和比对方法来认定遗留指纹个体的一种技术手段。掌握指纹识别的理论依据与科学基础是研究指纹识别相关问题的前提与基础。

11.2.1.1 指纹识别的理论依据

学术界公认的指纹识别的理论依据是物质转移原理与同一认定原理。物质转移原理又称物质交换原理,最早由法国侦查学家、法庭科学家埃德蒙·洛卡德于20世纪初在其编著的《犯罪侦查学教程》中提出,因此又称为“洛卡德物质交换原理”。洛卡德认为:“没有人能够在犯罪行为所需要的力度下实施某行为而没有留下大量迹象,或者是犯罪者在犯罪现场留下痕迹。同时,犯罪者将犯罪现场的东西由其身体或衣物带走,这便能说明他去过哪或干过什么事。”现在我们简单地将之表述为“接触即留痕”。但是,洛卡德本人的研究多是以泥土、灰尘等物质类物证为切入点,仅局限于物质本身的转移。随着物证技术的发展,一些研究者认为,洛卡德原理也可应用于痕迹类物证,如指印、鞋印、咬痕等。对于指纹而言,就是借助中介物质,如灰尘、血液、油漆、手指头分泌的汗液及油脂等,在适度力量的作用下,在承受体表面留下指印。因此,物质转移原理是指在犯罪活动中,犯罪人不可避免地将自身原有的物质全部或部分的遗留在犯罪现场被侵害的客体上,同时还会从现场及被侵害的客体上带走某些物质,形成物质交换现象。在犯罪现场留下的指印,正是作案人在作案过程中与现场的某物质接触而留下的指印。

同一认定原理虽然是犯罪侦查学和物证技术学中的一个专门术语,但它却广泛应用于我们的日常工作和生活中。例如家长去学校接自己的孩子放学、从失物招领处找到自己遗失的钱包等等,都是同一认定原理应用于日常生活的典型事例。关于同一认定的概念,国内外学者分别存在客体同一说和来源唯一说两种不同的表述。客体同一说认为:“同一认定是指在犯罪侦查过程中,具有专门知识的人或了解客体特征的人,通过比较先后出现的客体特征而对这些客体是否同一的问题做出的判断。”来源唯一说认为:“同一认定是指得出两个物体来自唯一一个共同来源的结论的活动。它似乎是一个过程,一个依赖于化学和物理学原理而指向特定结果的过程。”从指纹鉴定角度区分两种不同的学说,客体同一说是分析判断从犯罪现场遗留提取的指纹特征,与给出的比对样本反映的客体特征具有同一性。而来源同一说是分析判断在现场提取的一枚指纹与用作比对的一枚指纹是否来源于唯一的手指。不管是客体同一说还是来源同一说,其本质都是确定真正的作案人,两者表述具有高度一致性,只是客体同一说更符合国内的语言习惯和思维表达方式。同一认定的科学性是建立在具体条件基础之上的,它要求客体特征必须具有特定性、稳定性以及可靠性。如果待鉴定的客体缺少三种特性之一,那么运用同一认定原理得到的结论就是不科学的。因此,指纹具有上述三种特性是能够进行同一认定的前提。

11.2.1.2 指纹识别的科学基础

了解指纹构成是探讨指纹识别科学基础的前提。指纹是手指末节、掌面的乳突线花纹。用肉眼观察人的手掌面,不难发现,人类手掌面生长着整齐并列的凹凸花纹,将它们放在显微镜下,可以清晰地看到这些花纹如同刚犁过的土地,有"垄台"和"垄沟",其中的"垄台"即是乳突线。乳突线具有不同的形状,不同形状的乳突线结合,形成种类不一的指纹。有的指纹专家将指纹的不同特征分成三类不同的级别特征进行讨论:一级特征是指由乳突纹线所构成的整体形态,包括弓形纹、箕形纹和斗型纹;二级特征是指乳突线偏转所形成的细节特征点,又称识别点或高尔顿特征,包括起点、终点、小眼、小桥、短棒、结合、小点、分歧和小勾等。此外,一些不常见的特征,如伤疤、脱皮、褶纹等也被归于二级特征;三级特征是指先天或固有的纹线结构,包括每个乳突线单元的形状和排列、汗孔形状以及汗孔的相对位置。

如前所述,指纹进行同一认定识别的基础是具有特定性、稳定性及可靠性。在物证技术领域,公认的指纹能够认定同一的科学基础包括指纹终身基本不变、人各不同以及触物留痕的反映性。

指纹终身基本不变是指每个人的指纹从生到死具有相对稳定性,主要包括两个方面的含义:第一,人从出生到死亡,指纹在基本类型、细节特征点的类型、数量以及相互之间的位置关系基本不变。究其原因,是由复杂的遗传学、组织学、生理学所造成的。但是应该强调的是,指纹终身不变具有相对静止性。胎儿时期,指纹从指尖开始长起,然后逐渐长到全指,出生后纹线逐渐长大,表明指纹是在变化中生长的,指纹终身不变具有相对性。不可否认的是,在人的一生中,指纹特征会经历不同情况的生理变化、病理变化或严重外伤,但这些情况的变化都不能否认指纹终身不变的特性。第二,指纹具有极强的再生复原性或难以毁灭性。现代医学证明,乳突线的整体形态与细节特征主要取决于真皮出生纹线,因此只要不伤及真皮,不毁坏真皮乳头和表皮细胞组织,即使是外伤导致表皮大面积脱落,手掌面也能逐渐恢复原来的纹线结构和全部的细节特征。

指纹人各不同是指每个人的指纹与世界上任何其他人的指纹都不相同。乳突线是由一个个的纹线单元组成的,构成一条乳突线的纹线单元的数量是随机的,纹线从哪里开始至哪里结束,影响其长度的因素完全是由不同的生长过程决定的。纹线单元的形状也受随机生长因素的影响。因此,指纹的纹线、类型及特征点的形态、结构想要完全复制是不可能的。但是,细节特征形成的随机过程至今未解释清楚,指纹人各不同的证明仍不够准确和充分。

指纹具有触物留痕的反映性,原因是乳突线上分布着许多排列各异的汗孔,从汗孔中不断分泌出汗液。在手指接触物体时,汗液或者其他黏附物,如油脂、灰尘或血液等,在静电的作用下脱落到物体表面,从而反映接触部位的乳突线形态,即指印。人们可以依据指纹触物留痕的反映性利用物理、化学等技术手段或方法，发现、提取指印并对其进行人身识别鉴定。

11.2.2 虹膜

虹膜是指眼球壁中层的扁圆形环状薄膜，位于角膜和晶状体之间，透过角膜可以看到，俗称“黑眼球”。中央有一个小圆孔，称瞳孔，光线由此进入眼内。虹膜主要由结缔组织构成，内含色素、血管和平滑肌。虹膜的颜色因含色素的多少和分布的不同而异，一般有黑色、蓝色、灰色和棕色等几种。膜是位于黑色瞳孔和白色巩膜之间的圆环状部分，其包含有很多相互交错的斑点、细丝、冠状、条纹、隐窝等细节特征。虹膜在胎儿发育阶段形成后，在整个生命历程中保持不变。这些特点决定了虹膜特征的唯一性，同时也决定了身份识别的唯一性。因此，可以将眼睛的虹膜特征作为每个人的身份识别对象。

11.2.2.1 虹膜识别原理

一个完整的虹膜识别过程包括两部分内容：身份注册和身份识别。身份注册是指识别设备提取用户的虹膜纹理特征并将提取到的特征模板添加到识别系统的数据库中，身份识别是将待识别者的虹膜特征模板提取出来并与数据库中已注册的虹膜模板比对，给出接受或者拒绝的判断。虹膜识别系统由采集图像的虹膜图像获取设备和提取虹膜纹理特征的虹膜识别算法两部分组成。虹膜识别算法包括虹膜图像质量评价、虹膜图像预处理、特征提取和模式匹配等环节。

1. 虹膜图像获取设备

通常，虹膜识别仪在采集待识别者的虹膜图像时都需要用户的积极配合，用户眼睛到摄像头的距离有明确的要求。采集到的虹膜图像的清晰度以及虹膜部分被遮挡的程度将直接关系到之后的特征提取和模式匹配步骤是否有效。

2. 虹膜图像质量评价

虹膜图像获取设备采集到的用户虹膜图像通常情况下存在运动模糊、不聚焦、瞳孔变形过度和睫毛眼睑严重遮挡虹膜等问题，最后的结果是导致识别失败或者识别错误。所以，在采集完用户的虹膜图像后，我们需要对采集到的虹膜图像进行质量评价，选择满足一系列质量要求的虹膜图像来识别。

3. 虹膜图像预处理

虹膜图像预处理包括虹膜内外边界的定位、归一化和图像增强、去噪等操作。虹膜归一化就是使用某种几何映射方式将采集到的原始图像中的圆环形状的虹膜转换到尺寸固定的归一化图像中。此法解决了所采集图像中虹膜大小和分辨率不同的问题，便于后续的特征抽取和模式匹配。图像增强解决了采集图像时外界光照不均匀对图像造成的影响。去噪是指去除睫毛、眼睑、光斑等噪声。

4. **虹膜特征提取和模式匹配**

特征提取就是使用某种纹理提取算法，如经典的 Gaobr 滤波器法从分辨率统一的归一化虹膜图像中提取虹膜纹理特征，并进行二值编码，最终得到由 0、1 组成的特征模板。模式匹配就是按照某种匹配规则，如归一化的海明距离比对两个虹膜图像的特征模板以进行身份识别。

11.2.2.2　虹膜欺骗攻击手段

虹膜识别防欺骗领域采用针对具体欺骗攻击手段研究解决方案的研究方式，使得虹膜识别系统能够检测到某类假样本并拒绝它们。目前，几乎所有的虹膜欺骗攻击手段都可分为 3 种，即打印虹膜攻击、隐形眼镜攻击和人造假眼攻击。

1. **打印虹膜攻击**

打印虹膜攻击是一种使用简单的攻击手段，在许多情况下具有较高的成功率，因此从出现至今都很受欢迎。大多数情况下，打印虹膜的载体是纸或照片纸，但是载体为数码设备屏幕（比如手机或平板电脑等）的攻击手段，以及更复杂的动态视频攻击也可归类到打印虹膜攻击中。除此之外，近年来对虹膜图像重建的研究表明，一个受损的虹膜模板可以被反向设计，以产生一个与原样本非常相似的虹膜代码的图像，这种攻击手段也属于打印虹膜攻击。

2. **隐形眼镜攻击**

隐形眼镜攻击是打印虹膜攻击进一步发展的产物。隐形眼镜攻击包括两种方式：佩戴印有某种特殊纹理的隐形眼镜（如美瞳），以及佩戴打印有真实虹膜图案的隐形眼镜。通过上述两种方式在虹膜识别系统注册虚假身份或者进行欺诈访问。隐形眼镜攻击很难被人工操作员发现，且对虹膜识别系统的威胁也大于打印虹膜攻击。另外，应将隐形眼镜攻击扩充为眼镜虹膜攻击，除了隐形眼镜攻击之外，还要包括将虹膜纹理信息打印在框架眼镜上的攻击方式。

3. **人造假眼攻击**

人造假眼攻击是用塑料或玻璃制成人造眼睛，完成对虹膜识别系统的欺骗攻击，少数情况下会使用复杂设计、精密制作的欺诈性假眼工艺品。相较于前两种欺骗攻击手段，塑料或玻璃制成的人造眼睛对虹膜识别系统的威胁度较低，多用于针对深度分析的防欺骗方法；而复杂设计、精密制作的欺诈性假眼工艺品制作成本非常高，不适用于一般情况，无法大量制作。

相较于人造假眼攻击，打印虹膜攻击和眼镜虹膜攻击对虹膜识别系统的威胁程度更高，具有制作成本低、有效性高、抗检测性高、普遍性高等特点。

11.2.3　人脸识别

人脸是一个人最具个体特征性的部位，包括面部整体轮廓、眉、眼、耳、鼻、唇等组织和器官。可以说,脸就是通行证,是行走的"密码",是身份的证明。人脸识别是基于人的脸部特征信息进行身份识别的一种生物识别技术。用摄像机或摄像头采集含有人脸的图像或视频流,并自动在图像中检测和跟踪人脸,进而对检测到的人脸进行脸部识别的一系列相关技术,通常也叫做人像识别或面部识别。

11.2.3.1 人脸识别特征

1. 面部的轮廓分类

面部轮廓根据形状分为:椭圆形、圆形、长方形、方形、正三角形、倒三角形和菱形。根据形态上面指数(morphological upper facial index)(形态上面高/面宽×100),可分为:超阔上面型(<42.9)、阔上面型(43.0~47.9)、中上面型(48.0~52.9)、狭上面型(53.0~56.9)以及超狭上面型(>57)。

2. 前额的特征分类

按前额的高度(前额发际至鼻根之间的距离),可分为低的、中等的和高的;按前额的宽度,可分为窄小、中等和宽阔;按前额的倾斜度,可分为后仰、垂直和突出。

3. 眉的特征分类

按眉的形状,可分为直线形、弓形、波浪形和有角度;按眉的位置,可分为水平、向内倾斜和向外倾斜;按眉的疏密,可分为浓眉和淡眉;按眉的长度,可分为短眉(眉的长度小于眼裂的长度)、中长眉(眉的长度与眼裂的长度相等)和长眉(眉的长度大于眼裂的长度);按眉的间距,可分为相连型(两眉内角相连)、相邻型(两眉内角的间隔小于两眼内角间隔)和分离型(两眉内角的间隔大于两眼内角间隔);按眉的宽度(眉毛的上边缘与下边缘之间的距离),可分为窄、中等和宽。

4. 眼的特征分类

眼睑是覆盖眼球的皮肤,分为上眼睑和下眼睑,其上、下界分别为睑上沟和睑下沟。睑上沟是上睑皮肤向眶顶部皮肤过渡的外形;睑下沟是下睑皮肤向眶下部皮肤过渡的外形。

上睑褶的形态,可分为四级,分别为0级:无;1级:微显;2级:中显;3级:甚显。根据上睑褶的位置及与眼眶的关系,可分为上褶:沟上褶(眶褶),上睑最高部高于眶上沟;中褶(眶下褶):上睑最高部低于眶上沟;下褶(睑板褶):上睑最高部位于睑板处。

内眦褶,亦称蒙古褶,是指在眼的内角处,由上眼睑微微下伸,遮掩泪阜而形成的小小皮褶。根据内眦褶遮盖泪阜的程度,可分为有眦褶型(或多或少覆盖泪阜)和无眦褶型(泪阜不被覆盖,完全暴露)。

眼裂是指上、下眼睑之间形成的裂隙,也就是平常所说的眼缝。眼裂长度为内眦点到为外眦点的直线距离,根据眼裂的大小,可分为小、中和大三级。

根据眼裂的走行(眼裂倾度),分为三类:内角高于外角、内角等于外角以及内角低于外角。根据眼裂的形态,可分为椭圆形、角形和线形。

眼眶的形态,可分为高眶、低眶;凹形、凸形。眼眶上下缘之间距离宽为高眶,窄为低眶。眼睑凹入眼眶的为凹形,眼睑凸出眶骨的为凸形。

根据两眼之间的间隔距离,可分为小、中和大。小间隔是两眼内角间距离甚窄;大间隔是两眼内角间距离比较宽。

眼球(包括黑白全部)的位置,按眼黑与眼白在张开缝间的位置和方向可分为正常、左向内斜、右向内斜、左向外斜、右向外斜、双眼内斜、双眼外斜、朝上眼黑和朝下眼黑。

5. **鼻的特征分类**

鼻主要由鼻骨、外侧鼻软骨、鼻翼小软骨、鼻翼大软骨、鼻中隔软骨以及致密结缔组织组成。鼻翼大软骨和鼻翼小软骨构成了鼻翼内角及鼻翼外角。

鼻的大小,以鼻根到鼻底的长度与整个面孔的比例关系分为大(>1/3)、中等(=1/3)和小(<1/3)。

鼻指数为鼻长与鼻宽之比。按鼻指数可将鼻分为狭鼻型(<69.9)、中鼻型(70 ~ 84.9)、阔鼻型(85.0 ~99.9)和特阔鼻型(>100)。

按鼻根的形态,可分为深、中等和浅三型。按鼻背的形态,可分为凹形、直形、凸形和波浪形四型。

按鼻底(鼻尖)的形态,可分为上扬型(鼻孔内缘低于外缘)、水平型和下垂型(鼻孔内缘高于外缘)。

此外,按鼻翼的宽度,可分为窄、中等和宽三型。

6. **唇的特征分类**

口唇由皮肤部、黏膜部及过渡部组成,过渡部按其结构与延续为颊黏膜的黏膜部区别。研究口唇的外表结构,通常将过渡部简单地称为黏膜部,与皮肤部区别,即人们常说的红唇部。鼻唇沟是上唇两侧的界线。上唇中线有一条发育明显的沟,称为人中。红唇上缘的曲折称为红唇切记。

按唇的高度(鼻下点至黏膜部上缘中点的距离),可分为低(14 ~15mm)、中等(15 ~ 20mm)和高(>20mm)三型。按唇的厚度(口唇闭合时,上、下唇黏膜部的高度),可分为薄、中等和厚三型。按唇的凸度,可分为凸唇型(上唇前突)、正唇型(上、下唇平直)和缩唇型(上唇后缩)三型。

按口的宽度,可分为大、中等和小三型。按口的形态,可分为吊角型(口裂为弧形,两端向上走行)、水平型(口裂水平走行)和落角型(口裂为弧形,两端向下走行)三型。

7. **下颌的特征分类**

按下颌的形状,可分为三角形、方形、圆形。根据下颌的倾斜度可分为内倾、垂直和突出三型。

8. 耳的特征分类

(1)外耳的结构。外耳主要由耳郭、耳轮、对耳轮、舟状窝、耳轮脚、耳屏、耳垂等部分组成。耳郭位于头部两侧,前凹后凸。人类外耳边缘半卷的半圆形边缘称为耳轮。耳轮边缘上有时可见结节,称为达尔文结节或达尔文点。在耳轮内侧与耳轮平行的软骨嵴称为对耳轮。耳轮与对耳轮之间的凹陷称为舟状窝。耳轮脚是指外耳上部对耳轮分成的两个嵴状突起。耳前缘的突起称为耳屏,对耳轮下端的突起称为对耳屏。耳屏与对耳屏之间的四陷称为耳屏切迹。耳郭下端无软骨的软组织部分称为耳垂。

(2)耳的特征分类。按耳郭的形状,可分为三角形、椭圆形、长方形和圆形。按耳与颞部的贴近情况,可分为全部贴近、全部外张、上部外张和下部外张四型。按耳轮和对耳轮的形态,可分为窄耳轮、宽耳轮、内缩的对耳轮和突出的对耳轮。按耳屏的形状,可分为尖耳屏、分叉耳屏和圆耳屏。按对耳屏的形态,可分为凹形、直线形和凸形。按耳垂的形状,可分为三角形、圆形和四方形。此外,按耳垂内缘与面颊的关系,可分为附着型(耳垂内缘完全与面颊皮肤相连)、半附着型(耳重内缘部分与面颊皮肤相连)以及游离型(耳垂内缘与面颊皮肤不相连)。

11.2.3.2 人脸识别基本过程

人脸识别是利用摄像机或相机收集含有人脸的照片或者视频,自动识别其中的信息——进行追踪或者检测有效信息,并且对有效人脸信息执行相关操作。具体过程包括以下几步。

(1)人脸图像收集。可采用照相机或摄像机采集人脸照片或视频。

(2)人脸图像预处理。进行图像预处理的目的是为了更好地提高人面部的识别特征,方便进行对比,毕竟图像会受到大小、分辨率、光照条件、遮挡程度、采集角度等因素的影响;而视频中人脸采集还会受到杂音、色彩分辨度等因素影响。人脸图像预处理过程见图 11.1。

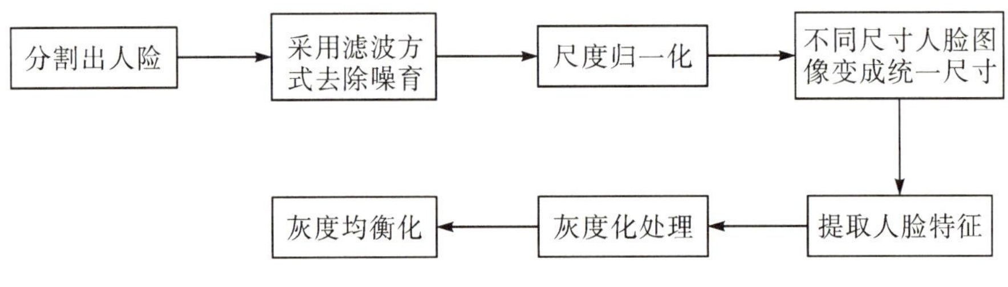

图 11.1 人脸图像预处理流程

(3)特征识别对比验证。人脸的特征提取和对比验证是最为关键的两个部分。生物信息提取人脸的特征后,将基于人脸的生物特征进行图像收集、图像预处理后,依据与数据库信息对比判断是否为同一个人。

11.2.3.3 人脸识别技术

人脸识别系统所涉及的相关技术可分为两大类:第一,判断静态图像或动态视频帧中是否包含人脸对象,若存在则输出其人脸位置以及大小,即人脸检测技术;第二,对检测出的人脸对象提取特征,并与数据库中已保存的人脸对象特征进行比较,以确定其人脸身份,即人脸识别技术。

人脸检测作为人脸识别的基础,其性能的优劣对于人脸识别的识别性能也起到了至关重要的作用,人脸检测工作可以描述为:采用人脸检测算法对静态图像或动态视频帧进行检测,判断该图像或视频中是否包含有人脸对象,若包含则需进一步给出人脸对象确切的位置信息和大小信息。人脸检测作为人脸识别领域中的一项关键技术,近年来其检测的准确率和检测效率已然成为计算机视觉领域内的重要课题。

11.2.3.4 人脸检测技术研究现状

最早的人脸检测技术始于 20 世纪 60 年代,主要是利用简单的固定模板进行匹配或者基于特征的检测方法,这类方法能够对人脸对象前景突出,背景色单一以及人脸正向的情形进行较为准确的人脸检测,因此这类方法的缺点也很明显,即不适用非理想的环境。随着计算机技术和光学成像技术的不断发展,人脸检测技术也在不断发展与更新。人脸识别系统成功的关键在于是否拥有尖端的核心算法,并使识别结果具有实用化的识别率和识别速度。“人脸识别系统”集成了人工智能、机器识别、机器学习、模型理论、专家系统、视频图像处理等多种专业技术,同时需结合中间值处理的理论与实现,是生物特征识别的最新应用,其核心技术的实现,展现了弱人工智能向强人工智能的转化。目前的检测技术主要分为基于具有一定自适应能力的复杂模板方法、基于人脸特征的方法和基于统计的方法三类。

1. 基于特征的人脸检测技术

人脸图像包含多种特征,如何确定这些特征对于人脸检测技术的重要程度,即如何选取这些特征以及如何用其进行人脸检测将成为该类技术的关键问题。基于特征的人脸检测技术根据使用特征类型和特征个数的不同,主要分为单特征分析方法和组合特征分析方法。所谓单特征分析就是采取单个特征组成的特征向量来表征人脸特征,如颜色特征、纹理特征等,并依据一定的规则来描述这些单个特征对应的特征值与人脸对象之间存在的映射关系。基于特征的人脸检测,实质上是用表征人脸特征的特征向量来描述人脸对象,从而将人脸检测问题转化成了一个高维空间中的向量匹配问题,这样简化了人脸检测算法的实现难度。而组合特征方法实际上利用人脸的多种特征来描述人脸特征,形成更为全局和全面的人脸面部特征描述子,从而达到提高人脸检测准确性的目的。

2. 基于模板匹配的人脸检测技术

基于模板匹配算法实质上是事先设定好一定的候选人脸模板库,接着采取一定的模板匹配策略，用模块库中模板去图片中进行匹配，然后进行相关性计算，以计算出的相关性高低，来判断图片中用模板匹配出的人脸候选区域是否是人脸对象，通过所匹配的模板大小，可进一步确定人脸的大小和位置信息。

3. 基于统计的人脸检测技术

由于肤色或人脸特征等都是用来描述图像中人脸对象的一类或多类特征，然而由于图像中存在的复杂性和多变性，导致想显式去描述人脸特征，并以此在图像中区分出人脸区域存在一定的难度，由此产生了一类新的人脸检测方法，即基于统计的人脸检测方法。该方法需要搜集大量的“人脸”和“非人脸”图片以构成图片样本库，即人脸正、负样本图片库，接着选择某种统计算法对人脸正、负样本图片库进行连续的训练，进而得到基于该人脸正、负图片库的分类器。训练完之后，用训练好的分类对待测图像进行人脸检测，判断候选区域属于哪类模式，进而判断是否是人脸区域。

11.2.4 声纹识别

声纹(voiceprint)是用电声学仪器显示的携带言语信息的声波频谱。人类语言的产生是人体语言中枢与发音器官之间一个复杂的生理物理过程，人在讲话时使用的发声器官——舌、牙齿、喉头、肺、鼻腔在尺寸和形态方面每个人的差异很大，所以任何 2 个人的声纹图谱均存在差异。

11.2.4.1 声纹识别的基本原理

声纹识别(voiceprint recognition)是通过计算机的理解能力，将说话人语音信号中携带的个性特征提取后，与数据库中的训练模板根据一定准则进行匹配，鉴别或确认出说话人的身份。整个过程由前端处理、特征提取、模型训练、模式匹配等组成，如图 11.2 所示。

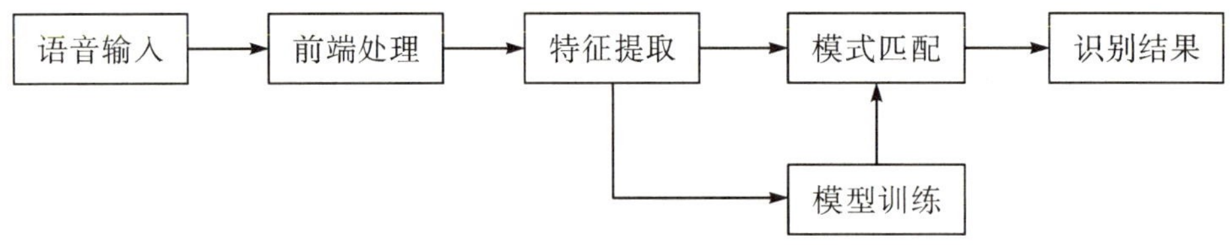

图 11.2 声纹识别流程

11.2.4.2 声纹识别的优势

与其他生物识别信息相比，声纹识别具有以下优势。

(1)蕴含声纹特征的语音获取方便、自然，在采集过程中涉及用户个人隐私信息较少，因此使用者更易接受。

(2)语音采集装置成本低廉，使用简单，一个麦克风即可，在使用通信设备(如电话、手机)时更无须额外的录音设备。

(3)配合语音识别技术,可使声纹口令动态变化,而无须担心密码遗忘、丢失和窃取等问题,防止录音假冒,因此也尤为适合远程身份认证。

11.2.4.3 声纹识别系统的难点

1. 复杂环境对识别过程的影响

噪声的干扰对语音识别的过程有很大的影响,一方面是人的声音本身的一些变化,如音调的时高时低、语速的快慢变化、共振峰的变化等,声音的这些变化都会对语音识别造成一定的干扰。语间界限区别不清,必然会对端点检测造成影响,使识别率下降。另一方面,语音在信道中传输时,很容易受到信道噪声的干扰,这些都会使识别过程中提取出的特征信息发生一定的变化,增加了识别过程的不确定性。

2. 声纹识别系统的复杂性

声纹识别是一门复杂的学科,与生理学、语言学、心理学、统计学、计算机等多门学科交叉融合,各门学科的研究都会推进声纹识别系统的进展,这些学科本身发展的不够完善,也对声纹识别的研究造成了一定的制约。

3. 声纹识别系统的适应性

声纹识别系统对环境依赖性强,某种环境中采集到的语音,建立起来的语音识别系统只能适用于这个特定的环境,在其他环境中就会使得识别率下降,所以适应性较差。

4. 语音信号的不稳定性

我们在分析语音信号时,为了便于量化处理,往往将语音看作是短时平稳的,但是实际上语音是时变的信号,直到目前,还没有找到理想的方法提取快速语音的时变信号。另外,由于人在不同的环境中、不同的情绪下、不同的健康状况下以及不同的年龄说话的语气、频率都会发生变化,这更增加了语音信号的不稳定性。

5. 语言的多样性

语言是人与人之间交流沟通的桥梁,全世界已查明的语言共有5651种,有人类活动的地方就会有语言,由每一种语言字符组成的词组、句子更是多得数不胜数。由于发音方式、发音习惯的影响,即使是同一个国家说的同一种语言,也会产生很多的方言,这点从汉语的语言文化特色中就能清晰体现,而在语音识别系统模板库中的语音要求有代表性又尽可能反映实际情况,口音的问题为模板库的建立更是提出了严峻的考验。目前,大多数的语音识别还停留在小词汇量、孤立词的识别层面,应用较为局限。

11.3 大数据时代生物医学信息安全

大数据(big data)是指由于容量太大和过于复杂,无法在一定时间内用常规软件对其内容进行抓取、管理、存储、检索、共享、传输和分析的数据集。如今,基于计算机技术、信息存储方式、云计算和移动终端设备的高速发展与革新,人类社会步入了大数据时代,并给当代社会发展带来了冲击,正深刻影响着社会生活、工作与思维等各个方面。在生物医学领域,大数据+医学是生物医学发展的必然趋势。一方面,大数据技术已广泛地运用到生物医学诸多方面,逐渐影响着医学的发展。另一方面,虽然大数据技术有助于让纷繁复杂的数据简单化,但信息安全问题和病患的隐私泄漏给生物医学发展也带来了风险和隐患[4-5]。

11.3.1 大数据对生物医学发展的重要性

医学领域如今正处于一个医学信息爆炸的时代。生物医学研究不是孤立存在的,具有整体关联性,且个体疾病复杂多样。随着高通量大数据存储技术的革新和基因组测序成本的下降,以及医院信息化和现代数字化研究、诊疗系统的发展,生物医学在发展过程中产生了海量的数据。目前,每年全球产生的生物数据达到 EB 级别,生物医学科学在某种程度上已经成为大数据科学。

生物医学数据不断积累,促使研究者和临床医生的思维方式已经从数据生产和积累转变为对数据进行深层次的处理,即生物医学的发展趋势已由假设驱动向数据驱动转变。大数据技术的分析和挖掘在医学研究、疾病诊疗、公共卫生管理和健康危险因素分析等方面发挥了重要的作用,可以说现代生物医学的发展已经离不开大数据的支持。

大数据本身是一种潜在的战略性资源,具有小规模数据无法匹及的趋势预测潜力,大数据的分析和应用才能将这些资源的效益真正释放出来。谁掌握了大数据以及大数据的研究技术,谁就掌握了主动权。尤其是在生物医学等事关人类健康和命运的研究领域,对相关大数据的研究就是对健康领域未来的掌握。

11.3.2 生物医学大数据研究的特点

2014 年,以《科学》杂志推出的《大数据下的大生物》(Big Biological Impacts from Big Data)系列评论为标志,正式宣告生物学、医学相关研究进入了大数据时代。生物医学大数据具有典型的“3V”特点,即 volume(大量化)、velocity(快速化)及 variety(多样化)。具体表现为:①生物医学数据量大。以基因测序数据为例,通常对于一个样本的人体基因组和转录组测序数据量分别超过 100GB 和 30GB(基于 3GB 人类基因组和 10 ~30 倍测序深度),几乎一个人的数据量就要占满一部智能手机的内存。而考虑到一次试验中通常会涉及数百个甚至上万个人体样本,相关的数据量产出必然达到天文数字。②研究对于处理结果准确性和处理速度均有较高要求。如个性化医疗就具有较高的时效性要求,而单细胞测序及诊断等对突变位点和功能模块的鉴别准确性要求较高。③相关源数据来源多变且具有较大的异质性。生物医学数据的分析和解释通常会利用到 NCBI 系列等通用数据库以及 UniProt 等专业数据库,但不同的数据库存在异质性,会导致数据缺失、数据矛盾等问题的普遍存在,成为相关大数据整合与分析的瓶颈。正是因为这些特点,所以需要依靠大数据思维和数据分析策略对生物医学数据进行深入挖掘。

此外,与其他科学大数据一样,生物医学大数据也具有典型的"3H"特点,即 high dimension(高维度)、high complexity(高度计算复杂性)和 high uncertainty(高度不确定性)。具体体现在:①生物医学大数据在对于样本的多重分析角度、多组学数据和多样本量等方面均具有高维特点,需要对多维数据进行叠加、索引、学习。如 2008 年谷歌基于数百天内监测数百万人的流感疫情数据建立了 FluTrend 模型,并利用 FluTrend 为流感疫情的蔓延提供了一个清晰的图像,进而可以帮助医生能够有效地阻止流感疫情的蔓延。这些高维度数据为发掘蕴含于高维数据中的深刻规律提供了基础,同时在数据整合与分析方面提出了挑战。②生物医学研究目标和过程的复杂性,包括不同组学数据的系统性整合需求、不同样本的比对需求、结果的统计验证等,均需要基于大数据进行数据建模并归纳生物学规律。③生物医学研究中样本在来源、处理方法、存储格式上的差异性导致研究对象的高度不确定性和不吻合性,需要智能化的数据模型来加以深入分析。

11.3.3 生物医学大数据的典型应用

大数据技术的应用不仅推动了生物医学研究的高速发展,也极大丰富了生物医学领域所蕴含的内容,赋予了生物医学一些新的应用功能。

11.3.3.1 预测功能

预测功能是大数据挖掘应用于生物医学领域的核心,在生物医学研究和疾病诊治、预防中都得到有效应用。大数据的信息统计分析为医学研究提供方向指引和结果预判,避免重复研究。基于大数据挖掘技术,从大量的生物医学数据中分析某些疾病的病因,针对疾病发生机制,及时准确确定治疗方式,利于疾病的预防治理。同时针对个体健康数据的整理,也可为疾病的预防提供参考服务。

11.3.3.2 信息共享

数据共享是大数据应用的基石,医学领域积累了海量的数据,但分布相对分散,通过信息共享,把相对分散的信息资源连接起来,最大限度地增加数据量,为更多、更新的应用提供数据支撑。例如,医学健康档案和生物医学专用数据库的构建,极大地便利了临床医生的病患诊治和生物医学研究者的科学研究。

11.3.3.3 个性化医疗

2008 年 11 月 6 日,《自然》杂志发表了《第一个亚洲人基因组图谱》论文,这是医学领域的重要成就。有了个人的基因组图谱,医生就可以依据这个图谱对患者进行更精准地诊断和治疗,更可能在发病前就进行必要的干预,甚至连药物都可以根据这个基因图谱为个人单独设计。由此,治病对人们来说将不再是千篇一律,从而实现"你的生命掌握在你自己手中”。生物医学大数据技术正在改变目前的诊疗方式,即从以病征为主的疾病诊断和治疗向基于个体特征的精准治疗转变。目前的高通量检测技术、大数据存储平台以及数据挖掘技术,使得科学家和医疗人员能够获得包括个体基因组、表观基因组、转录组、蛋白质组、代谢组、微生物组等在内的各种详细的组学信息。综合这些信息不仅能使我们对一个人的健康状况有全局的了解,而且提供了一个新的途径能够个性化地检测健康状况和提供疾病的防治,真正实现“个性化医疗”。

11.3.4 生物医学大数据的安全风险

大数据为医学研究和诊疗带来便利的同时,一系列的信息安全问题和病患隐私泄漏也给生物医学发展带来了新的挑战和风险[4-5]。①大数据促进了数据信息的关联性,区分个人信息与非个人信息的难度增加;②大数据无形中所收集的个人信息被快速传播,人们对私人信息的控制权逐渐弱化;③大数据信息开放共享的特征与个体隐私权保护产生冲突,隐私保护问题可能成为阻碍生物医学发展的重要因素。随着网络入侵变得平常,在线存储的个人医疗数据面临被非授权用户有意或无意访问的风险。其中,用户的身高、体重、血压以及其他身体指标均为敏感数据。据国外媒体报道,阿肯色州颌面外科中心在 2017 年 7 月 25、26 日受到黑客攻击,造成 12.8 万个患者的数据泄漏,其中包括文件、医疗图像以及患者详细的访问记录等。同年 10 月初,Henry Ford Health 的 1.8 万个患者的医疗数据被窥探甚至盗窃。这些数据的泄漏给生物医学领域带来了严重的影响,影响了个人及团体的生物医学研究,很多患者在配合治疗时,个人信息得不到很好的保护,让不法分子有机可乘,对社会造成了极其恶劣的影响。

11.4 生物信息数据相关生物安全威胁的应对策略

生物信息数据是生物安全的基础。互联网时代,一些公司掌握有大量的公民信息,一旦泄漏极易造成安全隐患。如 2019 年 2 月“深网视界”因安全措施不到位,从而导致大量人脸信息泄漏于网上。生物识别信息的唯一性使得其不像其他信息,丢失后可以进行挂失,生物识别信息一旦丢失就等于把自己的“密码”公之于众,若被不法分子掌握后,后果极其严重。因此,如何采取相应的应对措施,有效提升生物识别信息的安全防范就显得极为重要。

11.4.1 预防措施

11.4.1.1 个人层面,加强个人生物信息保护意识

一方面,要充分认识个人生物信息泄漏的严重后果,不断加强自我保护意识和提升保护技能,通过了解隐私政策、关闭非必要权限、增强社交隐私设置、加强对个性化标签

和定向推送的管理等方式，避免个人生物信息泄漏。另一方面，了解个人生物信息保护相关法律法规，做到知法、懂法、守法、用法。应重点了解《中华人民共和国网络安全法》《消费者权益保护法》等个人信息保护相关法律，一旦发现存在个人生物信息泄漏和违法使用的情形，应立即向监管部门举报，依法维护好自身权益。

11.4.1.2　企业层面，规范个人生物信息安全管理

1. 重视隐私条款政策的制定和规范性

结合企业自身基本情况和所处的行业特点，设计相关的隐私政策。使用浅显易懂的表达方式，明确告知用户企业收集、利用及保护个人信息的方式；收集数据的类型、使用目的；为用户删除数据、注销账户提供渠道，明确对用户数据的共享、发布方式；发生争议时的询问和投诉渠道，以及争议解决机制。

2. 切实承担起保护用户个人数据的责任

企业应加强对处理个人信息的员工的约束，明确其安全职责，加强对员工的安全培训；对访问个人信息的内部数据操作人员进行严格的访问权限控制；加强审计，确保数据操作雁过留声。企业应将个人信息保护理念融入企业运营管理的全流程，在产品及服务设计阶段进行风险预测，将必要的隐私设计纳入产品及服务的最初设计之中。定期开展个人信息安全影响评估，根据评估结果采取适当措施，降低侵害个人隐私安全风险。

3. 管理和技术手段结合保护用户个人信息

针对云计算、大数据等新技术、新业务带来的个人信息保护挑战，企业应进一步加强大数据环境下网络安全防护技术手段建设，推进大数据环境下防攻击、防泄漏、防窃取的监测、预警、控制和应急处置能力建设，提升重大安全事件应急处理能力。

11.4.1.3　国家层面，加快个人信息保护立法和监管

一是进一步明确个人信息的范围，明确信息主体拥有的知情同意权、访问权、被遗忘权、更正权等各项权利，规范数据的权属关系。完善个人信息收集及使用规则，明确界定“正当、必要”的范围，规范用户知情同意的具体方式。二是加快研究制定个人信息安全保护的相关标准。应尽快制定个人信息分级分类标准，区分可使用、可交易的商业数据信息和不可使用、不可交易的数据信息，明确相应级别的保护措施。尽快制定个人信息去标识化指南，提炼业内当前通行的最佳实践，规范个人信息去标识化的目标、原则、技术、模型、过程和组织措施，提出能有效抵御安全风险、符合信息化发展需要的个人信息去标识化指南。数据出境安全评估指南等个人信息安全相关国家标准也需加快研制。三是加强个人信息保护监管。持续推进 APP 违法违规收集使用个人信息专项整治，各行业主管部门开展各自行业的数据安全保护、个人信息保护治理行动，形成长效机制。创新监管手段，引入第三方检测评估和认证监测机制，引导数据安全服务市场健全发展，不断提升网络运营者对公民个人信息保护的主动性。

11.4.2 发生后的处置

一旦发现个人生物信息遭到相关公司或机构的泄漏，个人可立即报警，交由警方处理。对于侵犯个人隐私的行为千万不要默不作声，要敢于拿起法律武器捍卫自己的隐私权利。如果是企业意识不到位或遭到黑客攻击，从而发生个人信息泄漏，要及时报备相关机构，比如网信办或者其他管理机构。当然，最重要的还是要加强对敏感信息数据的保护意识，从源头上避免这类信息的泄漏。

11.4.3 生物信息安全证据与司法鉴定

11.4.3.1 生物信息安全证据的固定和提取

生物信息安全证据提取前做好响应准备，一方面为了保护现场侦查人员的人身安全，另一方面相应的保护措施也可以避免将侦查人员自身的生物检材留在现场或者污染生物证据。随着高度灵敏的检测技术的研制开发，例如 PCR 和线粒体基因组的 DNA 分型法，证据被犯罪现场勘查人员污染的可能性大大增加。因此，通过严格遵循这些操作程序，带上合理合格的防护设备，将会大大降低生物证据被现场勘查人员污染的可能性。工作人员在提取证据前，应当注意以下方面：①现场发现的所有生物体液及斑痕，一律视为具有传染性，需要采取防护措施。②在现场发现的锋锐物品，必须戴好护具小心提取后，放在能够防护的专门器具内封闭保存。③要经常用肥皂洗手，养成良好的个人卫生习惯。④了解自己皮肤的完整状况。工作时要认真包扎所有伤口，采取足够防护措施，避免被现场的环境污染。⑤必须使用一次性橡胶手套来处理可能存在生物污染的检材。⑥在存在大面积生物污染的情况下，整体防护必不可少。⑦在可能传播疾病的地方，避免手与面部接触，如吃东西、吸烟、喝水等。⑧如果身体接触生物污染源，不要惊慌，马上用专用的消毒液消洗，并最好去医院进行身体检查。⑨被污染的表面或物体应当用 1:9 的双氧水进行清洗，或者使用医院常用消毒的喷雾凝胶处理。⑩时刻警惕锋利的物体，尤其是带有血液的锋锐物品，必须在足够的防护条件下进行提取。下面以指纹的提取和固定为例进行说明。

指纹痕迹的提取是一项技术性的工作，提取过程当中需要注意首先是使指纹痕迹显现，其次是要确保指纹痕迹的完整性，不能在提取过程中对其造成破坏。目前常用的提取方法包括以下几种：第一是拍照，即对现场本身就非常清楚，肉眼可见的指纹进行拍照提取，这可以最大程度保持指纹痕迹的原始状态，而且技术要求也相对较低；第二是提取指纹痕迹原物件，这种方法是在对犯罪现场进行全面的研究分析后，直接提取其中确定存在犯罪嫌疑人指纹的物件，后期再对指纹痕迹做进一步的固定和提取；第三是胶带粘取指纹，胶带粘取指纹通常用在已经利用粉末和熏染法做了手印显现之后，对指纹痕迹的固定、提取。这种方法一定要做好清楚的标记；第四是静电复印方式，这种方法主要适用于指纹痕迹印在灰尘上的，难以直接进行提取，这时就可以通过静电复印方式对指纹痕迹进行显现。利用这种方式必须在提取手印之后进行拍照固定，有时可以通过覆盖的方式，对留在灰尘上指纹痕迹长期保存；第五是碘熏法提取，加热固体碘形成碘蒸气，用蒸气熏烤疑似有指纹痕迹的纸张。如果有指纹，就会把指纹痕迹显现出来；第六是宁海得林法，这种方法是指用茚三酮与汗液中的氨基酸发生反应，从而形成有色的指纹痕迹；第七是光学手段提取，这种方法一般适用于一些不易检出，或者是指纹痕迹比较陈旧的时候。还有就是犯罪嫌疑人反侦查能力强，曾经对留在物体上的汗液进行了处理，这时通常采用光学手段进行显现。除了上述的几种刑侦指纹痕迹提取方法外，还有真空镀膜显手印法、指纹痕迹反差增强技术等可以用于现场指纹提取。

11.4.3.2 生物安全信息的司法鉴定

众所周知，指纹是在人的胚胎发育期即已形成，具有个体唯一性、终身不变、触物留痕的特点，正是这一特质使得指纹鉴定技术在确定侦查方向、排除或认定犯罪嫌疑人、还原作案过程等侦查活动中起到了至关重要的作用，是现代警察破案的主要手段之一。早期的指纹技术工作中，痕迹的发现和提取方法相对单一，同时环境条件对其影响极大。指纹鉴定更是完全依靠技术人员用肉眼进行判断，从种类特征到细节特征进行逐一比较和鉴别，工作量大、失误率高，因此在实际应用中表现出来的效果并不十分理想。但是，随着现代科学技术的快速发展，在指纹鉴定方面取得了较大的进步，工作效率、准确性上都有较大的提高，为传统的指纹鉴定技术注入了新的活力，同时这也是指纹技术在现代侦查活动中应用较为广泛的重要基础。现在的刑事技术人员在指纹的现场提取、保存、比对、鉴定等各个环节都可以借助新的技术手段。

通常情况下犯罪嫌疑人想要作案，就必然会存在一定的反侦查能力，一般会在犯罪之后清除脚印，因此刑侦案件办理难度有所增加。但是通常无法及时消除指纹痕迹，其根本原因在于犯罪者作案行为过于慌乱，并未能够及时对作案手指痕迹完整记住，因此自然无法对指纹全面清除。再者就是罪犯在作案过程中，通常会遗留诸多指纹，因此指纹清理难度也较大。所以在刑侦案件办理中，指纹痕迹检验技术便极为关键。一旦在案发现场发现遗留的指纹痕迹，便能够为刑事案件的侦破留下关键线索。借助镀膜以及荧光喷雾等多种方式采集指纹，之后将其运用至刑侦检测工作中，如此可极大缩小犯罪嫌疑人的侦查范围，避免刑事案件侦查过程中过度盲目的搜索犯罪嫌疑人，从而减少人力、时间、物力的损耗，有效抓住破案机会，尽可能减少犯罪破坏及损失，降低犯罪行为所致的人身伤害损失。

当前，指纹细节特征的人工标注方法以 GA 774.5—2008《指纹特征规范（第 5 部分）：指纹细节特征点标注方法》中的标注方法和指纹工作者在长期实践过程中的习惯标注方法为主。本文中所指的习惯标注方法可以总结为“分歧结合标主线，主从不明标中间;小点小棒和小眼,两端标注尾相连;小桥连接两岸线,不标桥上标岸边;小钩标注似小桥,平行标注最重要”。

目前指纹识别技术已经高度自动化,且在计算机技术的辅助作用下,指纹识别的效率也得到极大提升。这一技术也就是美国 FBI 专业化系统,现如今被广泛运用于全国各地。该技术借助指纹扫描之后自动完成信息记录,并且能够自动实现指纹有关特点及其他编辑的关键记录工作。在记录指纹中通常对于指纹相关光电,促使聚集之后可能会产生差异线流,计算机能够全部记录相关信息之后,记录对应人员有关信息。这一技术也被称之为指纹鉴定技术的常用系统,对比新旧指纹数据有效确定作案者的身份。日本、美国的指纹鉴定系统存在不同,日本的具备了更强的人类视觉识别特点,可以划分指纹图形中轴线,之后将其作为中心轴坐标完成指纹特点的编码识别。这一技术作为坐标系指纹识别构建方法,所有指纹置于这一坐标系内,依据生成的坐标系编码,对应不同的指纹标准实现对指纹识别这一功能的充分发挥。目前已经存在的指纹压缩技术还可以对刑侦人员获取指纹鉴定的所耗时间有效缩减,不同于以往每天完成指纹搜索之后再送检这一流程。通过对我国所可以搜索的现场同时扫入指纹之后,上传至鉴定中心系统,原本所需 4 天才能够完成的鉴定工作,借助这一系统 2 小时即可实现。

11.4.4 立法与法律保障的现状

纵观国外个人信息保护的政策建设,欧洲国家主要采用统一立法模式,通过综合性个人信息保护政策对个人信息的收集、保存、使用和传播进行管理[6]。欧洲是建立在人的尊严基础上而提出的个人数据保护理论,主张个人对其数据具有绝对的控制权。欧盟是最早关注个人信息保护的区域性组织,制定了一系列严格而规范的个人信息保护法律框架,通过指令、原则、准则、指南等立法规制,要求各成员国建立统一的个人隐私保护法律体系,以保护成员国公民的隐私权,并促进成员国之间个人信息的自由流通,影响力遍及全球。欧洲国家中尤以德国和英国为代表,从保障个人信息权利出发,制定了一系列的政策和法规,属于“综合式”管理。美国通过分散立法和商业领域内部自律,对不同领域的个人信息隐私进行保护。美国的个人信息保护制度较为复杂,是由联邦法和各州法律等交织而成的网状保护,属于“分治理”的管理模式[6]。美国采取的个人信息保护模式是政府引导下的行业自律和个人自觉,为了进一步保障信息安全和信息的自由流动而制定了一系列行业性的信息隐私法。随着亚太地区经济的迅猛发展和高速增长,涌现出局部性、区域性、国际性的数据保护监管热潮,亚太地区的大部分国家则是通过制定专门的个人信息保护法律和统一的个人信息监管机构搭建个人信息保护政策框架。但相同的是,个人信息保护政策框架是随着信息技术的发展而不断演化,根据信息时代发展特征可划分为个人信息保护萌芽阶段、探索阶段、持续完善阶段和大数据时代个人信息全方位保护阶段。

我国是拥有8亿网民的互联网大国，长期以来，我国政府一直高度重视个人信息保护问题，积极推进和完善个人信息保护法及相关制度。目前已有40部法律、30余部法规和200部规章制度涉及个人信息保护的条款。2021年8月20日由十三届全国人大常委会第三十次会议表决通过、自2021年11月1日起开始正式施行的《中华人民共和国个人信息保护法》的出台，标志着我国个人信息保护法制建设进入新阶段。该法明确规定：①通过自动化决策方式向个人进行信息推送、商业营销，应提供不针对其个人特征的选项或提供便捷的拒绝方式；②处理生物识别、医疗健康、金融账户、行踪轨迹等敏感个人信息，应取得个人的单独同意；③对违法处理个人信息的应用程序，责令暂停或者终止提供服务。

我国的个人信息保护政策体系主要体现在战略框架、法律、部门规范以及行业标准层面，现阶段多层次的战略框架、法律法规和行业标准等为个人信息提供了保护的依据，涵盖个人信息安全的基本原则、个人信息的收集条件、个人信息的保护要求、个人信息的使用披露及分享提供规则等，体现出中国公民个人信息保护多元价值集合的鲜明特色[7-9]。

11.4.5 现存问题与未来方向

11.4.5.1 生物特征识别技术应用的隐私让渡代价

1. 迫使人陷入“隐私裸奔”的困境

互联网技术给人类生活带来了便利，同时也留存了很多行为数据。这些数据在互联网记忆中不断累积，成为监测人类行为的工具，人类被迫成为“透明人”。而生物特征识别技术的兴起，个人生物信息的让渡又给“透明人”增添了筹码。在生物特征识别场景下，用户让渡的隐私可能不仅仅只是个人的面部特征，面部信息中包含的年龄、性别、情绪特征等元素也可能被识别与记录。同时，在人工智能与深度学习背景下，通过对生物特征信息的识别，可以挖掘出其他的个人隐私信息。如果在互联网中将面部信息与兴趣、性格、消费习惯甚至行踪轨迹等信息进行串联，那么个体的信息画像将会有更加直接与清晰的轮廓，在互联网记忆中形成一个不断成长的数据自我，成为巨大的安全隐患。在线上，带有个人“头像”的数据在网络空间中无线延伸；在线下，无处不在的摄像头与生物特征识别相结合，使个体活动处于高度监视的环境中，真正使人类陷入“隐私裸奔”的困境，进一步增加了个人隐私保护的难度。

2. 生物特征识别服务存在算法歧视

生物特征识别技术的应用可能形成对特定群体的歧视，比如一些具有特殊面部特征的群体或者通过面部信息识别出其他特殊信息的群体就可能成为重点关注的对象。这就侵害了特定人群的基本权利，也造成了社会排斥的问题。已有研究表明，在人脸识别中存在种族偏见现象。例如,在机场、火车站等人脸识别应用情景中,部分群体的面部信息可能由于系统的算法偏见无法被正常识别,从而不得不接受工作人员的审问和例行检查。除了在对个体面部扫描时存在偏见与误判外,在面部识别后所享有的服务中也可能存在歧视。在日常生活,比如求职或者租房等过程中,通过对人进行面部扫描就可掌握对方的个人信息,从而将人群划分为三六九等,并根据不同的等级提供性质不同的服务。而分类依据的法律是什么、服务提供商是否有对用户进行分类的权利、分类标准是否合理、是否存在侵犯公民合法权益的歧视性操作等目前都还没有定论。这种差别待遇可能已经影响了服务的体验感,违背了我们最初选择服务的意愿,也容易使人陷入信息闭塞的死循环中。我们提供人脸信息是为了享受更优质的服务,而服务本身所包含的算法歧视在无形中对我们尊严、人格的伤害也是我们无法回避的代价。我们在无法确保人脸识别系统算法的公正性,面临在无形中按照某一规则被分类,甚至被边缘化的情况时,不得不思考,是不是真的需要以让渡识别性极强的隐私信息为代价而换取某种服务。

3. 生物特征信息的不当存储和应用带来巨大安全隐患

公众大多都了解生物特征识别技术是对个人生物特征信息的提取与识别,而对这些生物特征信息后续的存储和使用问题却少有关注。在“人脸识别第一案”中,动物园委托第三方技术公司提供人脸识别技术,将游客入园方式由原来的指纹识别强制改为人脸识别。游客的人脸信息会被存储在技术提供方的服务器上,而我们无法确定储存人脸信息的这家机构是否有能力保护游客的隐私信息。如今已有互联网平台公开兜售未经肖像权所有人授权的人脸照片,明码标价进行交易,例如 8 元可买 3 万张人脸照片、3000 元可买 24000 套人脸照片等等,其中还包括一个人不同表情的脸部照片,从侧面反映出人脸信息保管的安全系数并不高。在人脸信息的不当应用中有两个突出问题:一方面,存储我们面部信息的组织本质上是具体的人在运作,即大量身份指向性极强的人脸信息是由一部分人掌控的,这部分人将如何使用我们的个人数据,会不会因为一己私欲而违规操作,都无从得知;另一方面,人脸识别要通过特定的代码进行翻译、筛选对象,这种代码的操作自然有被黑客入侵的可能性。而随着人脸伪造技术的发展和反实名制产业链条的日趋成熟,破译人脸信息,用“假人脸”顶替“真人脸”已成为可能。

11.4.5.2 规范生物特征识别技术合理应用的措施

生物特征识别技术是当今技术进步与发展的产物,我们在顺应时代的发展、享受生物特征识别技术带给我们极大便利这种红利的同时,也应该审视其中蕴含的风险与使用代价,采取针对性的措施,多角度、全方面地减少生物特征识别技术的应用代价,促进新技术与人类发展的良性互动。

1. 明确适用范围,完善法律法规

随着信息技术和相关应用的发展,个人信息成为一种重要的社会资源,个人信息保护成为全球范围内关注的重要问题，各国广泛重视大数据时代带来的隐私威胁，不断加强个人信息保护的力度。欧洲各国、美国和亚太其他各个国家的个人信息保护动态是我国个人信息保护体系建设中不可忽视的重要的国际动向，虽然各国采取的路径不同，但是总体思路框架趋向一致，即不断提升个人数据的使用价值，赋予互联网用户多项权益，进一步强化企业、部门机构等在数据保护中的责任并进行严格的监管。

技术的研发与使用都有一定的边界。应合理划分生物特征识别技术的应用场景，明确生物特征识别技术的适用范围。2019 年 8 月，瑞典的一所高中因使用人脸识别技术来统计学生的出勤率，被瑞典的数据监管机构处以 20 万元瑞典克朗（约合人民币 14.6 万元）的罚款。该机构指出，鉴于数据的管理者与数据的持有者之间存在明显的信息不对称，校方与家长之间的协议不足以为生物特征识别技术的使用提供有效的支撑。此案例引发了对生物特征识别技术适用范围的思考，譬如对于课堂这类没有特殊安全需求的公共场所，是否有必要应用生物特征识别技术对个体进行识别以及对行为进行监控？作为全球首个禁止使用生物特征识别技术的城市，旧金山颁布的《停止秘密监视条例》中提道："生物特征识别技术侵害公民权利和公民自由的可能性大大超过了其声称的好处；这项技术将加剧种族不公正，并且威胁到我们的生活不受政府持续监视的能力。"美国马萨诸塞州的萨默维尔市也通过了禁止使用面部识别技术的法令，该法令禁止市政部门和当地警方使用生物特征识别软件，禁止在法律诉讼或刑事调查中使用生物特征识别软件系统产生的证据或数据，但对州或联邦执法部门使用面部识别的范围没有限制。欧盟《一般数据保护条例》第 9 条规定，特定识别自然人的生物学数据，应当禁止处理。对于一些例外情况，也详细列举了多达 10 条细则。

我国对于生物特征识别技术的应用场景和适用范围还没有相对明确的界定，需要进一步细化。可参考欧盟《一般数据保护条例》的第 4 条规定，以抽象化的形式规定个人数据范围，从而规避列举式的不周延性以及滞后性缺陷。根据使用需求和应用场景的不同，具体可分为三类。第一类是基于重大公众安全、侦查犯罪和打击违法行为的需要应用生物特征识别技术。在此场景下应充分发挥生物特征识别技术在保障公民安全和打击犯罪活动中的作用，积极调查取证，同时应明确除特定执法部门外，任何机构、企业和个人都无权使用生物特征识别技术跟踪和调查个体的私人生活。第二类是基于商业服务的需要应用生物特征识别技术。在此场景下应充分考量生物特征识别技术的应用所带来的收益与价值，能否抵消个人生物信息被泄漏与滥用的风险与代价，是否有必要全面推广生物特征识别技术，生物特征识别技术提供商应就相关风险进行充分而明确的告知，并在醒目位置张贴生物特征识别标识。第三类是在一些譬如信息不对称的特殊场景中，应对生物特征识别技术使用的合理性做进一步探讨，启动必要的论证程序，比如召开听证会公开征询意见，提高决策程序的透明度。防止生物特征识别技术的滥用，除了在其应用范围上进行细化与研究，还应有相关的法律法规对生物特征信息的使用进行规范。目前,我国已经出台了一系列与个人信息保护有关的法律和规章,如《中华人民共和国网络安全法》《中华人民共和国个人信息保护法》《数据安全管理办法》等,而针对生物特征信息使用的法律法规并不多,法律体系建设尚不完善,对新技术环境下服务提供者以及服务使用者的权利义务还没有较为清晰的界定。当前由于我国个人信息保护模式比较分散而且暂未形成体系,进一步推动并加快立法,明确个人信息收集、利用和泄漏等行为所需承担的责任尤为重要。

我国在个人信息保护概念、保护原则及法律法规建设体系方面基本与国外保持一致,但在发展阶段上存在一定的滞后性。目前我国的个人信息保护政策体系由战略框架和行动计划、法律法规及行业标准规范等共同组成,形成了多层次、多领域,但体系较为分散的保护模式。应积极抓住新一轮科技革命和产业变革的机遇和契机,借鉴和吸收国外的先进经验,通过设置专门的个人信息保护机构,构建预防应急和救济一体的保护体系,完善政府为主导的社会协作保护监督机制,探索建立统一立法和行业自律相结合的综合型保护立法路径。同时也要加强相关技术的开发,通过利用更加安全的网络数据技术,坚守信息安全和个人数据保护的基本原则,防范公民个人信息的不当使用和开发。因此,国家应进一步细化完善相应的法律法规,明确生物特征信息收集、存储、使用等环节的技术标准,从而实现对生物特征信息使用的全生命周期制度设计。具体在生物特征信息收集环节,应明确收集的目的、方式、合理性;在存储环节,应明确实施加密处理等保护措施,防止信息泄漏;在使用环节,应明确特征信息的使用范围、使用期限等,一旦超过规定时限,应立即删除,将风险降到最低。在完善生物特征识别技术应用的相关法律法规的基础上,应明确数据安全责任人,加强监管和规范,对强制收集、非法转卖生物特征信息和违规使用生物特征识别技术的企业和机构,除了"行政约谈"外,还应严格追究法律责任,进行实际层面的处罚,并完善对被侵害人的补偿机制。同时应明确执法主体,提高执法效率,避免形成执法的"真空地带"。比如欧盟成立了数据保护理事会,实现了对数据的统一集中监管。

2. 建立生物特征识别技术合理使用的行业标准,提高企业责任意识

随着人工智能与社会和人类生产生活的不断融合,人工智能和人类的关系成为制约其进一步发展的最大问题,人工智能的发展应以保护人类的根本利益为前提和原则。应用生物特征识别技术的企业或相关机构应严格按照相关主管部门和国家法律法规的要求,对生物特征识别技术运用过程中可能存在的问题进行自查自纠,建立生物特征识别技术合理使用的行业标准。

一是要建立生物特征识别系统的安全标准,提高行业准入门槛。生物特征识别的运用需要进行严格的安全认证,具备相应的安全能力,防止用户隐私信息被窃取,防范"假生物特征"或其他手段对系统的侵入。

二是要将算法歧视审查嵌入技术标准。审查生物特征识别技术使用中的算法歧视问题,对不良建模内容加以整改,使算法的设计与运行限定在伦理允许的范围内,保证算法的公正性、透明性。针对生物特征识别算法中的种族偏见问题,要优化各种肤色的算法设计,提高训练数据的质量,对容易出错的环节,通过深度学习等现代科技手段提高系统的识别准确率。对于根据生物特征识别后关联出的其他个人信息提供差别服务的问题,行业内也应制订统一、分级的信息关联范围标准。一方面可以杜绝企业为了恶意竞争过度搜集使用相关的个人信息,另一方面可以使用户根据自身需求选择不同信息关联级别的服务,避免在不知情的情况下被自动归入某一类别,丧失接触多元服务的权利。

三是要规范生物特征识别技术的推广标准。在推行某一服务需要获得生物特征识别许可时,要充分告知用户并要征得用户同意,不得强迫用户让渡隐私权。如果对某一环节推广无差别使用生物特征识别技术,就会给个体造成私有空间被压缩的约束感和焦虑感。因此,在用户拒绝提交面部信息时,应提供其他替代性的授权方式。例如,在账户登录时提供多种验证方式,在客运站提供生物特征识别通行和人工检验通行,使用户在便捷与隐私之间具有自主选择的权利。同时,还应提供退出机制,为用户提供删除个人面部信息的途径。在删除生物特征数据后,服务商不得终止服务,并保证服务的质量不低于生物特征信息收集之前的水平,保障用户享受基础服务的权利。此外,生物特征识别技术服务提供方还应从责任意识和伦理道德层面对自身进行约束,将道德规范内化为内在的自律力量。坚持"以人为本"的理念,站在公众的角度进行设计,维护人的尊严,保障人的权利。技术运用的过程中要坚守责任伦理底线,勇于承担社会责任,保持"求善"精神。行业标杆和技术领先企业应充分发挥其引领作用,带动整个行业依法依规收集和使用用户生物特征信息。

幸运的是,于 2020 年 10 月 1 日开始实施的新版《信息安全技术个人信息安全规范》(GB/T 35273 – 2020)[10]中,新增了"关于收集个人生物识别信息的要求"。《规范》规定在收集个人生物识别信息前,应单独向个人信息主体告知收集、使用个人生物识别信息的目的、方式和范围,以及存储时间等规则,并征得个人信息主体的明示同意。而对于生物识别信息的存储,《规范》也提出了具体的解决措施,即个人生物识别信息要与个人身份信息分开存储;原则上不应存储原始个人生物识别信息(如样本、图像等),可采取的措施包括但不限于:①仅存储个人生物识别信息的摘要信息;②在采集终端中直接使用个人生物识别信息实现身份识别、认证等功能;③在使用面部识别特征、指纹、掌纹、虹膜等实现识别身份、认证等功能后,删除可提取个人生物识别信息的原始图像。关于个人生物识别信息的共享和披露《规范》也明确规定:个人生物识别信息原则上不应共享、转让。因业务需要,确需共享、转让的,应单独向个人信息主体告知目的、涉及的个人生物识别信息类型、数据接收方的具体身份和数据安全能力等,并征得个人信息主体的明示同意。不应公开披露个人生物识别信息。这些相关规定一方面为企业完善内部个人信息保护工作提出了具体的实践要求与合规建议,另一方面也为监管部门提供了执法管理的参考依据。

3. **推动公众参与,促进多元共治**

生物特征识别技术是面向公众使用的技术,其收集的生物特征信息具有高度的敏感性,与一般的个人信息有本质区别,因此应该充分考虑公众诉求,推动公众参与讨论。

首先,要意识到当前公众对个人生物特征信息保护的认识还不足,对生物特征识别技术应用中可能存在的问题还不够了解,因此要通过多方位的宣传与教育,培养公众的技术素养和信息安全意识,增进公众对生物特征识别技术的了解。其次,要搭建公众参与平台,赋予公众提出质疑的权利。信息的提供与否、如何使用,应当取决于权利人的自由意志。现行法律也有规定,具有可识别性的个人信息,比如邮箱、电话号码、住址等在收集时需要征得被收集人的同意。对于生物特征信息,其可识别性更强、敏感度更高,在收集和使用时更需要征得当事人的许可。当我们被强制应用生物特征识别技术时,有权利对其使用的合理性和必要性提出质疑。因此,应搭建公众参与技术治理的平台或窗口,获取更富有建设性的意见与评价,使整个社会以更合理的方式使用生物特征识别技术。优化公众的体验感和获得感,使公众看到改变的可能,从而进一步推动公众的广泛参与。

再次,要积极引导社会组织和学术界探讨生物特征识别技术应用问题的治理之道,开展相关的学术研究活动,开展第三方独立评估,充分发挥多元共治的智慧。采取个人信息全生命周期管理策略,坚持开放透明、数据安全的保护原则,对个人信息从收集、保存、使用、传递、处理、共享、转让和公开披露、销毁的全生命流程进行保护,加强数据治理,建立个人信息合法合规使用的良性生态,提高大众的自我保护和维权意识。尤其需要重视对个人敏感信息(表 11.1)的收集和使用,规范第三方机构的社会责任,通过完善内部管理规范和保护性技术措施,推动行业健康发展,从而兼顾数字经济的发展和个人数据隐私保护,实现最大化的公共利益。

表 11.1　常见的个人敏感信息

类别	内容
个人财产信息	银行账户、鉴别信息(口令)、存款信息(包括资金数量、支付收款记录等)、房产信息、信贷记录、征信信息、交易和消费记录、流水记录等,以及虚拟货币、虚拟交易、游戏类兑换码等虚拟财产信息
个人健康生理信息	个人因生病医治等产生的相关记录,如病症、住院志、医嘱单、检验报告、手术及麻醉记录、护理记录、用药记录、药物食物过敏信息、生育信息、以往病史、诊治情况、家族病史、现病史、传染病史等
个人生物识别信息	个人基因、指纹、声纹、掌纹、耳郭、虹膜、面部识别特征等
个人身份信息	身份证、军官证、护照、驾驶证、工作证、社保卡、居住证等
其他信息	性取向、婚史、宗教信仰、未公开的违法犯罪记录、通信记录和内容、通讯录、好友列表、群组列表、行踪轨迹、网页浏览记录、住宿信息、精准定位信息等

当前,计算机处理能力的提升和人工智能的发展不断刷新着人们的认知,影响着人

们的生活。作为人工智能领域中落地性最强的应用技术,生物特征识别给人们的生活带来了极大便利,同时也带来了很高的应用风险与伦理挑战。唯有划清生物特征识别技术的应用界限,从法律层面、道德伦理层面对技术的使用进行规范和治理,制定统一的行业技术标准,充分考虑公众的隐私保护诉求,才能使每个人更有尊严、更自主地享受技术红利,促进技术创新与人类发展的良性互动。

(黄代新　邓建强)

参考文献

[1] 王小理,阮梅花,刘晓,等. 生物信息与国家安全[J]. 中国科学院院刊,2016,31(4):414-421.

[2] 王志敏.《生物安全法》应当切实规范人类基因技术研发和应用活动[J]. 北京航空航天大学学报(社会科学版),2019,32(5):33-34.

[3] 胡德文,陈芳林. 生物特征识别方法与技术[M]. 北京:国防工业出版社,2013.

[4] 中国科协学会学术部. 大数据时代隐私保护的挑战与思考[M]. 北京:中国科学技术出版社,2015.

[5] 姚鑫. 大数据中若干安全和隐私保护问题研究[D]. 长沙:湖南大学,2018.

[6] 赵淑钰. 生物识别信息法律规制的国际经验与启示[J]. 中国信息安全,2019(11):37-39,40.

[7] 文铭,刘博. 人脸识别技术应用中的法律规制研究[J]. 科技与法律,2020,4:77-84.

[8] 宁宣凤,吴涵,李沅珊,等. 人脸识别信息的内涵与合规难题[J]. 上海法学研究,2020,13:78-84.

[9] 吴小帅. 大数据背景下个人生物识别信息安全的法律规制[J]. 法学论坛,2021,2(36):152-160.

[10] 国家市场监督管理总局,国家标准管理委员会. 信息安全技术个人信息安全规范[S]. 北京:中国标准出版社,2020.

第 12 章
其他生物安全相关活动

生物安全是一个非常复杂的议题，既是一个由来已久的话题，又是一个极其严峻且面临诸多新问题的新话题。因此，无论如何考虑，都无法做到面面俱到、毫不遗漏；同时随着人类社会生活的不断发展，无论其内容还是关注重点，都将不断发生新变化，从而面临新问题。

12.1　新形势下生物安全新挑战

国际生物安全形势在 2000—2014 年保持温和可控状态，然而 2015 年以来形势转变为相对严峻。生物安全威胁性质出现从偶发性向持久性转变，来源从单一性向多样性转变，涉及范围也从少数区域向多区域进展甚至趋向全球化转变。新型冠状病毒在全球范围内的大量传播，极大地改变了全世界各国家及人民对于生物安全威胁的认识以及应对模式，对人类社会的发展产生了深刻影响。目前，我们面临百年未有之大变局，同时国际形势复杂多变，我国国家安全面临着极其复杂的国际环境，其中就包括严峻而复杂的生物安全威胁，生物安全也已从民众健康转变为国家安全和战略利益。新形势下，我们面临着传统生物安全问题与非传统生物安全问题交织，以及外来生物威胁与内部监管漏洞风险并存等问题。

12.1.1　传统与新型生物威胁模式叠加

新发传染病、生物恐怖、生物多样性（包括生物入侵）、生物技术滥用、生物意外等多种生物威胁模式的出现，使得对相关生物安全威胁的识别、发现和处置变得更加困难；对实施的技术方法、手段以及思路提出了更高更难的要求；对其的追踪溯源也将面临更加严峻的挑战，因此防范生物恐怖袭击等大规模生物安全威胁的难度大大增加。

12.1.2 新发传染病疫情模式突变

新发传染病发生与传播的全球模式的变化，催生了新的国际传染病防控体制[1]。近十年来相继出现了甲型H1N1流感、高致病性H5N1禽流感、高致病性H7N9禽流感、中东呼吸综合征、登革热、埃博拉、寨卡、新型冠状病毒感染等重大新发突发传染病疫情。共有的特点为病原体种类多；宿主种类多，一些野生动物成为新发传染病病原体长期宿主或传染源；传播途径多样。

12.1.3 生物技术发展带来的双面效应

现代生物技术已从局部改变生命延展到全新设计和创造生命，涵盖器官移植技术、克隆技术、基因技术和合成生物技术等层面，这为应对粮食短缺和人类疾病发挥了积极作用[2]。然而这些技术仍存在危险，极易从根本上瓦解人类社会的传统伦理秩序，因此需要防止生物技术的滥用及其可能导致的伦理负效应。随着基因编辑和基因驱动技术的发展，基因武器风险越来越高。与发达国家相比，发展中国家对生物科技负面效应的管控有所欠缺，有明显的内部性威胁，也在许多战略方向存在隐性的外部性威胁。随着经济社会的发展和国际政治经济格局的深刻演变，经过由外到内的层层传导、相互作用，发展中国家面临形势通常更加严峻。

12.1.4 人类遗传资源流失和剽窃现象持续隐形存在

人类遗传资源是国家战略资源，具有巨大的战略安全和经济利益，但国际上围绕人类遗传资源的获取和使用，还存在各类“明取暗夺”现象。尽管联合国《名古屋遗传资源议定书》定义了“与生物资源交换相关的获取和惠益分享义务”，但其打击生物资源剽窃宗旨的落实，还需要相关国家立法推进。

12.1.5 多因素参与生物安全

食品是人类赖以生存的基本物质，因此食品安全是生物安全中最重要的领域之一。生物性食品污染途径涉及有害生物因子、化学污染因子、物理污染因子。食品中有害生物因子包括细菌、真菌、病毒，可以直接导致食品腐败变质或间接产生有毒物质污染食物，损害消费者身体健康。化学污染因子即原料本身含有的或者在加工过程中的污染和添加，以及一些化学反应产生的各种有害化学物质。物理污染是指在食品消费过程中产生的非正常物质。外来放射性物质会造成食品放射性污染，导致人类出现癌变或畸变。食品、植物、医药运输过程中，冷链物流运输是重要的环节，也是严控输入性风险管理的部分之一。

12.2 新形势下生物安全证据与司法鉴定

2021 年 4 月 15 日,《生物安全法》正式实施,8 个适用范围之首就是“防控重大新发突发传染病、动植物疫情”。在依法治国的现今,这部法律的真正实施,需要来自司法途径的深度参与,而其中生物证据的发现、固定和溯源是最重要的环节。司法鉴定证据作为证据之王,将是落实生物安全法有效实施的关键,其中来自法医学科的工作将起到重要作用。

将生物安全威胁防控工作纳入法治轨道,是全面推进依法治国的必然要求,有助于全面提高依法防控、依法治理能力。因此,关于从生物安全的视角探究以法医学为代表的司法鉴定研究所面临的风险、机遇和挑战是至关重要的。同时在此基础上,对于法医学工作者的工作原则以及司法鉴定规范需进行深刻研究,以期为今后法医学工作的顺利开展提供参考和借鉴。

12.2.1 生物安全时代背景下,司法鉴定的新挑战

对于传染性疾病的防治、感染、诊治过程中,会一些事项产生争议从而诉诸司法程序,涉及的门类包括法医病理学解剖、法医临床学鉴定等,由于被鉴定、解剖、检验的对象与其他烈性传染病有极大不同,因此,鉴定机构及鉴定人在鉴定活动实施过程中应当重视防护,了解相关消息,做好各项准备,具体包括以下内容[3]。

在法医学鉴定工作中,无论是法医病理、法医临床,还是法医毒物、法医物证,都不可避免要对传染患者曾接触过的物品进行检验,有时候还包括患者的组织、器官及体内容物。鉴定工作中,经常不明确死者是否罹患传染病等信息,往往具有极大风险。不同的传染病,其病毒离体存活时间不一致鉴定工作面临极大风险。即便传染病得到控制,也不排除散发病例的可能。因此,承担法医学司法鉴定任务的鉴定机构、鉴定人员及相关人员,应当具备常态化警惕和预防传染病感染的风险意识。在与相关委托单位进行检验物品交接时,需要对检材、样品进行预处理;检验时和检验结束后清理实验台、打扫实验室、处理检验废弃物时,要充分具备防污染、防传播的风险意识,做好各项预案和防护措施。

传染病鉴定过程中的具体保护措施,应当严格按照国家卫健委发布的规范文件进行。我国卫健委从 2020 年发布的《医疗机构内新型冠状病毒感染预防与控制技术指南(第一版)》开始,不断根据科学界对相关疾病知识的积累而进行同步修订,新的版本不仅提升了对于相应疾病的防控认识,也为法医学司法鉴定工作中的相关举措提供了更好的借鉴指导。

同时法医学司法鉴定工作在面对传染病相关工作中所建立的经验方法,也为生物安

全方面的法医学司法鉴定工作做出有益的探索。目前为止,我国尚未出现参与死亡患者尸体解剖工作后发生鉴定人感染的例子,侧面提示,蹚出的这条路是可行的,是值得借鉴和发扬光大的。

尽管如此,我们也必须认识到,由于生物安全涉及的内容相当广泛、分类纷繁复杂、结果各式各样,且经常不易被察觉,一旦察觉,产生的后果往往也具备极大的危害性。这就为司法鉴定工作提出新的挑战以及更高的要求,使得司法鉴定面临的工作内容更加繁杂且艰巨;对于法医学鉴定工作者更是如此,特别是在出现群体性的人员伤亡以及健康受损的情况下。中国有句古话:“魔高一尺,道高一丈!”如果司法鉴定领域缺乏足够的前瞻意识,无法做到未雨绸缪,那就很难达到道高一丈的境界。因此,现实要求司法鉴定工作者必须具有前瞻性的大局观以及危机风险意识,让司法鉴定这一证据之王在未来生物安全威胁事件的依法处置中发挥巨大的作用。

12.2.2 生物安全时代背景下,司法鉴定工作准则的建立

生物安全相关的司法鉴定工作挑战与风险并存,因此,在生物安全威胁的时代背景下,建立司法鉴定的工作准则,无疑是应对新挑战的有效途径[4]。司法鉴定的类型虽然繁多,但法医类司法鉴定无疑是最复杂的,因此以法医学司法鉴定为例进行阐述。

12.2.2.1 准则的制定必须以确保司法鉴定工作的安全为前提

如前所述,很多涉及生物安全的司法鉴定工作具备危险性。因此,在建立相关准则时,必须确保司法鉴定工作人员的安全为第一原则和优先考虑因素。如在勘验尸体时,法医病理学工作者应采取措施将自身面临感染的风险降到最低。首先,法医工作者需要对尸体的情况进行综合考量,如果判断其为已知或疑似某种传染病致死的尸体,需严格遵守《传染病病人或疑似传染病病人尸体解剖查验规定》(卫生部令第 43 号)进行尸体解剖。同时,根据不同尸体生前感染的疾病不同,还需要参考具体的规定。在涉及微生物感染方面,可参考《病原微生物实验室生物安全管理条例》《动物病原微生物菌(毒)种保藏管理办法》等条例,其对病原微生物分类和实验室管理方面均有具体规定,可有效避免生物安全事故的发生。对于法医鉴定工作中所涉及的动物学研究和相关鉴定,也须按照《中华人民共和国动物防疫法》对动物疫病实施分类管理,进而防止出现其所携带病原体感染等情况发生;引进实验动物时,需根据《引进陆生野生动物外来物种种类及数量审批管理办法》(国家林业局令第 42 号)严格执行。对于群体的遗传信息数据,应根据《中华人民共和国人类遗传资源管理条例》(国务院令第 717 号)实行申报登记,同时人类遗传资源的采集、保藏、出境都应当进行报批,从而有效保护我国的人类遗传资源。

12.2.2.2 准则的制定必须符合司法鉴定的法律属性

面对生物安全威胁的防控，所有的司法鉴定工作应在符合法律法规的要求下，获得的鉴定意见才能成为科学有效的证据，这是司法鉴定的法律属性所决定的。因此，在准则制定中，涉及的对于各种生物安全内容鉴定的方法措施，必须以国家层面所制定的法律法规为依据，在合法合规的框架和前提下进行，从而指导司法鉴定工作依法实施，确保所获得的证据材料符合法定要求，所得的鉴定意见符合法定属性。

12.2.2.3 准则制定必须坚持司法鉴定的科学属性

司法鉴定的最重要特性就是其采用的技术方法的科学性，因此，在准则的制定中必须保持普适性准则与针对性特殊准则相结合的原则。

一方面，在制定准则的过程中，必须将与生物安全有关的各类司法鉴定遵循的共同准则进行总结、提炼、验证与认定，为准则的制定提供可以共同遵守的普适性准则，从而保证准则制定过程的同一性和原则性，也为将来遇到没有针对性准则情况下的司法鉴定工作提供基本思路和原则；使准则始终保持其生命力和活力，能适应生物安全领域司法鉴定工作的复杂性以及伴随社会发展的变化的与时俱进，保证在面对任何一个新的生物安全威胁事件时都能正确面对，不至于无所适从。

另一方面，由于生物安全的司法鉴定涉及的鉴定对象种类繁多，千差万别，所使用的技术方法复杂多。因此，如果所有的司法鉴定准则都完全一致，显然不能适应这种复杂的局面。为了确保生物安全有关的司法鉴定工作能够高效、规范进行，需要在普适性准则的基础上制定针对某种类型生物安全司法鉴定工作的细化准则，以便尽可能做到早发现、早预防、早消除各种生物安全威胁的目标，高标准、高水平地实现司法鉴定证据的提取和固定，为依法处置各类生物安全威胁事件提供科学证据。

12.2.2.4 准则制定必须保持与时俱进

司法鉴定的科学属性，决定了其必须随着人类对该领域相关知识掌握的不断深入、研究技术方法的不断提高而进行自我修正与完善。如果制定的准则没有能够与该领域相关实践研究实时同步、及时更新，那这个准则就不能最大程度地发挥其应有的作用。如前所述，以我国卫健委从2020年发布的《医疗机构内新型冠状病毒感染预防与控制技术指南（第一版）》为例，至2022年8月，短短的2年多时间内，该指南已经修订到了第九版，为我国能够及时控制新型冠状病毒感染提供了科学的处置和决策依据。所以，准则的制定必须坚持动态性、实时更新的原则，始终保持司法鉴定工作的先进性，以最大程度起到及时发现和震慑犯罪的目的。

（李涛　黄代新）

参考文献

[1] 李新实,张顺合,刘晗. 新常态下国门生物安全面临的挑战和对策[J]. 中国国境卫生检疫杂志,2017,40(4):229 - 233.

[2] 陈柳. 现代生物技术发展对人类社会的影响及中国的应对[J]. 大连理工大学学报(社会科学版),2021,42(4):123 - 128.

[3] 郭瑜鑫,赵兴春. 生物安全视野下的法医学研究[J]. 遗传,2021,43(10):1003 - 1007.

[4] 何蕊,田金强,潘子奇,等. 我国生物安全立法现状与展望[J]. 第二军医大学学报,2019,40(9):937 - 944.

索 引

S

W

X

Z